三维建模技术 部分精彩案例

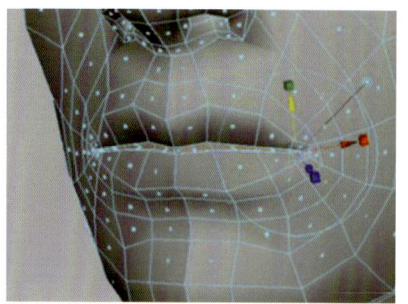

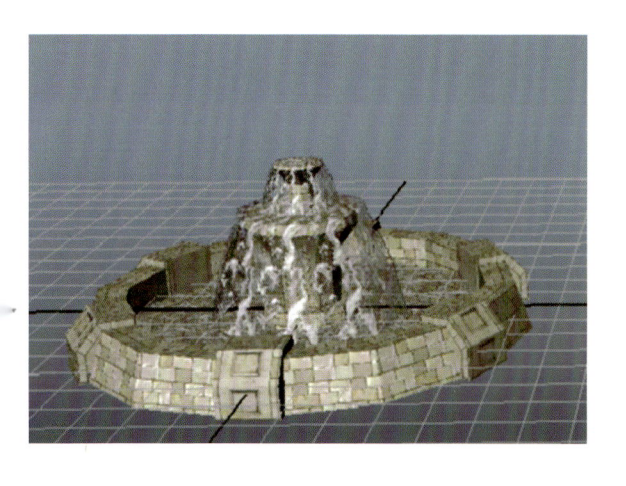

三维建模技术 **部分精彩案例**

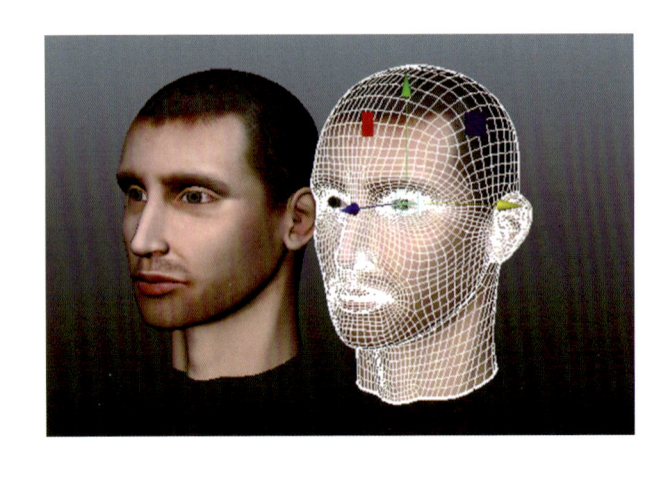

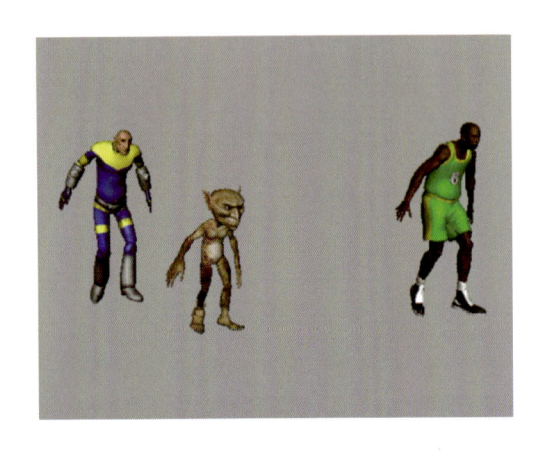

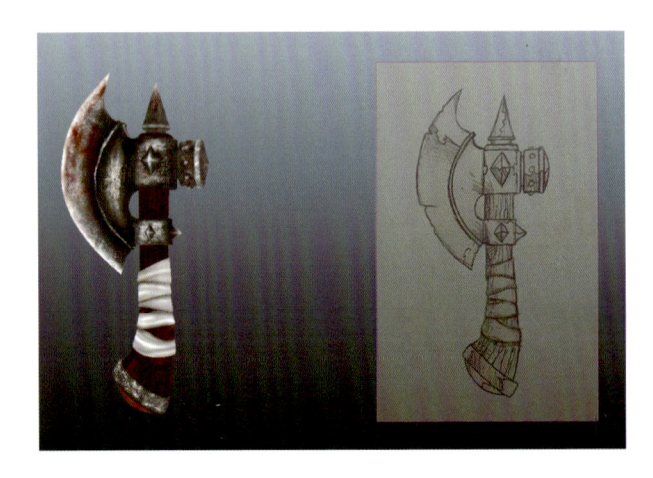

新世纪高职高专
数字媒体系列规划教材

三维建模技术

SANWEI JIANMO JISHU

新世纪高职高专教材编审委员会 组编

主　编　徐国艳　马立丽
副主编　韩明辉　谷　雨
参　编　王　权　郭　军

第二版

大连理工大学出版社

图书在版编目(CIP)数据

三维建模技术 / 徐国艳，马立丽主编. -- 2版. -- 大连：大连理工大学出版社，2021.1(2022.11重印)
新世纪高职高专数字媒体系列规划教材
ISBN 978-7-5685-2756-9

Ⅰ.①三… Ⅱ.①徐… ②马… Ⅲ.①三维动画软件－高等职业教育－教材 Ⅳ.①TP391.414

中国版本图书馆CIP数据核字(2020)第231899号

大连理工大学出版社出版

地址：大连市软件园路80号 邮政编码：116023
发行：0411-84708842 邮购：0411-84708943 传真：0411-84701466
E-mail:dutp@dutp.cn URL:https://www.dutp.cn

大连图腾彩色印刷有限公司印刷　　　　大连理工大学出版社发行

幅面尺寸：185mm×260mm 印张：16.25 插页：1 字数：375千字
2016年3月第1版　　　　　　　　　　2021年1月第2版
2022年11月第3次印刷

责任编辑：李　红　　　　　　　　　　　　　　　责任校对：马　双
　　　　　　　　　封面设计：张　莹

ISBN 978-7-5685-2756-9　　　　　　　　　　　　定　价：49.80元

本书如有印装质量问题，请与我社发行部联系更换。

前言

《三维建模技术》(第二版)是新世纪高职高专教材编审委员会组编的数字媒体系列规划教材之一。

《哪吒：魔童降世》的票房大卖，在一定程度上反映了我国动画产业蓬勃发展的势头和潜力。动画市场或者是影视创作市场，都有百花齐放的势头。

三维的技术发展也是日新月异，除了软件版本落后以外，工作流程方式也比较落后于行业生产，造成学习的内容与实际生产相脱节。

本教材按照企业生产流程，以由浅入深、循序渐进的原则从基础知识和简单实例逐步过渡到符合生产要求的成熟案例解析。

本教材根据现有教材的内容，结合目前高职院校学生的实际水平，以 Maya 2014 版本的软件为基础，以企业真实项目为载体，以理论知识为指导，选取学生身边的实例，将难度等级拉开，为学生的课堂及课后学习做一个参考。以培养企业的三维动画师为参考标准，培养学生的实际动手能力、思考能力以及创造能力。

数字媒体专业、影视动画专业、动漫专业的专业课之一就是三维建模，软件的熟练应用以及艺术水平的最终呈现是学习三维建模技术必须经历的过程。作者不断地总结教学规律和教学方法，扬弃老式教学程序，内容新颖，能引起学生的学习兴趣。教学内容包括简单道具建模、场景建模、卡通角色建模、人物头部建模、Zbrush 制作高模，通过由简单到复杂的模型制作、由客观到主观的转变，再现到创造的实践，培养学生的专业能力。

本书内容由一线老师和企业一线工作人员共同编写，将三维建模的经验和教学过程中发现的问题在教材中集中体现。三维建模课程不只是单纯地讲授软件的操作，应该做到让学生明白整个动画流程，了解行业的产品标准，以工匠精神、精益求精的态度完成每一个案例制作，注重培养学生的专业素养和职业能力。以课程思政为指导，将科学技

术与美术相结合,体现出爱国爱家乡的情怀。

无论对于立志进入三维创作领域的初学者,还是苦于徘徊在初级应用,无法继续进行提高的业内人员,本教材都将起到极积的引导和交流作用,为大家带来实实在在的帮助,成为学习、工作的良伴。

本书由大连职业技术学院徐国艳、哈尔滨科学技术职业学院马立丽任主编,大连职业技术学院韩明辉、谷雨任副主编,由大权文化有限公司王权、大连折纸时代传媒有限公司郭军参与。具体分工如下:徐国艳负责统筹教材的整体编写工作,负责编写模块1、模块3、模块4;马立丽负责编写模块2;谷雨负责编写模块6;韩明辉负责编写模块5;王权和郭军负责提供企业案例,审核案例以及建模标准的制定。

在编写本教材的过程中,编者参考、引用和改编了国内外出版物中的相关资料以及网络资源,在此表示深深的谢意!相关著作权人看到本教材后,请与我社联系,我社将按照相关法律的规定支付稿酬。

感谢大连职业技术学院为本书的出版提供了大力的支持,感谢家人、同事和朋友的关心与帮助。

尽管我们在本教材的编写方面做了很多努力,但由于编者水平有限,加之时间紧迫,不足之处在所难免,恳请各位读者批评指正,并将意见和建议及时反馈给我们,以便下次修订时改进。

编 者

2021 年 1 月

所有意见和建议请发往:dutpgz@163.com
欢迎访问职教数字化服务平台:https://www.dutp.cn/sve/
联系电话:0411-84706671　84707492

目 录

模块1	Maya基础操作	知识要点	1

项目1 三维建模基本流程
    任务1 制作一个角色跳舞的动画
    任务2 制作三个角色跳同一段舞的动画

1. 三维动画的基本流程   19
2. Maya界面基本设置   ~
3. 常用的操作快捷键   39

项目2 多边形基本建模
    任务1 创建道具箱子
    任务2 创建道具骰子
    任务3 创建树叶模型
    任务4 创建高尔夫球模型
    任务5 创建书架上的书

1. 多边形基本几何体的创建   40
2. 多边形分UV以及简单贴图的制作方法   ~
3. 常用的多边形建模命令   82

模块2	游戏道具设计岗位制作项目	知识要点	83

项目1 创建金属宝剑模型
    任务1 基础模型创建
    任务2 对宝剑进行贴图拆分

1. 道具模型的结构与特点   85
2. 道具模型制作的技巧与方法   ~
3. 道具模型的UV拆分方法   97
4. 道具模型颜色贴图的制作方法

项目2 创建木剑模型
    任务1 模型的创建与UV拆分
    任务2 贴图绘制

1. 游戏道具模型的结构与布线   97
2. 木材质的表现方法   ~
3. 同一模型三种不同级别材质的贴图的绘制   104

项目3 创建斧子模型
    任务1 创建斧头模型
    任务2 创建斧柄

1. 对称模型建模的基本方法   104
2. 利用复制面制作斧柄护手的基本技巧   ~
3. 添加保护线的基本方法   121

模块3	场景设计岗位项目制作	知识要点	122

项目1 创建校标模型
    任务1 校标部分模型创建
    任务2 为模型进行UV拆分并制作贴图
    任务3 利用Paint Effects绘制草地

1. 多边形向上建模的基本方法   123
2. 写实场景模型的基本创建方法   ~
3. 参考图的基本使用方法   150

项目2 创建喷泉模型

1. 游戏场景建模的基本技巧   151
2. 旋转复制对整个造型的影响   ~164

模块4　卡通角色制作	知识要点	165

项目　卡通护士模型建模

　　任务1　导入参考图

　　任务2　卡通角色头部建模　　　　1. 多边形建模技术　　　　169

　　任务3　五官的细化　　　　　　　2. 卡通角色建模流程及局部分解建模方法　　~

　　任务4　卡通角色身体建模　　　　3. 模型的概括与表达　　　　196

　　任务5　角色模型拼接整理

　　任务6　UV展开与UV贴图

模块5　人物头部建模	知识要点	197

项目1　人物头部建模理论基础　　　　　　　　　　　　　　　　　　198

　　任务1　人物头部结构分析　　　　1. 人物头部模型的基础理论　　　~

　　任务2　人物头部建模方法分析　　2. 人物头部建模的基本布线方法

　　任务3　人物头部布线分析　　　　　　　　　　　　　　　　　　206

项目2　创建人物头部模型　　　　1. 人物头部模型的基本布线规则　　206

　　任务1　建模前准备工作　　　　　2. 人物头部建模的基本方法　　　~

　　任务2　人物头部建模制作过程　　3. 准确把握人物头部模型结构的方法

　　　　　　　　　　　　　　　　　4. 人物头部模型的UV拆分方法　　223

项目3　人物头部UV编辑　　　　　1. 人物头部模型的UV展开方法　　224

　　任务1　人物头部UV展开　　　　 2. 人物头部模型的UV编辑　　　　~

　　任务2　绘制人物头部贴图　　　　3. 人物头部模型的贴图制作方法　229

模块6　建模辅助工具的使用	知识要点	230

项目1　熟悉Zbrush软件　　　　　1. Zbrush软件的操作界面　　　　234

　　　　　　　　　　　　　　　　　2. Zbrush软件的基本雕刻工具　　~

　　　　　　　　　　　　　　　　　　　　　　　　　　　　　　　239

项目2　Zbrush案例制作　　　　　1. Zbrush的基本操作方法　　　　239

　　任务1　蛋糕模型的制作　　　　　2. Zbrush的笔刷工具　　　　　　~

　　任务2　木头模型的制作　　　　　3. 模型的导入、导出操作

　　任务3　T恤模型的制作　　　　　　　　　　　　　　　　　　　249

附录　三维建模标准	250

参考文献	254

模块 1 Maya基本操作

教学目标

通过"了解 Maya 基础知识"的讲解和"掌握 Maya 工程操作"案例的学习，了解 Maya 的界面和功能，了解三维建模的基本流程，掌握 Maya 的基本建模方法。

教学要求

知识要点	能力要求	关联知识
Maya 基本视图操作	掌握	视图的平移、旋转、缩放操作
Maya 多边形建模	了解	创建基本几何形体 "挤出"命令 添加循环边命令
Maya 动画基本设置	了解	Maya 帧频设置 Maya 时间线的设置
HumanIK 应用	掌握	HumanIK 角色导入 Mocap 示例导入 HumanIK 与 Mocap 示例关联
基本工具使用	掌握	选择工具、移动工具、旋转工具、缩放工具
项目文件夹	掌握	项目文件夹的创建与设置
基本 UV 编辑	掌握	UV 自动映射 UV 纹理编辑器 UV 导出
Lambert 基本材质	掌握	颜色节点 透明节点

基本知识必备

一、Maya 软件的基本介绍

Autodesk Maya 是美国 Autodesk 公司出品的世界顶级的三维动画软件,应用对象是专业的影视广告、角色动画、电影特技等。Maya 功能完善、操作灵活、易学易用,制作效率极高,渲染效果真实感极强,是电影级别的高端制作软件。

二、应用领域

很多三维设计师应用 Maya 软件是因为它可以提供完美的 3D 建模、动画和特效以及其高效的渲染功能。另外,Maya 也被广泛地应用到了平面设计(二维设计)领域。Maya 软件的强大功能正是那些设计师、影视制片人、游戏开发者、视觉艺术设计专家、网站开发人员极为推崇的原因。

1. 建筑装饰设计,如图 1-1、图 1-2 所示。

图 1-1

图 1-2

2. 产品广告,如图 1-3 所示。

图 1-3

3. 影视片头包装,如图 1-4 所示。

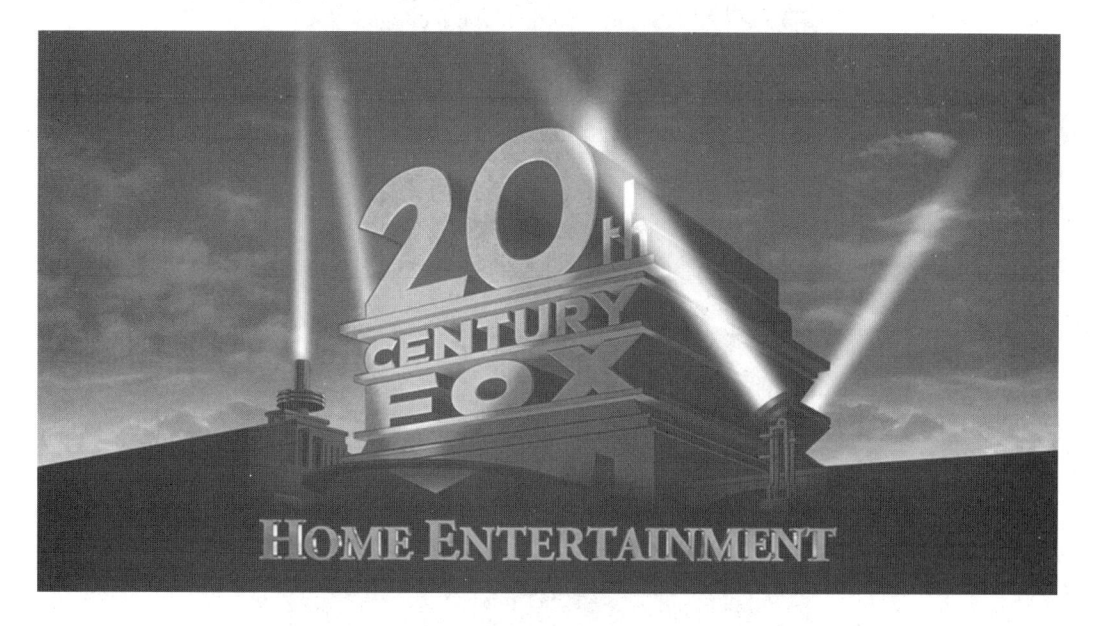

图 1-4

4. 电影电视特技，如图 1-5、图 1-6 所示。

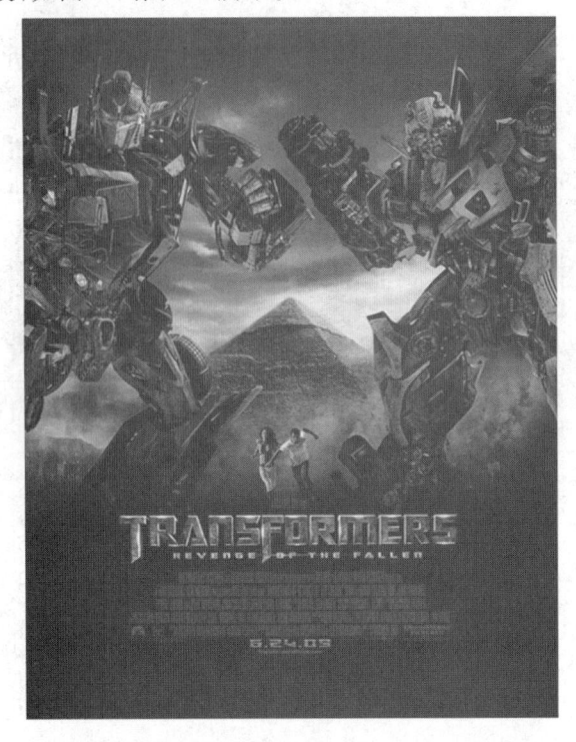

图 1-5

图 1-6

5. 卡通动画,如图 1-7、图 1-8 所示。

图 1-7

图 1-8

6. 游戏开发及多媒体制作,如图 1-9 所示。

图 1-9

三、Maya 软件发展历史

注:本段上课不讲,学生自己了解。

1983 年,在数字图形界享有盛誉的史蒂芬先生(Stephen Bindham)、奈杰尔先生(Nigel-McGrath)、苏珊·麦肯女士(Susan McKenna)和大卫先生(David Springer)在加拿大多伦多创建了数字特技公司,研发影视后期特技软件,由于第一个商业化的程序是有关 anti_alias 的,所以公司和软件都叫 Alias。

1984 年,马克·希尔韦斯特先生(Mark Sylvester)、拉里·比尔利斯先生(Larry-Barels)、比尔·靠韦斯先生(Bill Ko-vacs)在美国加利福尼亚创建了数字图形公司,由于几位都爱好冲浪,因此将公司取名为 Wavefront。

1989 年,利用 Alias 软件,公司技术人员完成了电影《深渊》。此片被电影界认为是极具技术性和视觉创造性的影片。

1990 年,Alias 发行上市股票。其软件产品分成 Power Animation 和工业设计产品 Studio 两部分。

1993 年,Alias 开始研发新一代影视特效软件,也就是后来的 Maya 软件。Alias 参加了电影《侏罗纪公园》的制作,并获奥斯卡最佳视觉效果奖。Alias 与福特公司合作开发的 Studio Paint,成为第一代电脑喷笔绘画软件。

1994 年,Wavefront 公司发布 Game Wave,用于 64 位的游戏。任天堂成为 Alias

Power Animation 的最大用户。Alias Power Animation 完成了当年五部最大的特技电影《阿甘正传》《面具》《生死时速》《真实的谎言》和《Star Trek》。

1995 年,Alias 与 Wavefront 公司正式合并,成立 Alias|Wavefront 公司。参与制作《Toy Story》《鬼马小精灵》《007 黄金眼》等影片。华纳兄弟公司用 Power Animation 制作了电影《永远的蝙蝠侠》。世嘉公司才用 Power Animation 开发了有关星球大战的交互式游戏。

1998 年,经过长时间研发的三维特技软件 Maya 终于面世,它在角色动画和特技效果方面都处于业界领先地位。ILM(工业光魔)公司采购大量 Maya 软件作为主要的制作软件。Alias|Wavefront 的研发部门受到了奥斯卡的特别奖励。

1999 年,Alias|Wavefront 将 Studio 和 Design Studio 移植到 NT 平台上。ILM 利用 Maya 软件制作《Star War》《The Mummy》等影片。

2000 年,Alias|Wavefront 公司推出了 Universal Rendering,使各种平台的计算机都可以参加 Maya 的渲染。Alias|Wavefront 公司开始把 Maya 移植到 Mac OSX 和 Linux 平台上

2001 年,Alias|Wavefront 发布 Maya 在 Mac OSX 和 Linux 平台上的新版本。Square 公司用 Maya 软件作为唯一的三维制作软件创作了全三维电影《Final Fantasy》。Weta 公司用 Maya 软件完成电影《The Load of The Ring》第一部。任天堂公司用 Maya 软件制作 GAMECUBETM 游戏《Star War Rogue Squadron II》。

2003 年,Alias|Wavefront 公司正式将商标名称换成 Alias|Wavefront,并发布 Maya 5.0 版本,如图 1-10 所示。美国电影艺术与科学学院奖评选委员会授予 Alias|Wavefront 公司奥斯卡科学与技术发展成就奖。

图 1-10

2004年，Alias公司向全球发布Motion Builder 6.0软件，如图1-11所示。

图1-11

2005年，Alias公司被Autodesk公司并购，并且发布了Maya 7.0版本，如图1-12所示。

图1-12

2006年8月，发布Maya 8.0。

2007年11月，发布Maya 2008（支持Windows Vista，也就是Maya 9.0）。

2007年9月，发布Maya 2008 Extension 1（只针对付费用户，也就是Maya 9.1）。

2008年2月，发布Maya 2008 Extension 2（只针对付费用户，也就是Maya 9.2）。

2008年10月，发布Maya 2009，如图1-13所示。

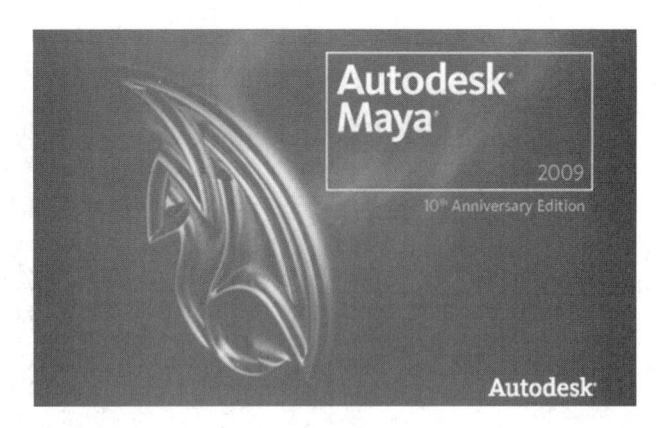

图 1-13

2009 年 8 月,发布 Maya 2010,如图 1-14 所示。

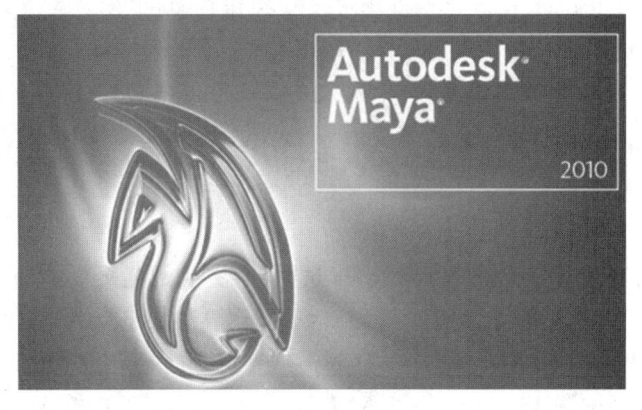

图 1-14

2010 年 3 月,发布 Maya 2011。

2011 年 4 月,发布 Maya 2012。

2012 年 4 月,发布 Maya 2013。

2013 年 6 月,发布 Maya 2014,如图 1-15 所示。

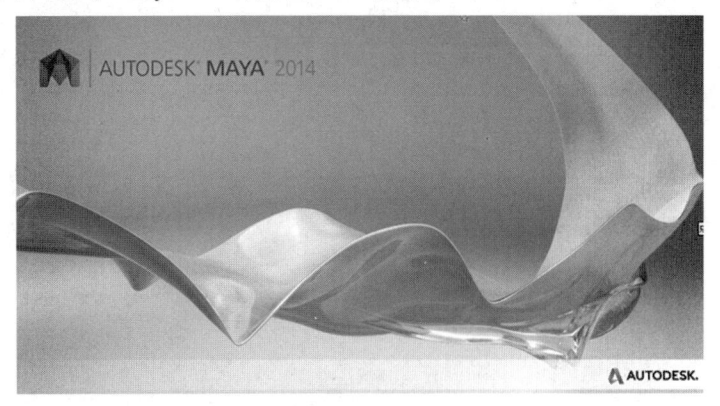

图 1-15

2014 年 4 月,发布 Maya 2015。

2015年4月，发布Maya 2016，如图1-16所示。

图1-16

说明：Maya 2014版以后开始出现中文版操作界面，但依然是英文版的内核，所以不能算纯中文版软件，Maya 2014版本、Maya 2105版本和Maya 2016版本都是Maya 2012版本的升级，整个操作界面基本稳定，只是在一些特殊功能上有一些升级，如果只是单纯建模的话，Maya 2012之后的版本都可以选择。本教材使用Maya 2014版本为范例版本。Autodesk有免费的教育版，可直接到官网下载。

四、中英文界面切换

正常情况下，安装Maya软件的时候可以选择中文或是英文版本，但是在实际工作中有时还要根据需要自己更换中文版或是英文版，操作方法如下：

右键单击桌面上的"我的电脑"，选择"属性"→"高级"→"环境变量"，在对话框中单击"新建"，在"变量名"中输入maya_UI_LANGUAGE，"变量值"中输入en_US。en_US就是使用英文界面；"变量值"中输入ch_CN就是用来设置中文界面的，但要注意，设置后需要重启软件才能生效。操作过程如图1-17所示。

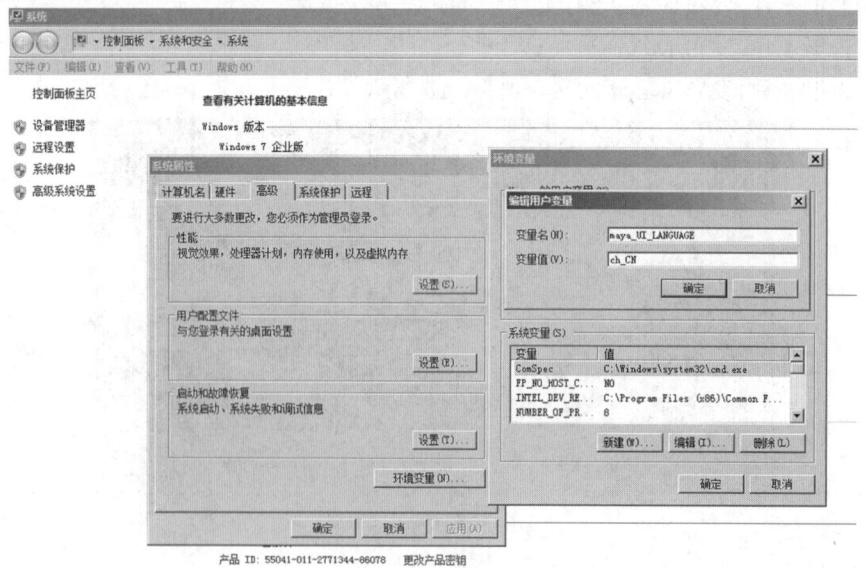

图1-17

五、三维建模的作用

建模是 CG（计算机动画）创作的第一个步骤。一般来说，用户在创建物体前需要先建立 CG 场景，建模工作可能会占据整个工作流程的大部分时间。

目前，建模技术有多种，实际使用哪种建模方法取决于建模师的习惯和工作流程的需要。

利用分镜掌握整个动画故事对于建模工作是很有帮助的，了解物体在场景中的用途可以确立建模的基本原则。建模师永远不愿意在建模上花费额外的时间，如果公园里的一条长凳只是出现在广角镜头的远方，它就不需要过多的细节或复杂的表面，否则只会浪费建模时间并且增加渲染时间。通常可以利用纹理为它添加必要的细节。然而位于近景镜头里明显位置的长凳就需要尽可能细致地处理，因为观众会看到它更多的细节。随着建模经验的不断增加，对物体需要多少细节会有更好的把握。在刚开始从事 CG 工作时，最好加强对细节的重视。对于细节的处理会让你掌握约 70% 关于建模的知识，而这在以后的工作中有助于提高整体工作的速度和技术。

六、Maya 软件的工作界面

1 启动软件

单击 Maya 2014 图标或从"开始"菜单栏启动 Maya 2014 软件，如图 1-18 所示，打开 Maya 的主界面，如图 1-19 所示。

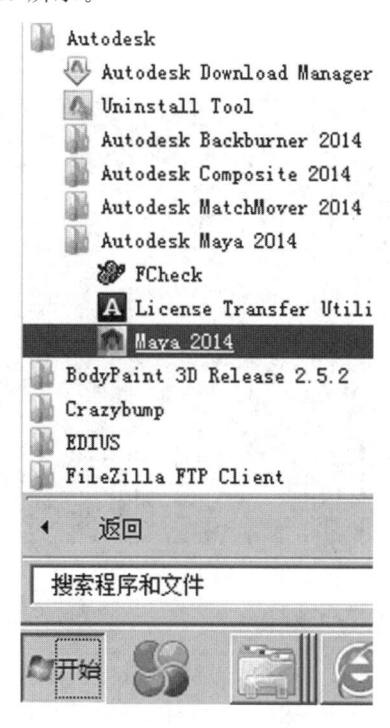

图 1-18

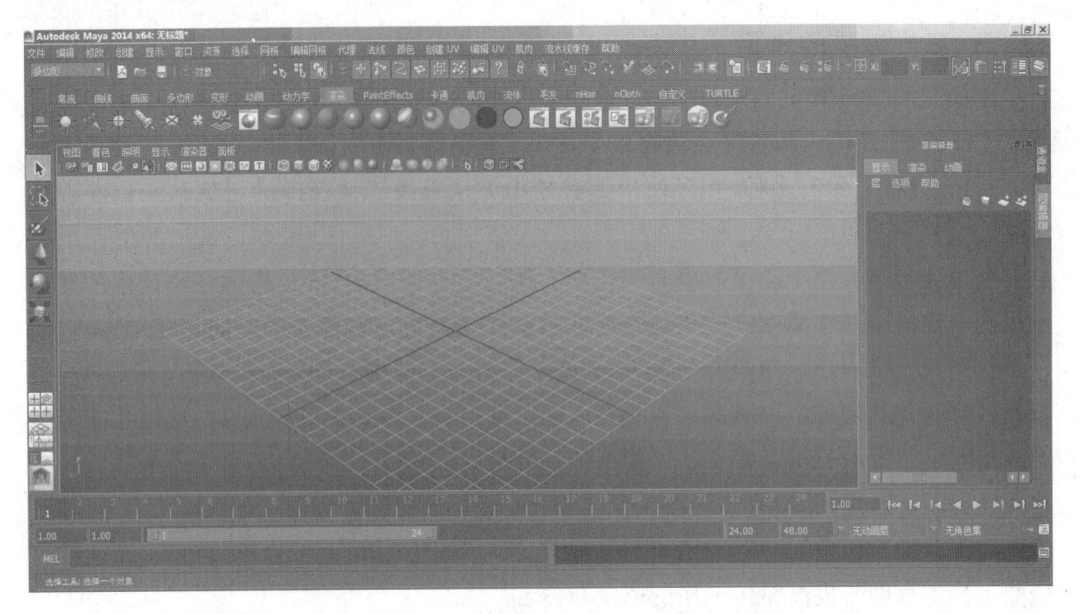

图 1-19

❷ 认识界面

(1)视图切换

一般情况下,打开 Maya 软件后,工作区会显示一个透视视图,见图 1-19,按一下空格键就会切换到四视图窗口,分别为顶视图(top)、前视图(front)、右视图(side)和一个透视视图(persp),如图 1-20 所示。再按一下空格键就会从四视图切换回透视视图。

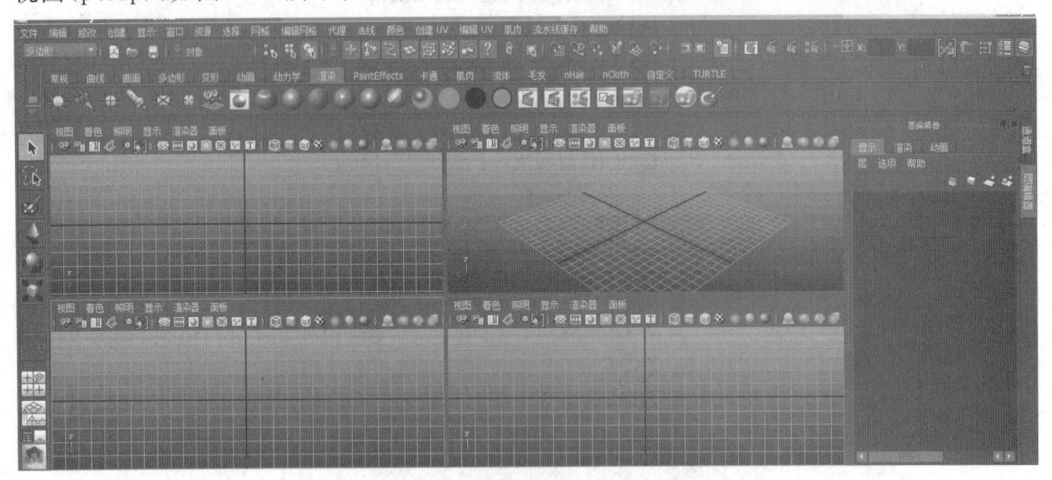

图 1-20

提示:顶视图、前视图、右视图属于正交视图,正交视图只有两个轴向移动。

也可以在任意视图中,按住空格键调出标记菜单,左键单击标记菜单中的 Maya,然后不松开鼠标,拖动到想要切换的视图松开鼠标,然后软件就会将选定的视图切换到选择视图上。如图 1-21 所示。

图 1-21

工具箱最下面的按钮是当前视图类型的布局,用鼠标左键按住不放可以弹出视图类型选择菜单,可快速改变视图类型。

视图菜单中的"视图"主要控制摄像机的视角;"着色"控制视图中物体显示方面;"照明"用来控制灯光在视图中的作用;"显示"用来控制物体在窗口是否显示;"渲染"用来控制渲染视图类型;"面板"控制显示窗口类型。如图 1-22 所示。

提示:按 Ctrl+M 键可以隐藏视图菜单,按 Shift+M 键可以隐藏视图菜单。

图 1-22

(2)标题栏,如图 1-23 所示。

图 1-23

标题栏和大多数 Windows 应用程序一样,主要显示的是 Maya 软件的名称、版本号和文件名。

(3)菜单栏,Maya 的操作完全可以通过菜单来完成,它会根据不同的模块产生相应的变化。图 1-24 为多边形模块菜单,图 1-25 为曲面模块菜单,图 1-26 为动画模块菜单,图 1-27 为模块选择下拉菜单。

图 1-24

图 1-25

图 1-26

图 1-27

Maya 软件特有的一个快捷操作就是标记菜单,见图 1-21。标记菜单不分模块,它将 Maya 所有的菜单都陈列出来。一般用于专家模式。

(4)状态栏,如图 1-28 所示。

图 1-28

状态栏中第一个文字框显示当前模块。单击下拉列表会显示图 1-27 所示内容。

各模块之间也可以用快捷键进行切换:F2—动画模块,F3—多边形模块,F4—曲面模块,F5—动力学模块,F6—渲染模块。

文件操作:分别为新建、打开、保存。

物体级别选择项,表示物体选择遮罩,按钮被按下时可以起作用,场景中同一类的物体可以被选择。

物体子选择遮罩,当按钮处于按下状态时可以起作用,可显示物体的点、线、面、等参线(NURBS 物体)等。

吸附选择,分别对应网格(快捷键:X)、线(快捷键:C)、点(快捷键:V)、投影中心、视图平面、激活选择对象(或简称为对象)吸附。

选择模式模块,在场景复杂的情况下,可以通过物体名称快速选择。

物体构造历史。在 Maya 中物体构造历史就是物体的基本构成参数,如果使用构造历史将会在通道栏显示,反之则不会显示。

(5)工具箱

工具箱里列出的是 Maya 基本操作的常用工具,如图 1-29 所示。分别对应:选择(快捷键:Q)、套索、绘制选择、移动(快捷键:W)、旋转(快捷键:E)、缩放(快捷键:R)。

如果工具箱不小心被关闭了,可以在菜单栏选择"显示"→"UI 元素"→"工具箱",将工具箱打开,如图 1-30 所示。也可以在时间轴上右击,选择"工具箱",如图 1-31 所示。

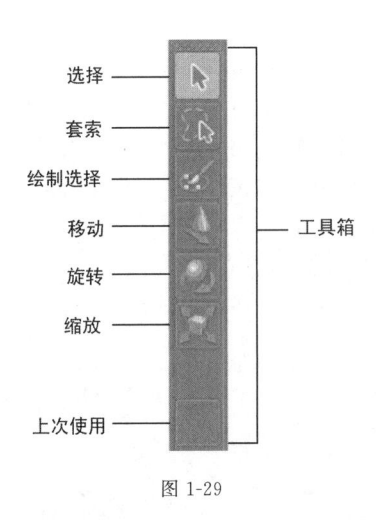

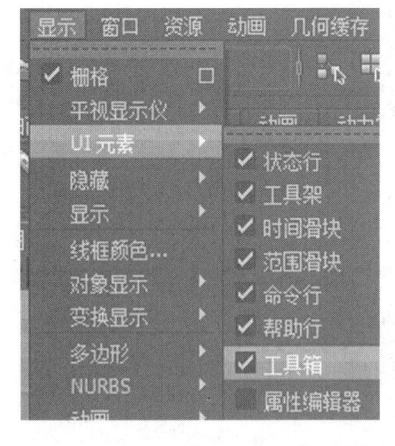

图 1-29　　　　　　　　　图 1-30　　　　　　　　　图 1-31

③ 视图操作

旋转视图：Alt＋鼠标左键。

移动视图：Alt＋鼠标中键。

推拉视图：Alt＋鼠标左键＋鼠标中键。

局部放大：Ctrl＋Alt＋鼠标左键，由左上往右下拖动框选要放大的区域。

局部缩小：Ctrl＋Alt＋鼠标左键，由右下往左上拖动框选要缩小的区域。

④ 首选项

如果不小心更改了某些设置，可以选择"窗口"→"设置/首选项"→"首选项"，打开"首选项"窗口，在窗口中将所有的 UI 元素的选择去掉，就会获得最大的工作区窗口。如图 1-32、图1-33 所示。

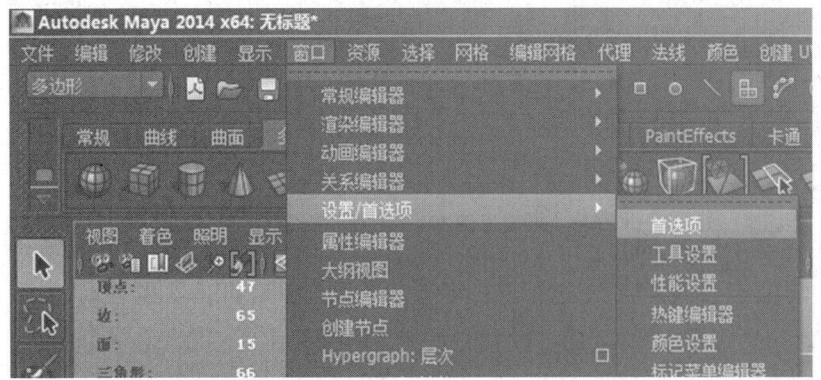

图 1-32

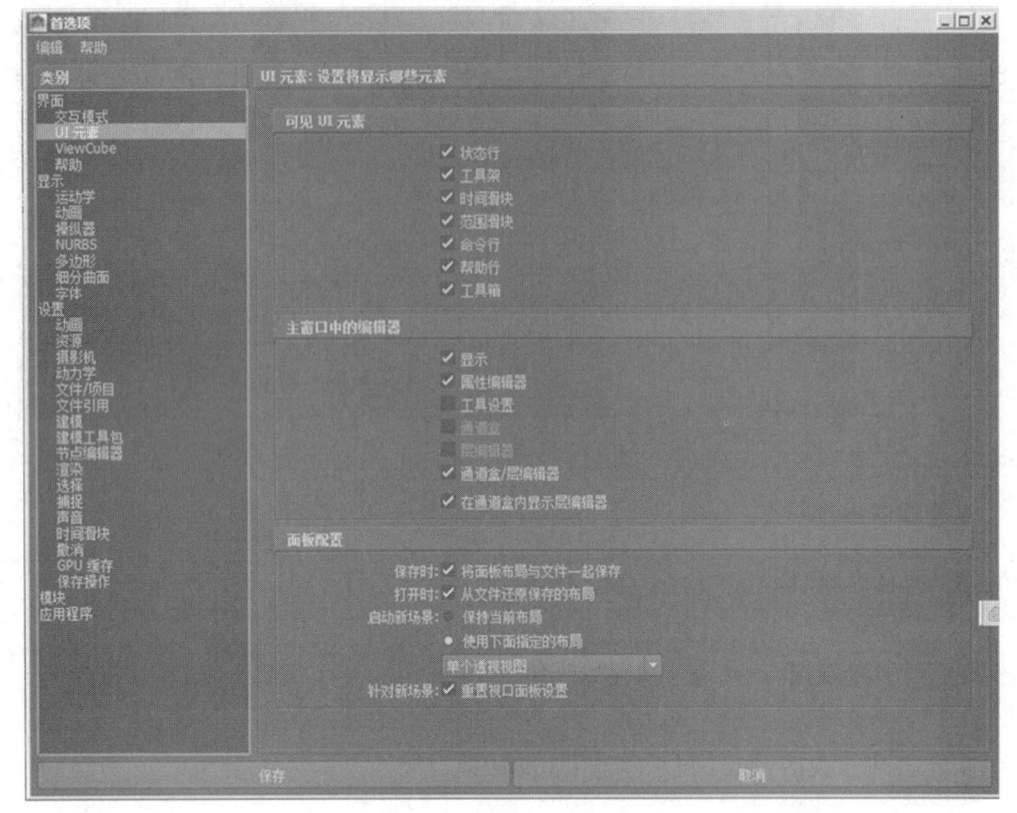

图 1-33

也可以单击软件右下角的 图标,打开"首选项"窗口。在"设置"选项卡下的"时间滑块"选项下,可以设置播放速度(即动画帧频),如图 1-34、图 1-35 所示。

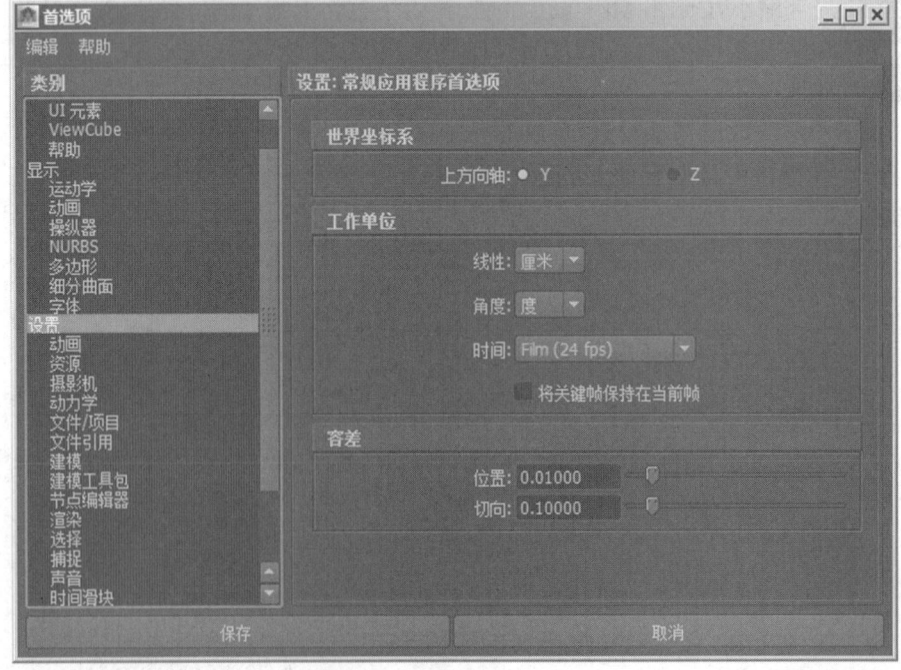

图 1-34

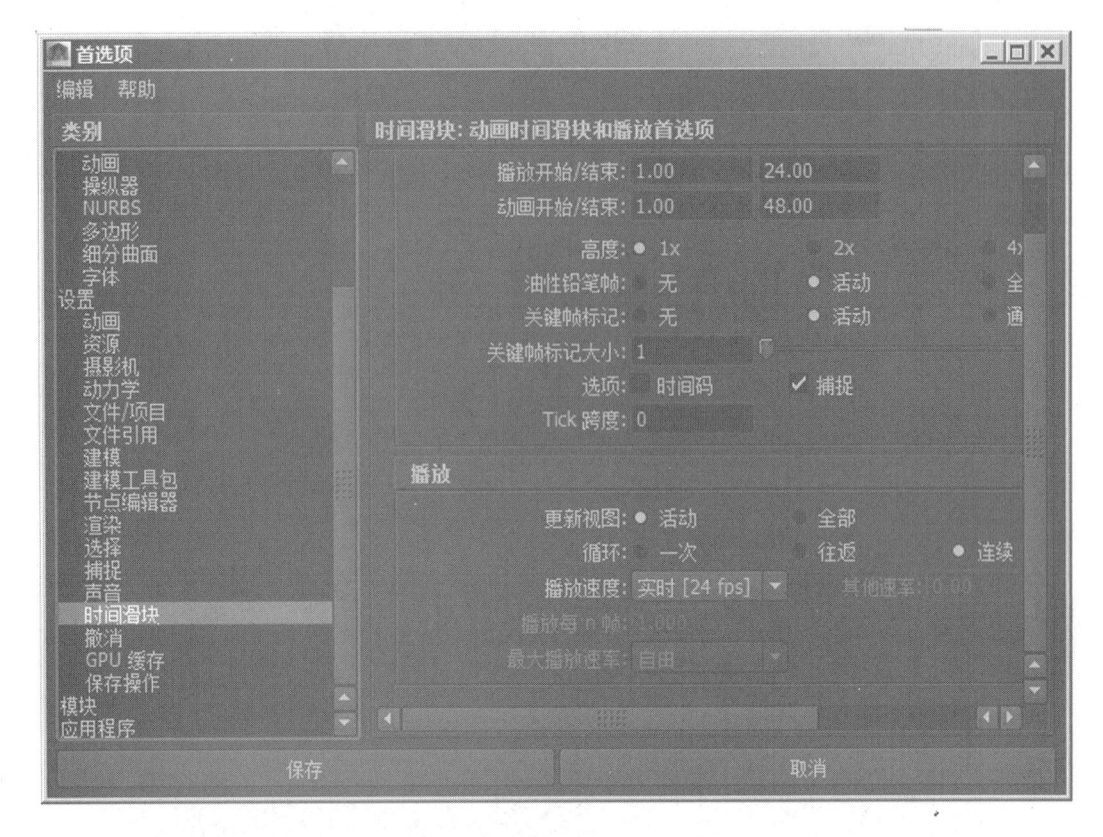

图 1-35

⑤ 自定义工具架

按 Ctrl+Shift 组合键的同时单击菜单,菜单将以图标的形式出现在当前工具架上,要删除某个项目,右击,选择"删除"即可。

七、项目文件夹

① 建立项目文件夹(也称为工程目录)

项目文件夹的作用就是将 Maya 中各种文件分门别类地保存,当 Maya 软件打开或保存文件以及渲染时,会自动将文件存到指定文件夹下,而且也方便管理和移植。

也可以这样理解,一个项目包含一个或多个场景、纹理、贴图、渲染结果、MEL、声音等,项目文件夹可以将这些文件存放到一个目录下,当需要调用这些文件时,Maya 会自动为其指定路径或搜索路径。

选择"文件"→"项目窗口",就会调出如图 1-36 所示的窗口。需要先单击"新建"按钮,然后才能输入项目文件夹的名字。如果不输入新的名字,默认的名字为 New_Project。

图 1-36

项目窗口部分选项功能如下：

当前项目：新建项目的文件名（名称如果没有特殊要求，就根据项目进行设置，一般的要求是见名知义，但必须全是英文，包括路径都不能出现中文）。

位置：指定项目存储位置，可以单击右侧的"文件夹"按钮进行选择。

如图 1-37 所示是创建完的项目文件夹的内容。

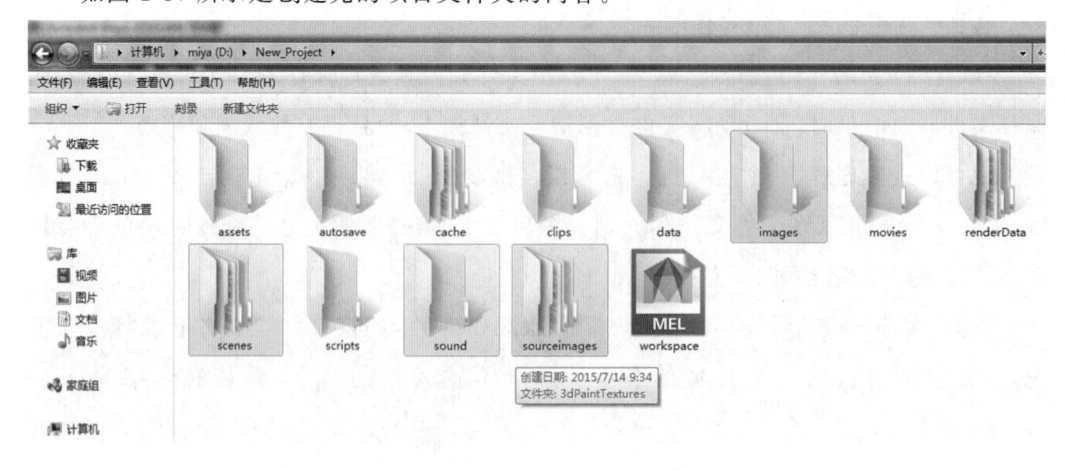

图 1-37

提示：scenes、images、sourceimages、sound 这几个是固定的常用文件夹。其余的文件夹如果不用的话，可以删除。

2. 设置项目

项目文件夹移植（将项目文件夹复制到其他电脑上）时，不需要每一次都建立一个新项目文件夹，一个项目使用一个就够用了。指定项目文件夹（将其他文件夹指定为项目文件夹）的作用是当保存或打开文件时，计算机会自动打开指定项目文件夹。

操作方法：选择"文件"→"设置项目"，打开如图 1-37 所示的项目文件夹，一定要选择 New_Project。图中所列的文件夹内容为项目文件夹下的子内容，任何一个都不能作为项目文件夹。

项目 1　三维建模基本流程

项目目标

1. 三维动画的基本流程。
2. Maya 界面基本设置。
3. 常用的操作快捷键。

项目说明

通过制作角色跳舞的动画，调动学生的兴趣，使学生了解 Maya 基本 Visor（内建库）的使用方法，明确建模的基本作用，了解模型与动画的基本关系，为后续学习打下坚实的基础。

任务 1　制作一个角色跳舞的动画

任务说明

本例通过制作一个角色跳舞的动画，使学生了解 Maya 的基本操作流程（即三维动画制作的基本流程）。

操作步骤提示

步骤 1 双击 图标，也可以从"开始"菜单中打开 Maya 2014 软件。

步骤 2 创建工程目录。

步骤 3 建模（本例直接导入 Maya 的内置模型，以后需要自己建立模型）。

(1) 选择"窗口"→"常规编辑器"→"Visor"，如图 1-38 所示。

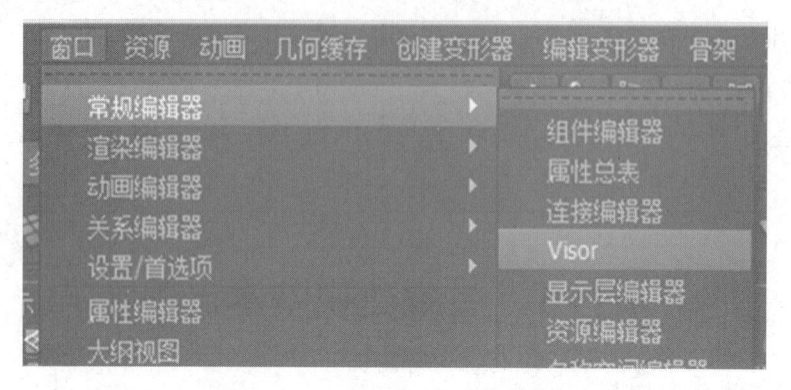

图 1-38

(2) 在"HumanIK 示例"选项卡中，选中模型，按住鼠标中键拖到场景中，如图 1-39 所示。按 F 或 A 键全部显示，如图 1-40 所示。

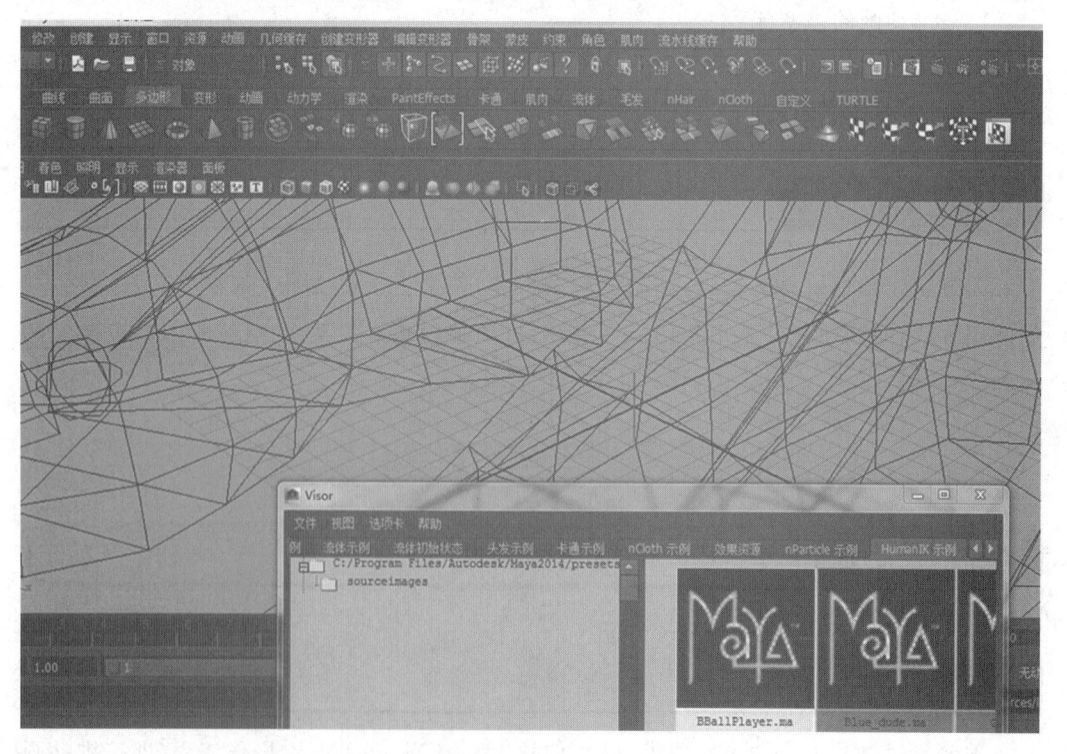

图 1-39

图 1-40

❖**拓展**:A 将当前场景中的所有对象全部最大化显示在一个视窗中;F 在当前场景中满屏显示被选目标。

Shift+F 可以一次性将全部视图最大化显示;Shift+A 可以将场景中的所有对象全部显示在所有视图中。

(3)此时模型是以网格的形式显示的,可以按键盘上的 5 键切换到平滑着色(即灰色实体)显示,如图 1-41 所示。按键盘上的 6 键切换到带纹理显示,如图 1-42 所示。按键盘上的 4 键切换回网格显示。

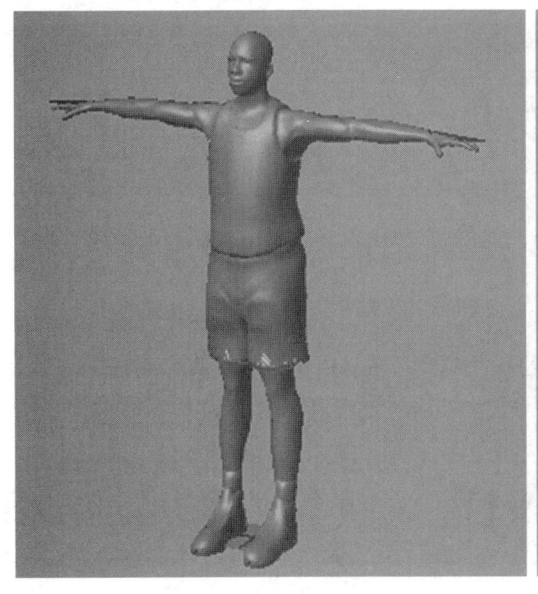

图 1-41   图 1-42

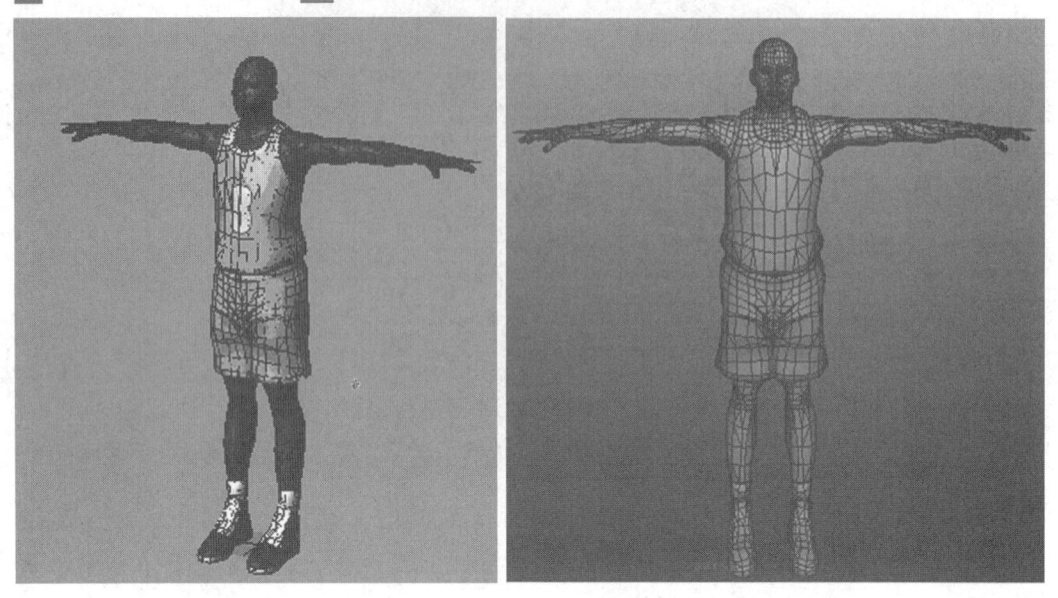

💡 提示：单击视窗菜单上的按钮也可以进行模式切换。⬛ 网格显示；⬛ 平滑着色；⬛ 带纹理显示（图 1-43）；⬛ 着色对象上的线框（图 1-44）。

图 1-43

图 1-44

（4）按空格键切换到四视图，如图 1-45 所示。可以从不同角度理解一下角色模型的构造。模型中间紫色的像人的骨骼一样的内容是关节，主要用于角色绑定，为后期做动画服务，本例模型与骨骼绑定都已经制作完毕了。如果要移动模型，只能选择中间的关节进行移动，也就是说模型现在是被关节控制的。

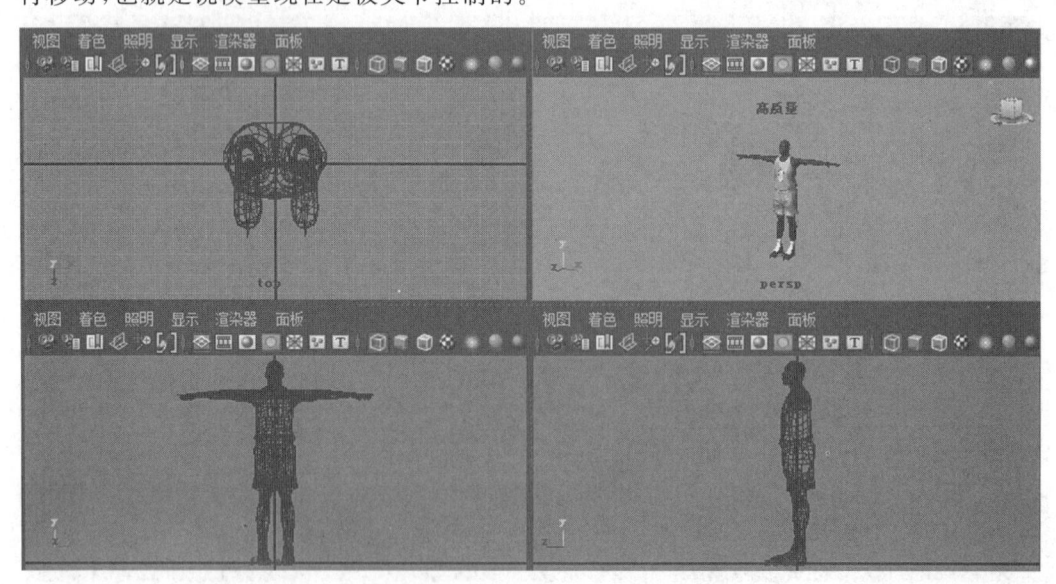

图 1-45

🔷 拓展：

附加视图操作：

- Shift＋Alt＋鼠标左键：在水平或垂直方向上执行旋转操作。
- Shift＋Alt＋鼠标中键：在水平或垂直方向上执行移动操作。
- Ctrl＋Alt＋鼠标中键：框选出一个区域，使该区域放大到最大。

提示：视图操作是作用于视图摄像机的角度和视距，而并非是旋转或缩放视图中的物体。

步骤4 动画制作。

(1) 选择"窗口"→"常规编辑器"→"Visor"，进入"Mocap 示例"选项卡，如图 1-46 所示。

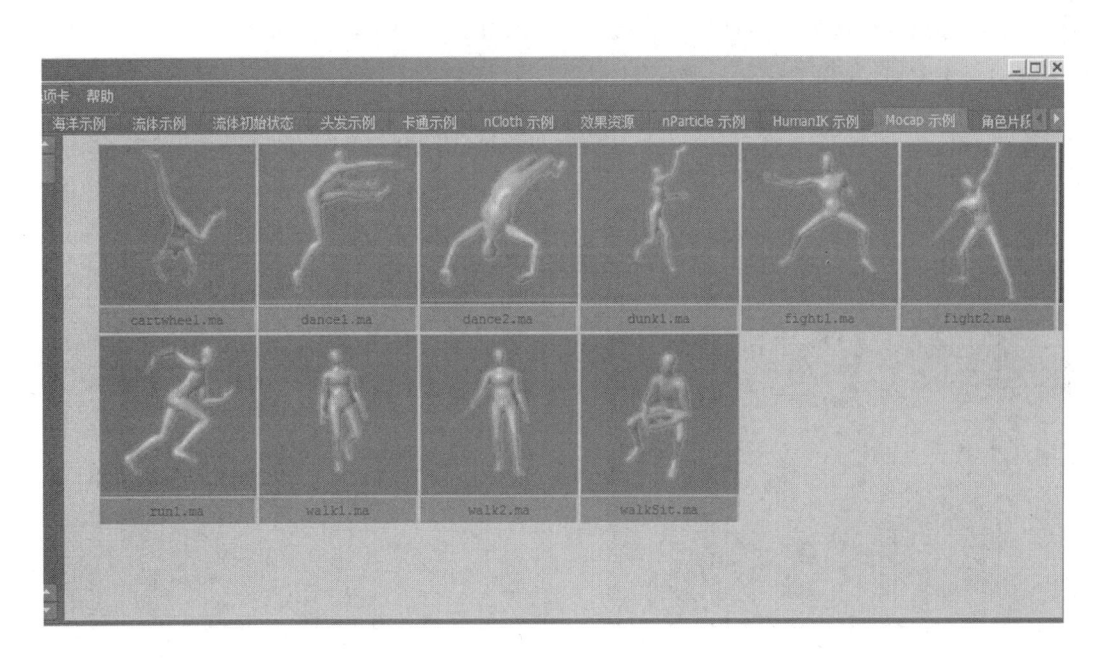

图 1-46

(2) 选择一个动作(本例选择 dance1.ma)，按鼠标中键将动作拖入场景中。如果看不见模型，可以按 F 键查看。如图 1-47 所示。

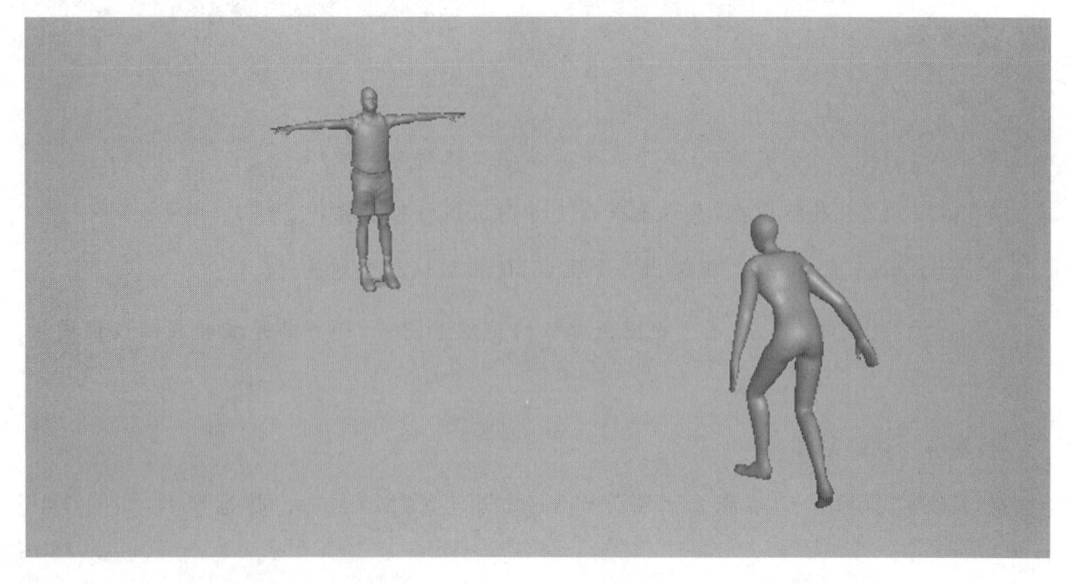

图 1-47

有时导入动作库后看不见模型，可以从大纲视图中查看信息。选择"窗口"→"大纲视图"，如图 1-48、图 1-49 所示。

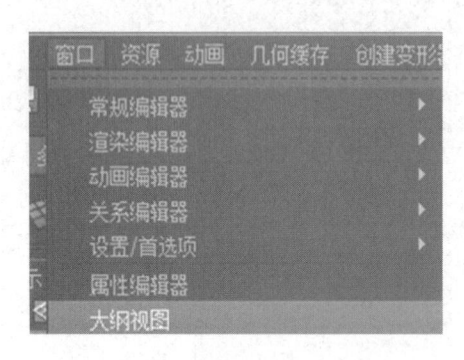

图 1-48 　　　　　　　　　　图 1-49

(3) 进入动画模块。

按快捷键 F2 切换到动画模块或者从功能模块中单击▶。

将菜单切换到如图 1-50 所示状态下。

图 1-50

(4) 选择"骨架"→"HumanIK..."，如图 1-51 所示。右侧的通道栏会变成如图 1-52 所示状态。

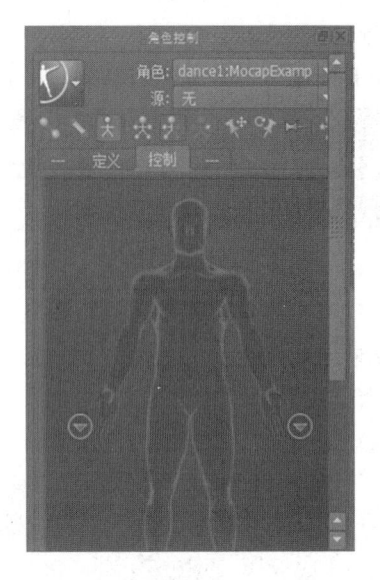

图 1-51　　　　　　　　　图 1-52

(5)在 Maya 窗口右侧的通道栏中进行如图 1-53 的设置。

图 1-53

角色:BBallPlayer,源是 dance1。

意思就是将 dance1 的动作赋给 BBallPlayer 角色。

如图 1-54 所示是赋完动作后,BBallPlayer 角色的动作变化,此时说明动作设置正确。

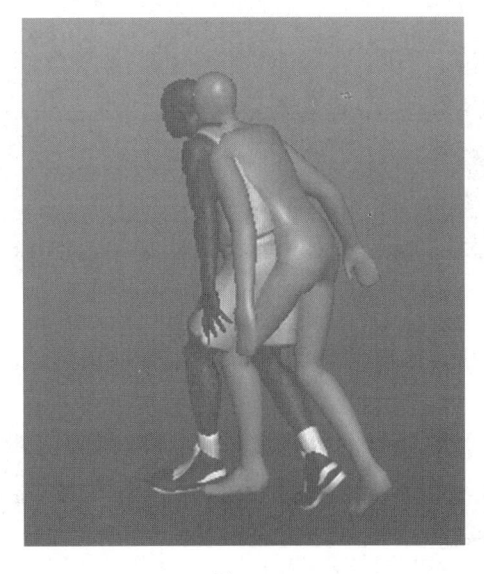

图 1-54

(6)动画测试。

①在动画时间轴上设置动画时长为 200 帧,如图 1-55 所示。

图 1-55

提示:时间轴上右侧左数第一个框表示当前测试帧的时间长度,第二个框表示整个动画的测试时间长度。

②打开"首选项"窗口,左侧选择时间滑块,右侧设置播放速度为"实时[24 fps]",如图 1-56 所示。

图 1-56

提示:播放速度需要用实时播放,否则动画在播放时会感觉不正常。

③继续在首选项中设置,左侧选择:设置。右侧:时间为 Film(24 fps),如图 1-57 所示。

图 1-57

④如图 1-58 所示,在动画时间轴上单击 ▷ 进行动画测试。可发现角色已经可以跳舞了。

图 1-58

⑤在大纲视图中选择 BBallPlayer 模型,然后单击 图标(隔离显示),就会将除选择以外的内容全部隐藏起来。

步骤 5 动画保存。

本例利用播放预览的方法进行保存。

在时间轴上右击,选择"播放预览",如图 1-59 所示。

图 1-59

在弹出的窗口中按提示操作进行设置,如图 1-60 所示,然后单击"播放预览"按钮,注意:一定要将"保存到文件"勾选,否则预览的内容就不会被保存。

保存的 avi 格式的文件最好用 QuickTime 软件播放,其他的软件也可能会正常播放,也可能会出现问题,整个图是倾斜的。

图 1-60

理论知识指导

1. 打开软件(可能会有学生不知道哪个图标是 Maya 软件,需要重点指出来)。
2. Visor 库导入模型:强调 4、5、6 三个快捷键对模型的影响。
3. F 键对视图的影响。
4. Alt+鼠标左、中、右键对视图的操作。
5. 空格键在透视视图与四视图之间的切换。
6. 从 Visor 库导入运动捕捉数据,赋予模型(注意选择的先后顺序,如果不小心将顺序弄反了,动画就会不成功)。
7. 隔离显示(需要强调该选择哪一个,要隐藏哪些模型,是哪个模型被保留)。
8. 大纲视图的使用内容。
9. 保存:文件命名问题。
10. 播放预览:注意比例,保存位置,保存格式(一定要提示学生注意保存位置,必要时引进项目文件夹的内容)。
11. 扩展内容:画面构图(要时刻强调这个内容,贯穿在整个三维教学之中)。

任务 2　制作三个角色跳同一段舞的动画

任务说明

本例是上一个案例的扩展,通过本案例的学习,了解一个动作驱动三个模型的操作方法以及项目文件夹、渲染的基础知识。

操作步骤提示

步骤 1　导入模型。

(1)选择"窗口"→"常规编辑器"→"Visor",如图 1-61 所示。

图 1-61

(2)在 HumanIK 选项卡中,选中模型,按住鼠标中键拖到场景中,按 F 或 A 键全部显示,先导入两个模型,如图 1-62 所示。

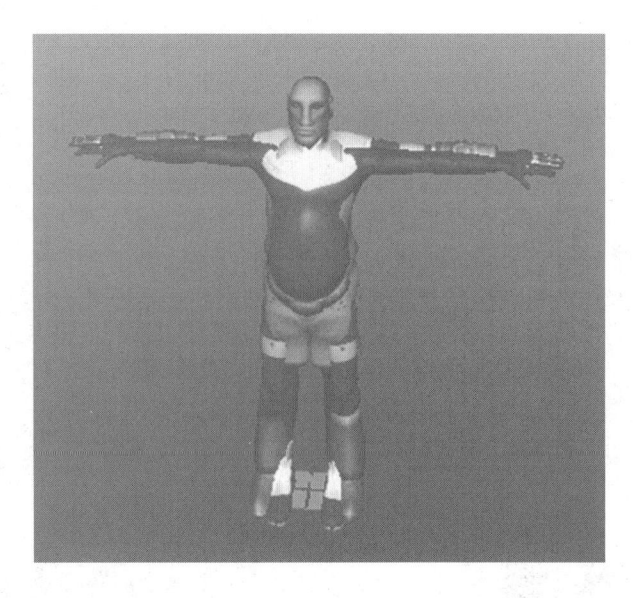

图 1-62

(3)从图 1-62 我们可以看出两个模型重叠了,现在需要将模型分开。打开大纲视图,选择模型的关节,单击"移动工具" 将模型移开,如图 1-63～图 1-65 所示。从这个例子可以看出,当模型进行骨骼绑定后,要想使模型产生动作时,就不能直接选中模型进行操作了,需要对骨骼进行操作。Blue_dude 模型是骨骼与模型分开放置的,从大纲视图中就能看出,可以直接选带有 图标的,选中骨骼。

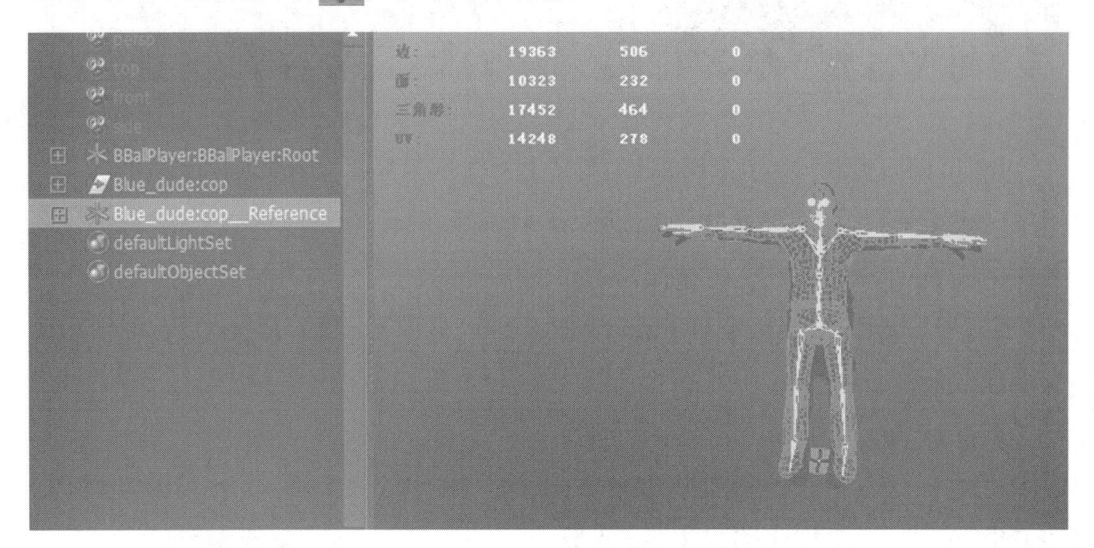

图 1-63

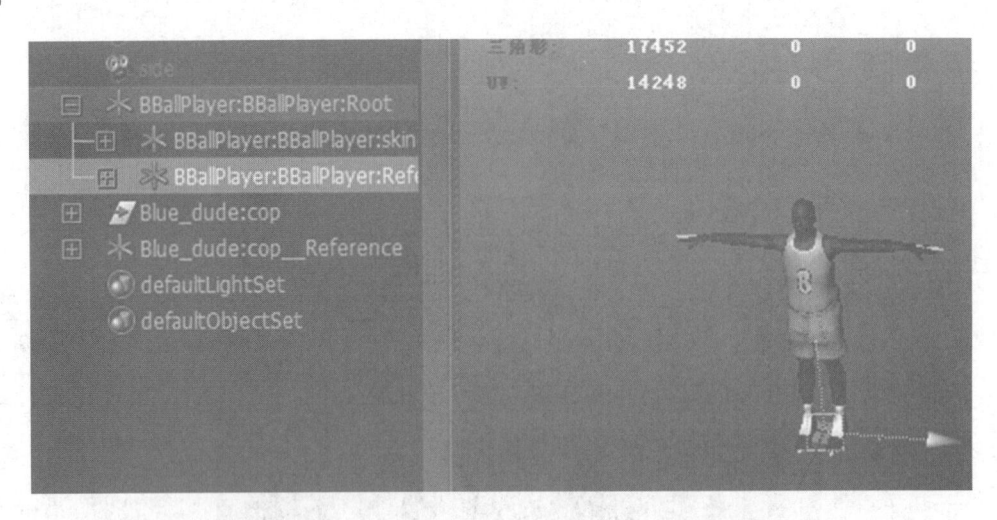

图 1-64

图 1-65

BBallplayer 模型的关节与模型被打成父子关系了，需要在下一级进行选择操作。

提示：Maya 的基本操作就是选择、移动、旋转、缩放，对应的图标分别是 ；对应的快捷键分别是 Q、W、E、R。

在做三维动画时最忌讳的就是模型之间的穿插，所以在最开始的时候可以将距离移得大一些，防止模型穿插。

步骤 2 导入动作。

(1) 进入"Mocap 示例"选项卡，选择一个动作(本例选 dance1.ma)，按鼠标中键拖入场景中。如果看不见模型，可以按 F 键查看，如图 1-66 所示。本步骤可参考任务一。

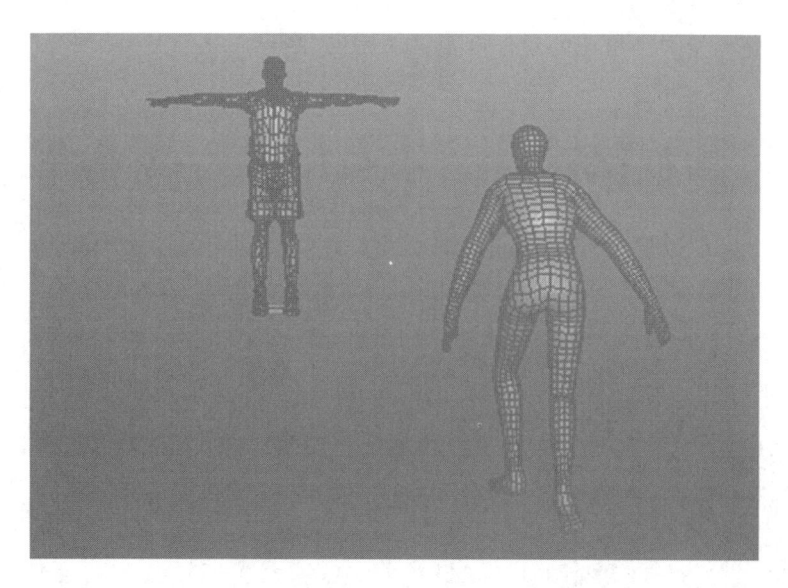

图 1-66

(2)选择"骨架"→"HumanIK...",然后在属性栏中进行设置,如图 1-67 所示。

图 1-67

角色为 BBallPlayer,动作源是 dance1。意思就是将 dance1 的动作赋给 BBallPlayer。第一个角色动作设置完以后,场景中会发生如图 1-68 所示的变化。

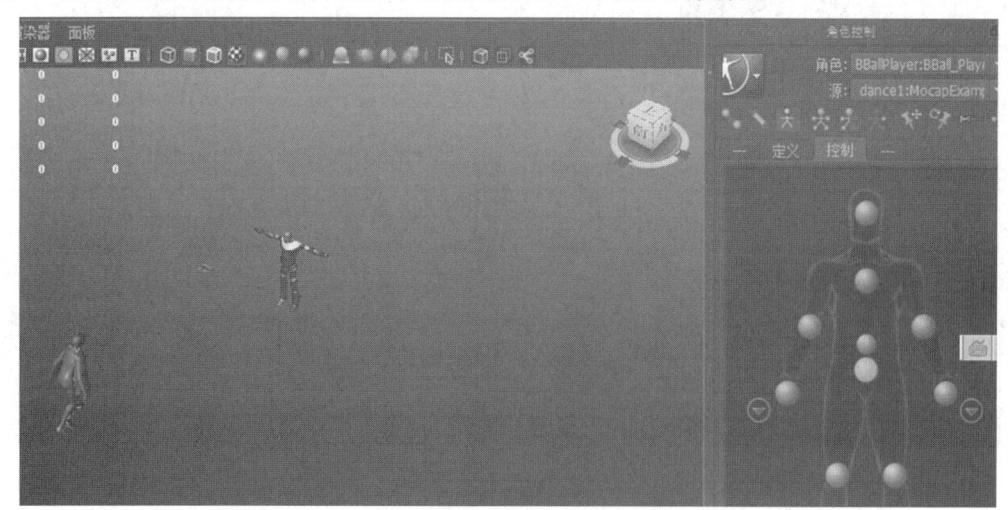

图 1-68

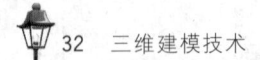

(3)继续进行第二个角色的动作设置,如图 1-69 所示。

图 1-69

角色为 Blue_dude,动作源是 dance1。意思就是将 dance1 的动作赋给 Blue_dude。

(4)隐藏设置。

从大纲视图中选择如图 1-70 所示的几顶,然后按快捷键 Ctrl+H,即可将选定的内容进行隐藏,如图 1-71 所示。

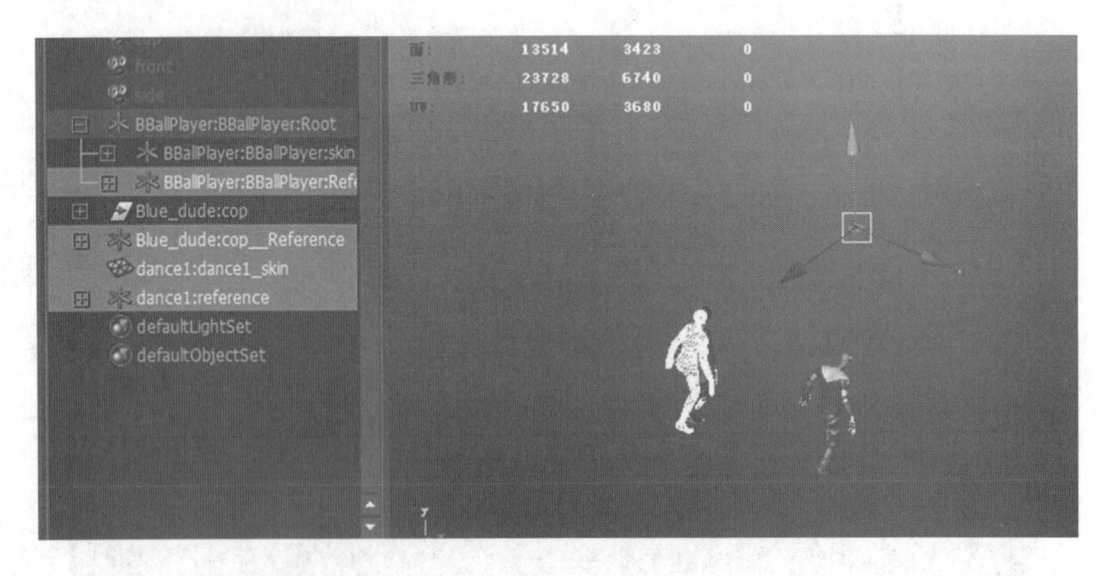

图 1-70

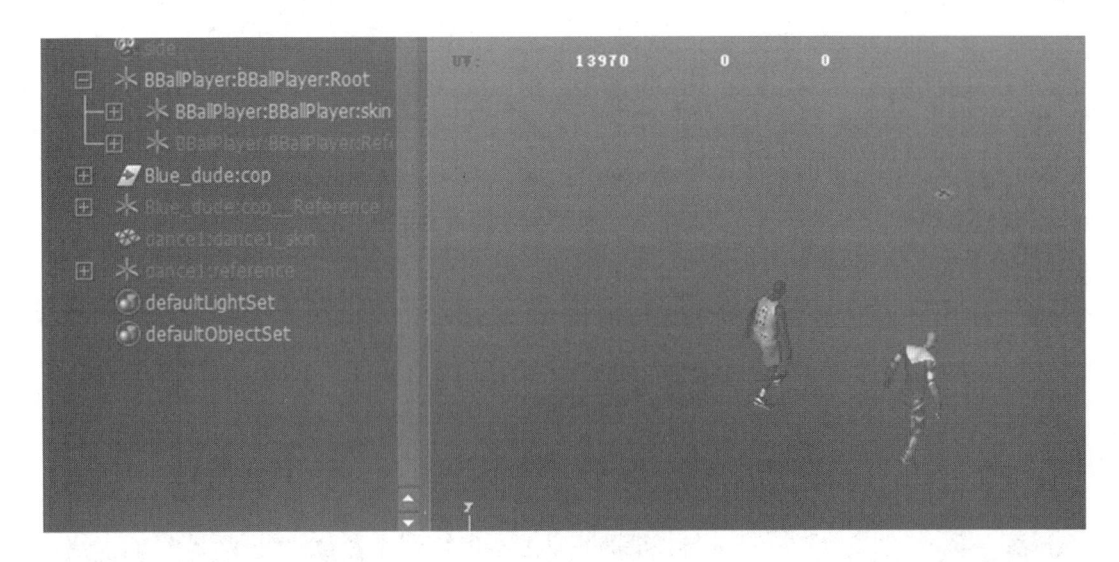

图 1-71

💡**提示**：如果想显示的话可以用快捷键 Shift+H。

（5）同理可以添加第三个模型，并添加相应的动作。如图 1-72 所示。

图 1-72

步骤 3 动作测试。

同任务一，调整动画帧频及播放模式，进行动画测试。

步骤 4 建立项目文件夹。

（1）在 D：盘根目录创建一个项目文件夹，文件夹的名字为 dance，如图 1-73、图 1-74 所示。

图 1-73

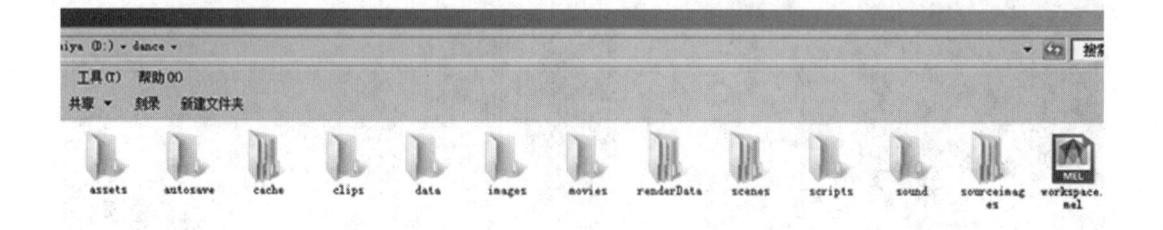

图 1-74

（2）将源文件保存。选择"文件"→"保存场景"，第一次保存会弹出对话框，如图 1-75 所示。由于建立了项目文件夹，所以文件会被保存到项目文件夹下的 scences 文件夹中。

图 1-75

文件的命名,如果是做练习,就没有严格的要求了,只要命名中不含中文即可,但如果是真实项目的话,是有严格命名要求的,需要根据企业的要求来命名。

本例为练习范例,所以命名为 dance_001.mb。

提示:Maya 还具有自动增量保存的功能,这项功能的优点是能够快速存盘,不足之处是文件名不是很规范。

(3)选择"文件"→"保存场景",如图 1-76 所示。

弹出如图 1-77 所示的"保存场景选项"窗口,勾选"增量保存"。然后单击"文件"→"递增并保存"。Maya 软件会在 scences 下自动创建一个 incrementalSave 文件夹,每保存一次文件会自动保存成如图 1-78 所示的格式文件。

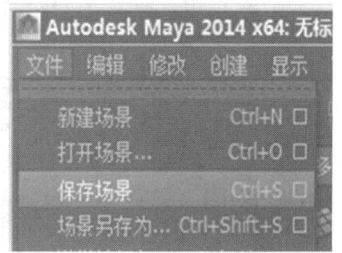

图 1-76

图 1-77

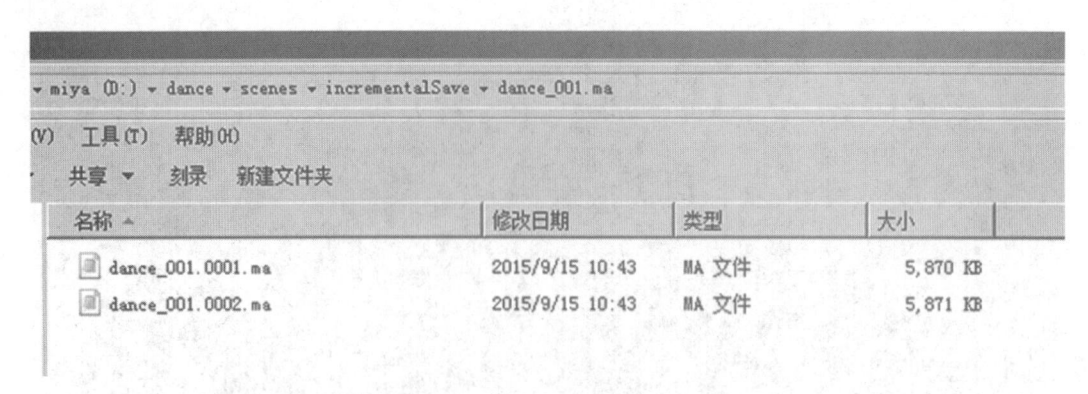

图1-78

步骤5 渲染输出

在确定上一步的文件保存完毕后,才能进行渲染设置及输出。

(1)打开"渲染设置"窗口

选择"窗口"→"渲染编辑器"→"渲染设置",即可打开"渲染设置"窗口,如图1-79所示,也可以单击状态栏上的 图标。

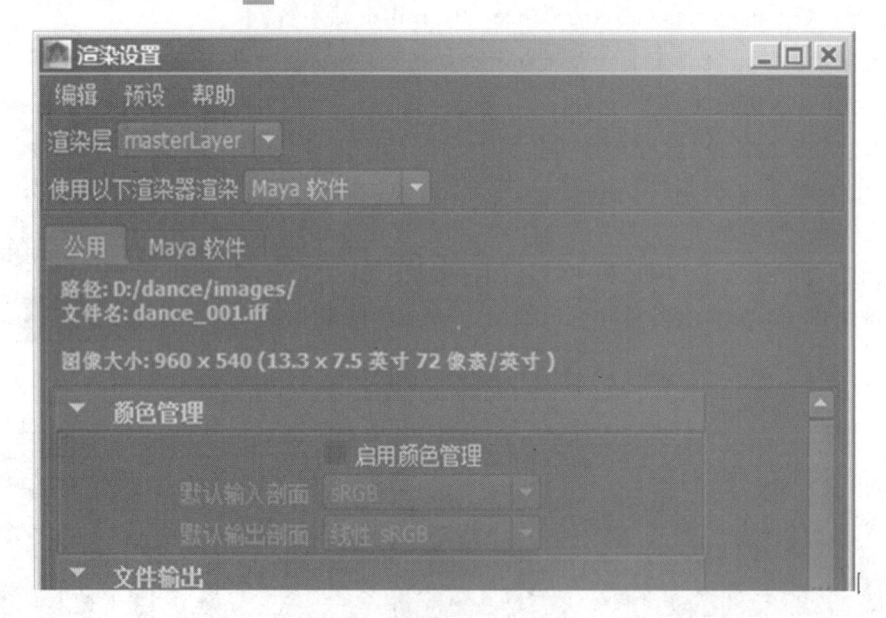

图1-79

(2)渲染设置

Maya可用的渲染器有很多,本例只用Maya自带的软件渲染。

常用的设置有：

①图像格式：图像格式一般要设置带通道的后期软件能够识别的格式,一般小型的项目常用格式有PNG、TGA、TIFF、PSD格式,本例中使用TGA格式,如图1-80所示。

图 1-80

②帧/动画扩展名：对于动画格式的文件，一般选择"名称_♯.扩展名"，这里的♯代表动画序列帧的编号，如图 1-81 所示。

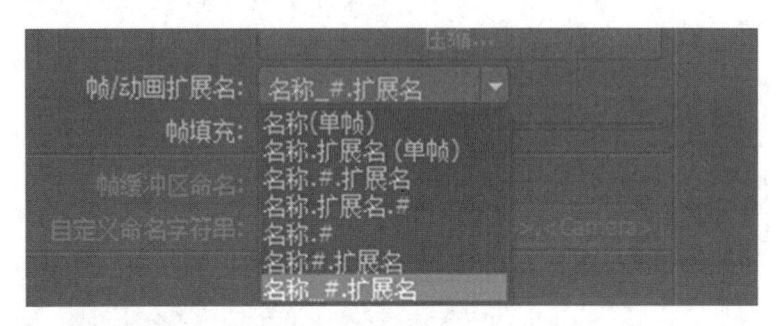

图 1-81

帧填充：表示动画序列帧的编号位数。

如本例值为 4，则编号为 0001。

如值为 3，则编号为 001。

③Alpha 通道：与 Photoshop 软件中的 Alpha 通道是一样的，都是用来抠像的。

④帧范围，如图 1-82 所示。

图 1-82

开始帧表示渲染的起始帧，结束帧表示渲染的结束帧，帧数表示渲染的帧的间隔。图中表示从第 1 帧开始连续渲染至第 50 帧。

⑤图像大小：根据项目要求进行选择，如图 1-83 所示。

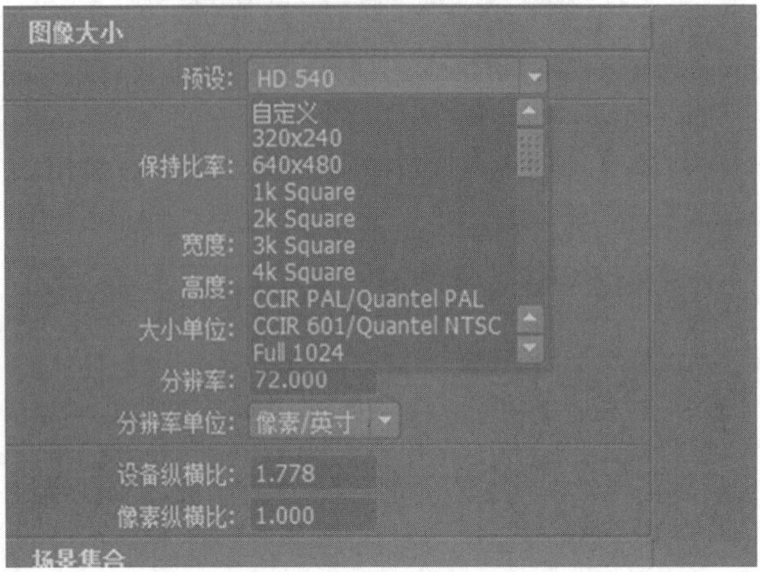

图 1-83

本例选择 HD 高清格式 1920×1080，如图 1-84 所示。

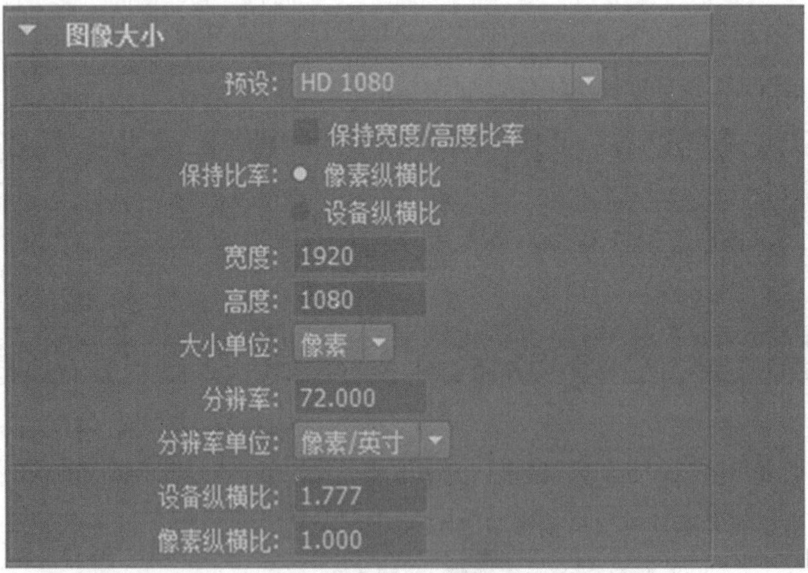

图 1-84

(3) 批渲染

在渲染模块下，选择"渲染"→"批渲染"，可以渲染动画序列帧，如图 1-85 所示。

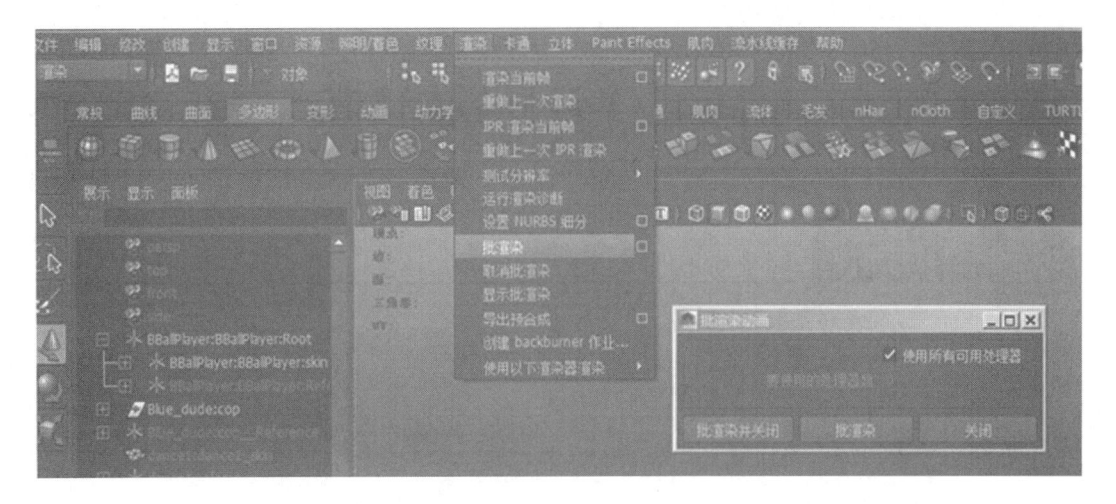

图 1-85

默认情况下,会使用所有的渲染器进行渲染,也可以自己设定用几个渲染器进行渲染。如图 1-86 所示用两个渲染器渲染。

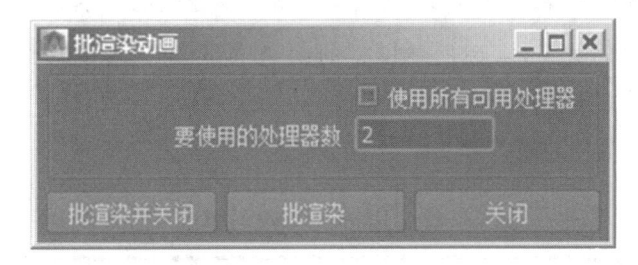

图 1-86

如图 1-87 所示是渲染完的序列帧。然后就可以导入到后期软件如 After Effects 或 NUKE 中进行特效制作及后期合成工作。

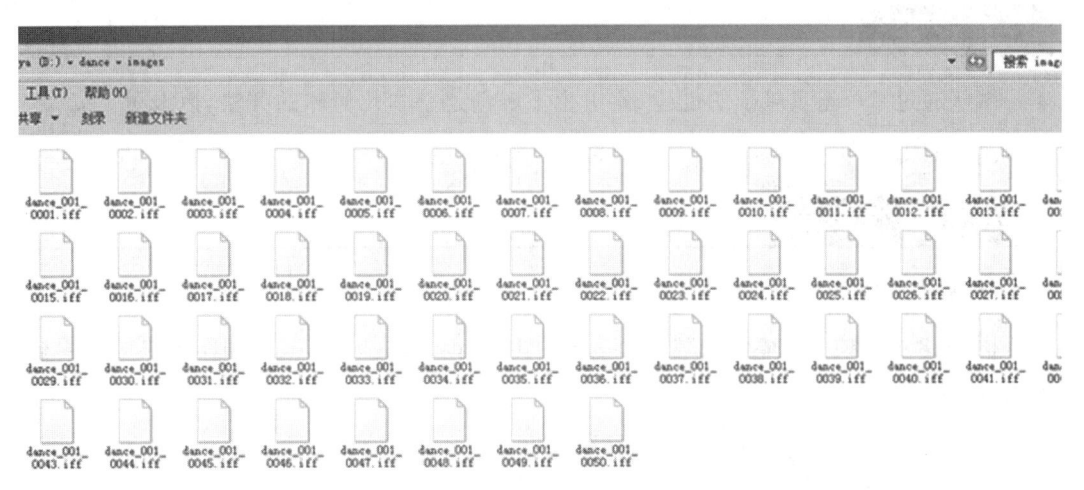

图 1-87

项目 2　多边形基本建模

项目目标

1. 多边形基本几何体的创建。
2. 多边形分 UV 以及简单贴图的制作方法。
3. 常用的多边形建模命令。

项目说明

通过制作道具箱子、骰子等案例,使读者了解三维建模的基本方法,了解二维贴图与三维模型之间的对应关系,掌握简单模型的创建思路,为读者的后续学习打下坚实的基础。

任务 1　创建道具箱子

任务说明

本例通过一个道具箱子的创建,使学生了解创建基本几何体的方法,以及分 UV、贴图的基本原理。

操作步骤提示

步骤 1　创建基本几何体。

图 1-88 所示的参数表示创建一个边长为 12.3 cm 的立方体(具体操作方法可参考本任务的"理论知识指导")。

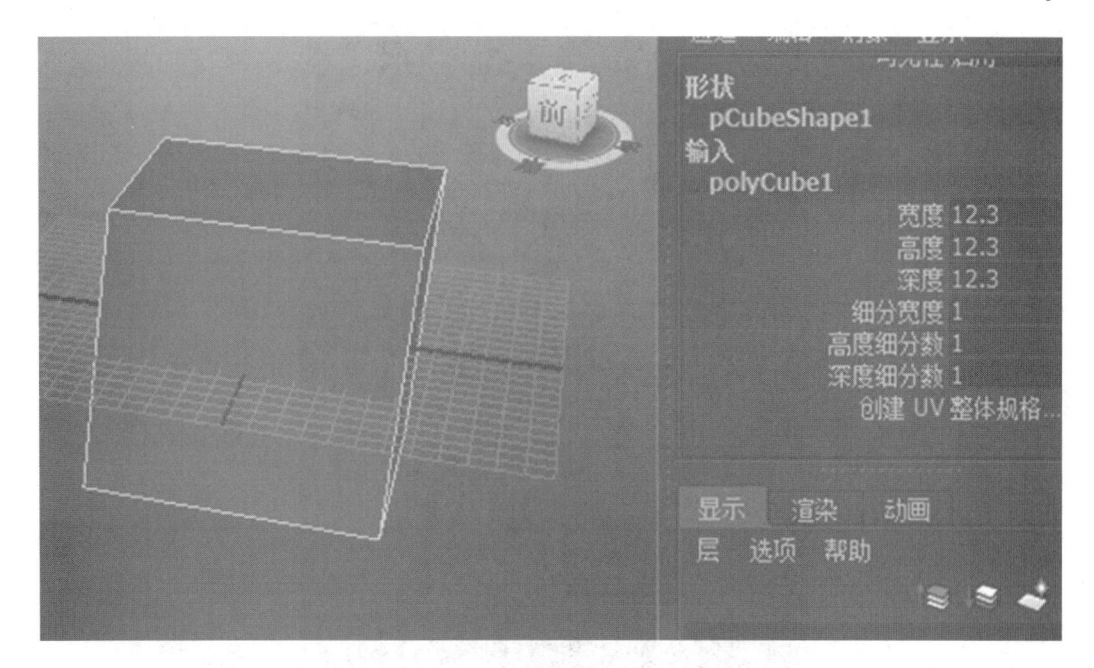

图 1-88

图 1-89 是在动画首选项下设置线性单位为"厘米"。

提示：Maya 常用的线性单位就是厘米，如果有特殊要求，也可以打开下拉菜单修改单位度量。

图 1-89

步骤 2 UV 拆分。

选中模型，选择"创建 UV"→"自动映射"，自动拆分 UV，如图 1-90 所示。

图 1-90

选择"编辑 UV"→"UV 纹理编辑器",如图 1-91 所示,或者选择"窗口"→"UV 纹理编辑器",如图 1-92 所示,或者单击 图标,打开 UV 纹理编辑器。

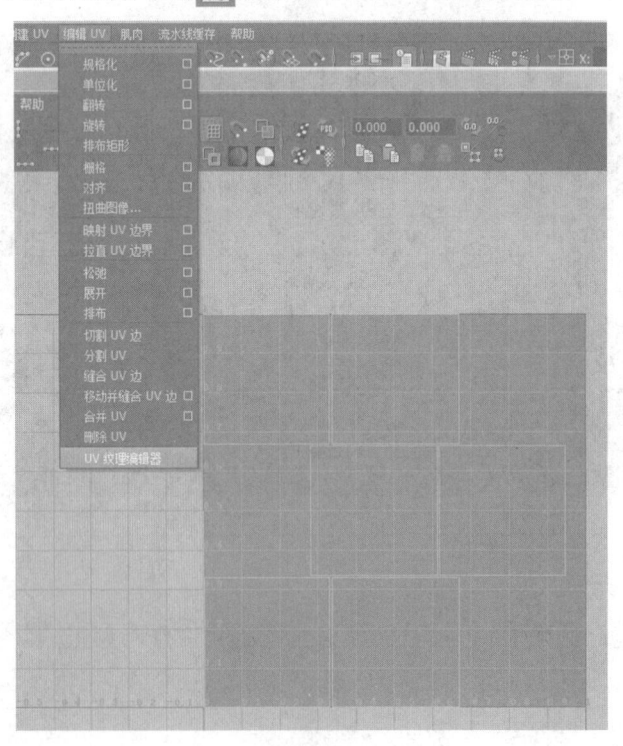

图 1-91

🔔 提示：这部分内容非常重要，所以可以在很多位置找到它。

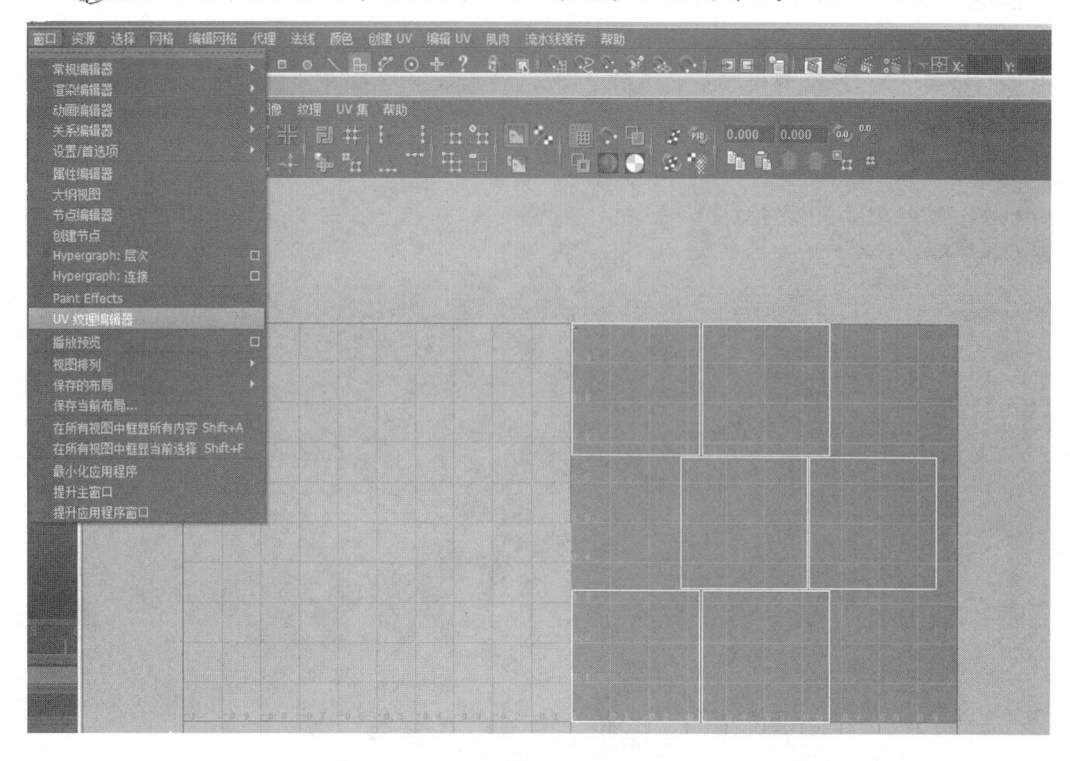

图 1-92

本例要做一个六个面都一样的贴图，所以可以将 UV 修改成如图 1-93 所示的形状。

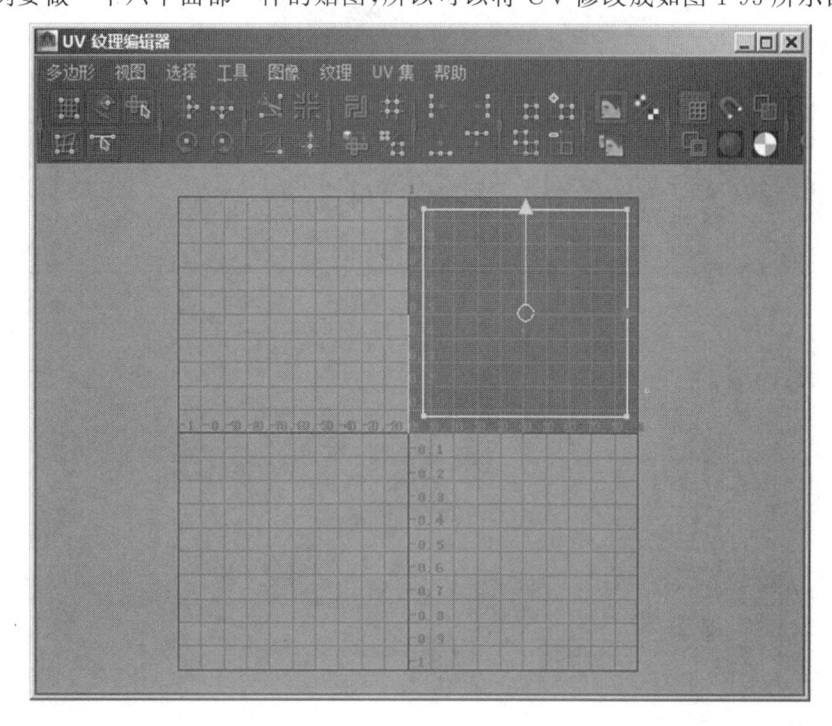

图 1-93

⬥ **扩展**：如果要做六个面不一样的贴图，就需要将六个面都展开，根据要做的内容估算一下接缝位置，然后展开成一个平面，每个人展开的形状可能都不会完全一样，只要保证UV拆分均匀，全都处在第一象限中即可，后面还会有项目专门介绍这部分内容，所以此处简单介绍一下。

🔔 **提示**：UV编辑操作小技巧

在UV纹理编辑器窗口中右击，选择UV模式，鼠标单击选中一个点，然后点变成了绿色，这个绿色的点就是UV点。如图1-94、图1-95所示。

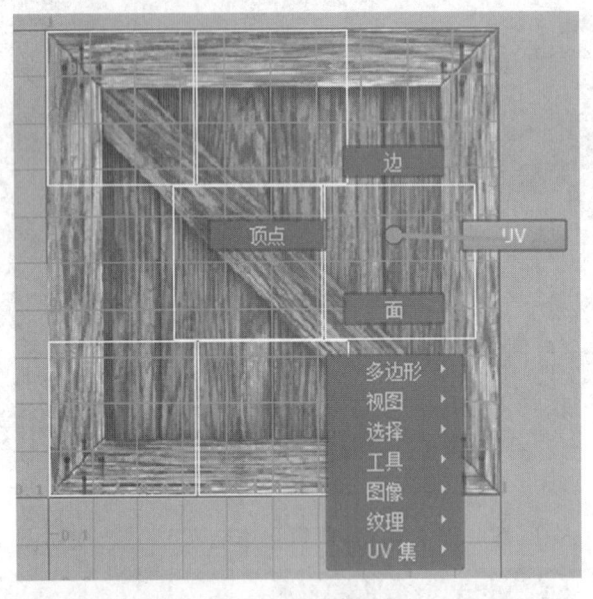

图1-94

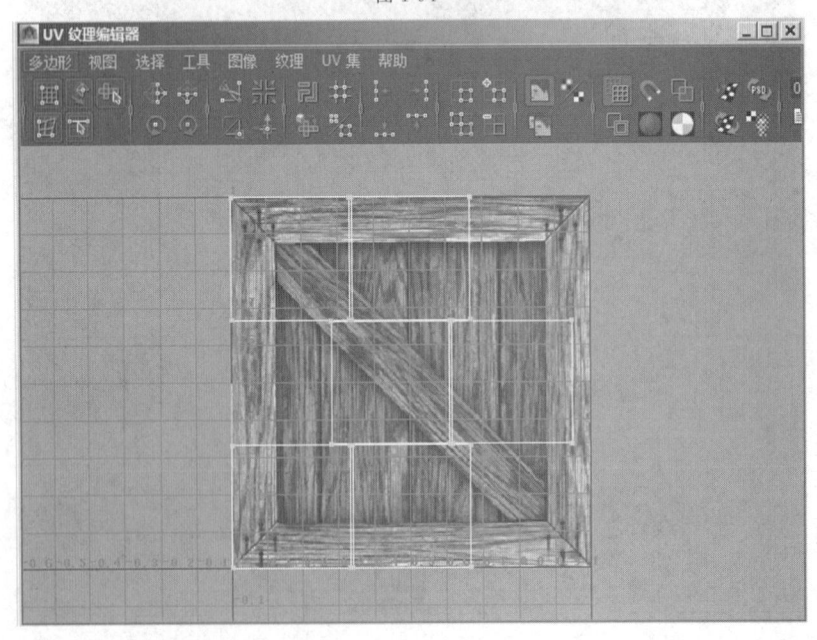

图1-95

按住 Ctrl 键再右击,选择"到壳"。如图 1-96 所示。

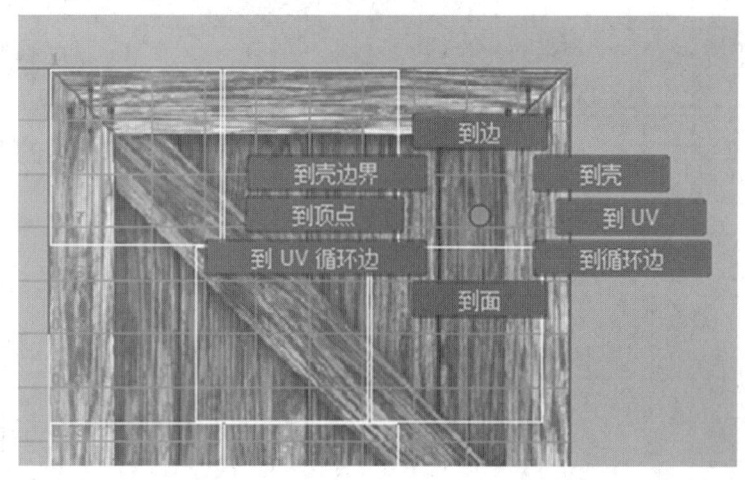

图 1-96

将与之相连的面上的 UV 点全部选中。如图 1-97 所示,按 W 键将选中的 UV 点进行移动。

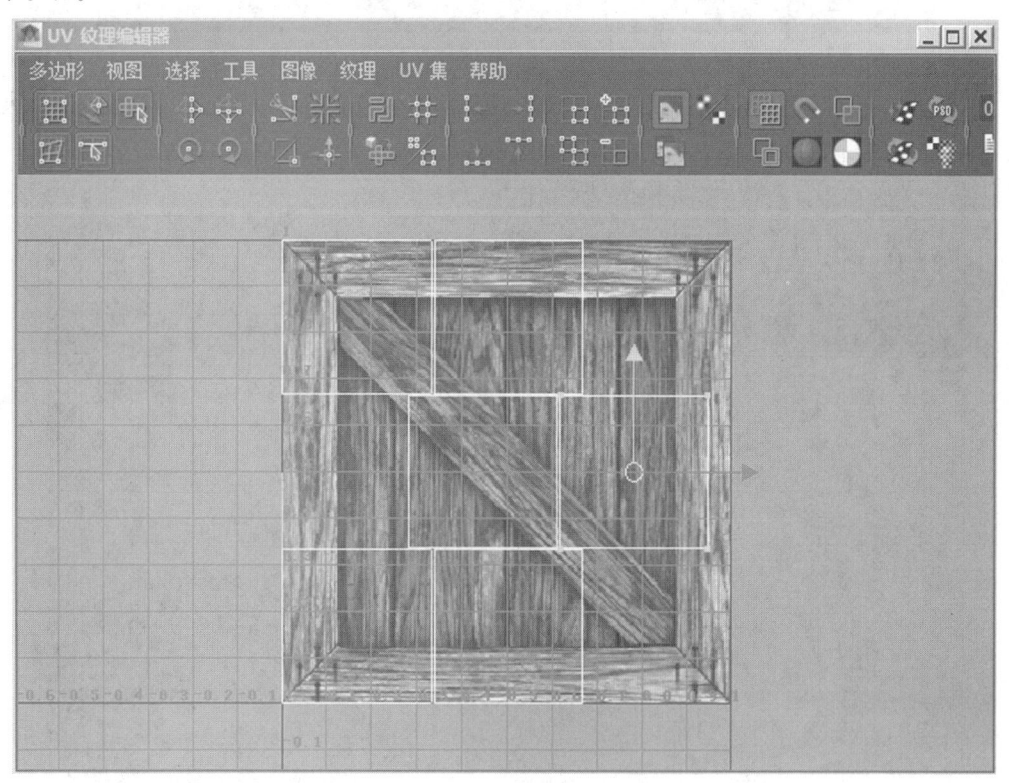

图 1-97

步骤 3 添加贴图。
(1)第一种操作方法
①打开 Hypershade(超级材质编辑器),如图 1-98 所示。

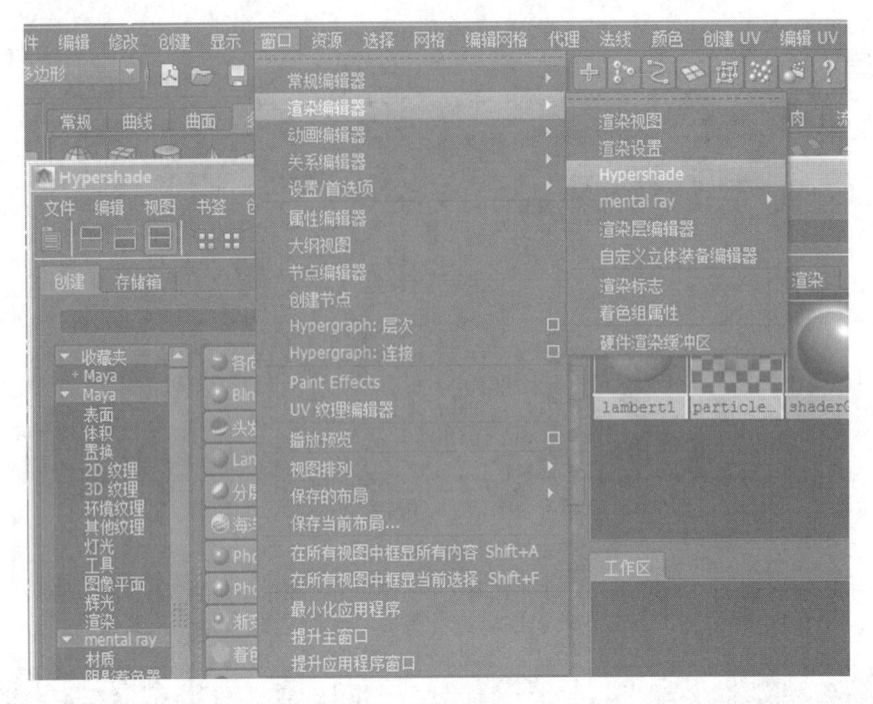

图 1-98

②在 mental ray 中选择 Lambert 材质，建立一个 lambert 材质球。默认的名字为 lambert2。如图 1-99 所示。

图 1-99

> 提示:在上面的显示区中我们能看见 lambert1,Maya 所有新建的模型都会默认赋予 lambert1 材质,所以在使用的过程中千万不要修改 lambert1 材质,否则后续创建的模型都会带有 lambert1 材质的特性。

右击 lambert2,选择重命名,可以为 lambert2 材质球改名,新的名字中不允许出现汉字,只能由字母、数字、下划线构成。如图 1-100 所示。

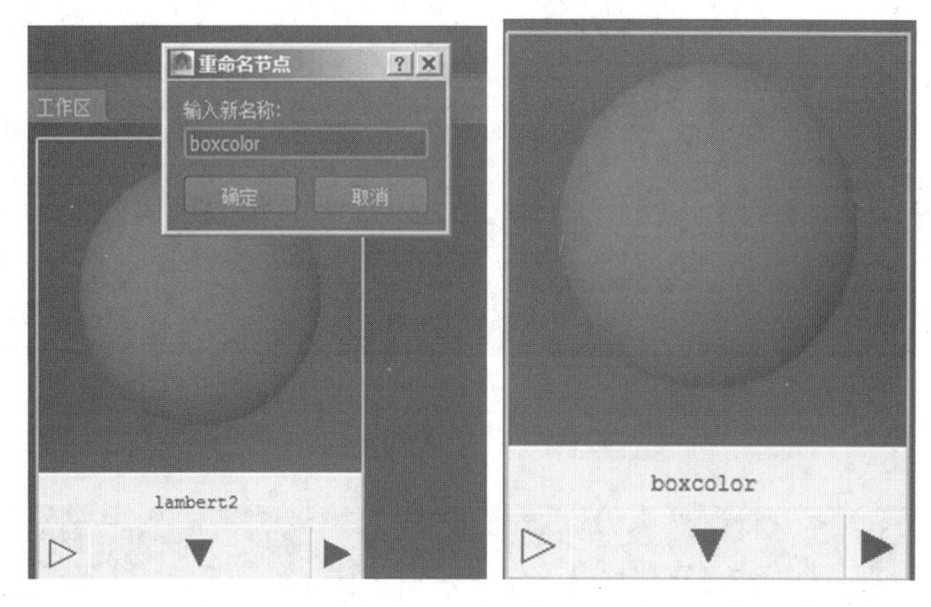

图 1-100

③将 boxcolor(lambert2)材质球赋予模型。如图 1-101 所示。

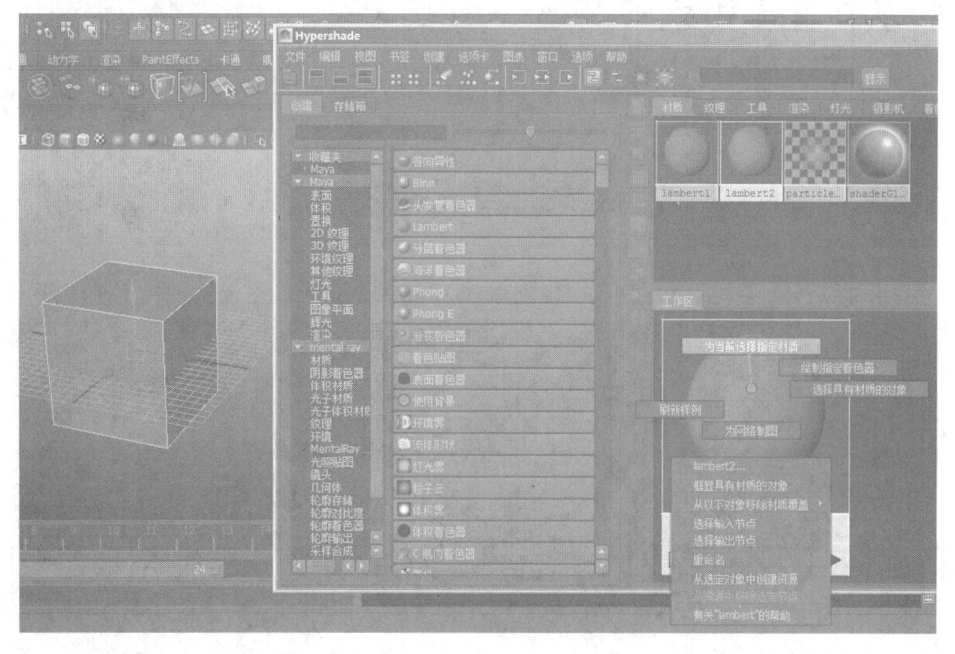

图 1-101

第一种方法：选中模型，然后在材质球上右击，选择"为当前选择指定材质"。

第二种方法：选中材质球，鼠标中键拖到模型上，放开鼠标即可（拖曳成功的话鼠标的右下角会有一个小＋号）。

④再创建一个 file1 节点，如图 1-102 所示。

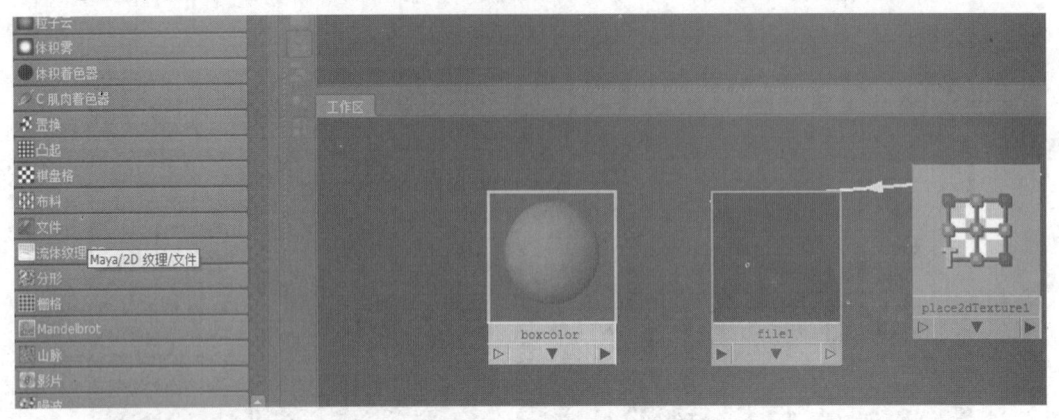

图 1-102

⑤鼠标中键拖动 file1 到 boxcolor 节点上，弹出一个快捷菜单，选择 color，如图1-103所示。

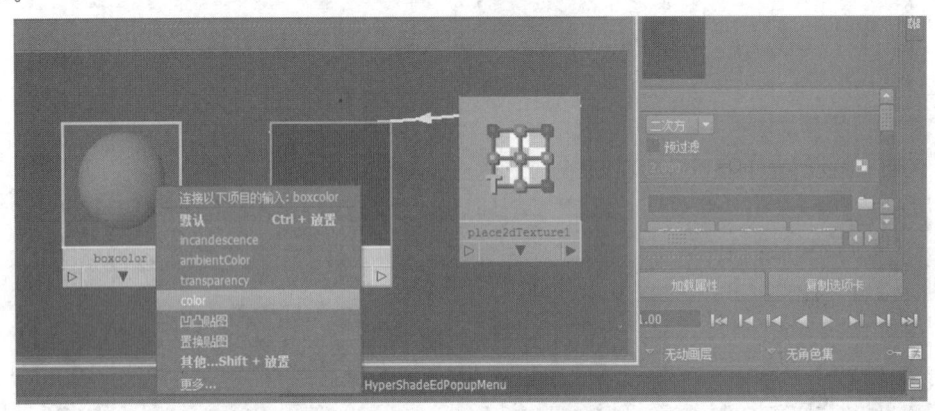

图 1-103

松开鼠标后，就会将 file1 节点连接到 boxcolor 的 color 节点上。如图 1-104 所示。

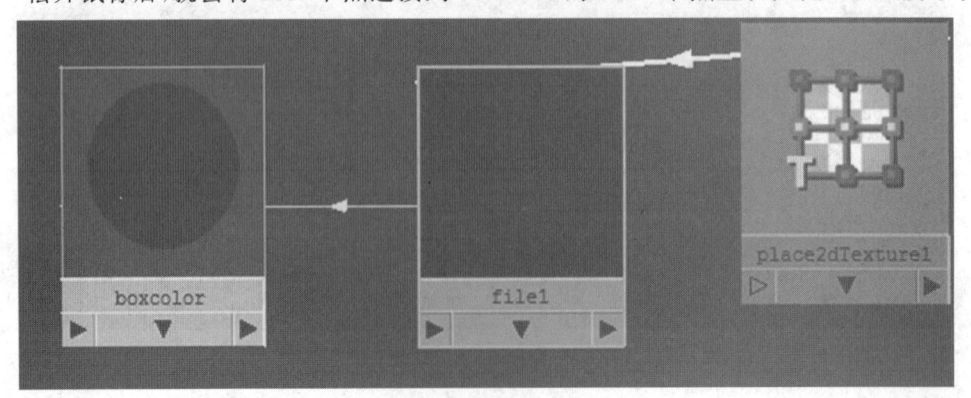

图 1-104

⑥双击 file1 节点,在属性框上选择需要的贴图。要求在做这一步之前,要先将贴图复制到项目文件夹下,这样方便将来项目的移植。如图 1-105 所示。

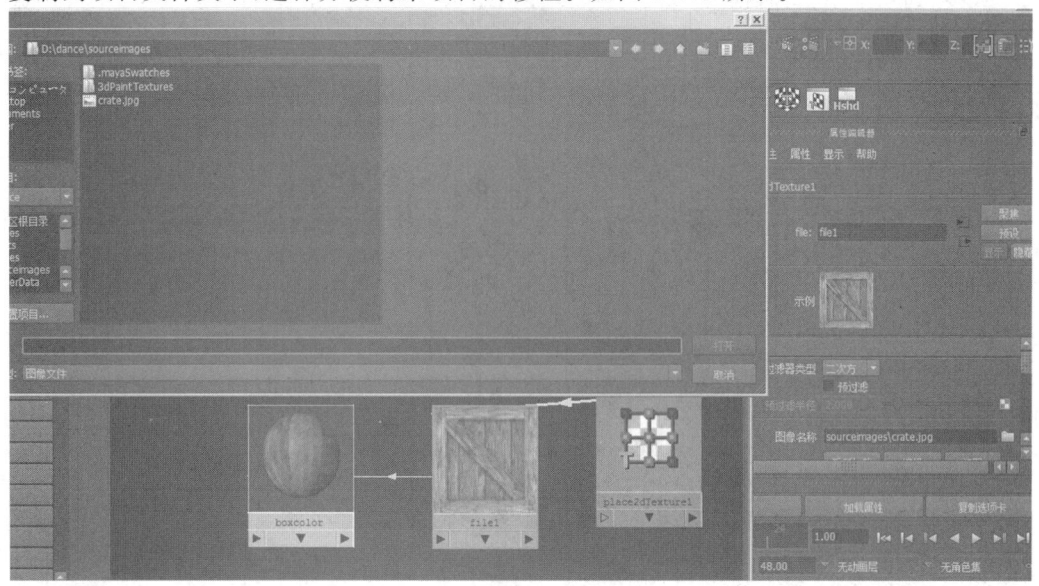

图 1-105

提示:也可以这样操作,双击 boxcolor 节点,显示属性框。按鼠标中键拖动 file1 节点到 boxcolor 节点上,当出现一个灰色的虚框就可以松开鼠标。如图 1-106 所示。

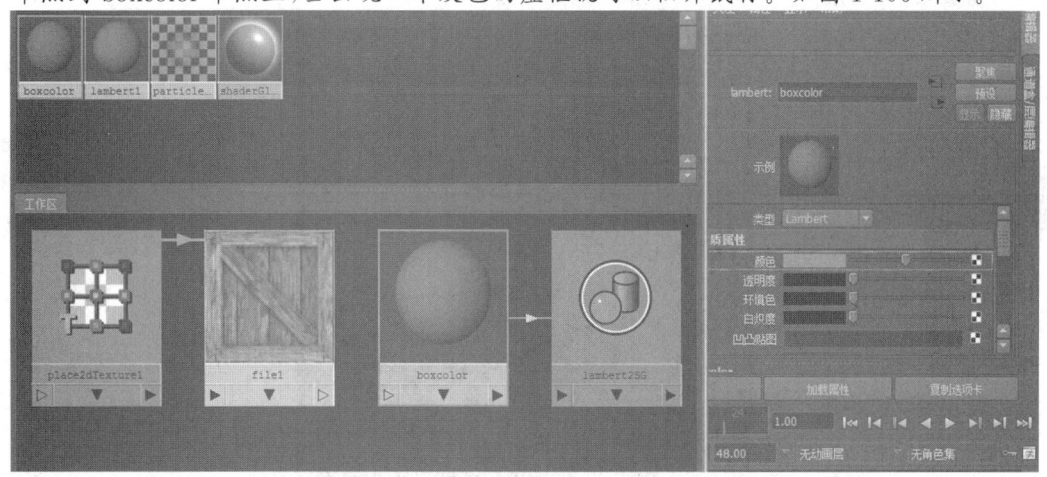

图 1-106

在 boxcolor 与 file1 节点之间出现一个绿色的箭头表示连接成功。如图 1-107 所示。

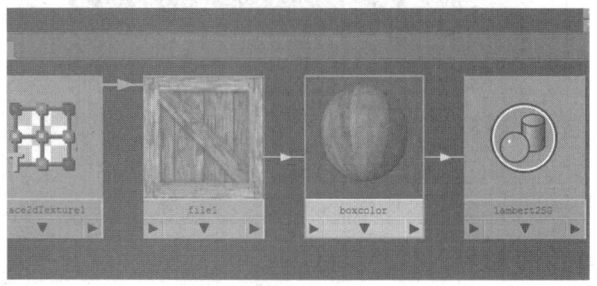

图 1-107

⑦模型材质测试

返回到场景中，查看模型，如果材质没显示出来，可以按 6 键进行材质显示，也可以选择"视窗"菜单上的 图标，或单击 进行渲染查看。如图 1-108 所示。

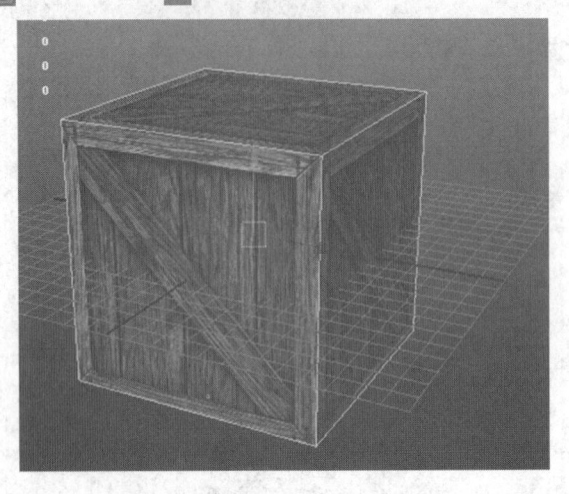

图 1-108

(2) 第二种操作方法

①右击模型，选择"指定收藏材质"→"Lambert"，为模型赋予一个新的 Lambert 材质。如图 1-109 所示。

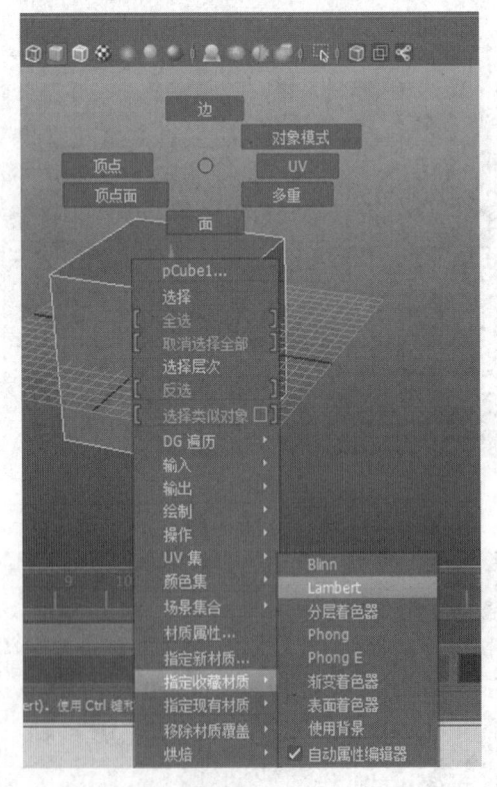

图 1-109

提示：Maya 中所有的贴图都要通过一个材质球来呈现。

②在属性框中对材质球重命名,本例改为 boxcolor2。如图 1-110 所示。

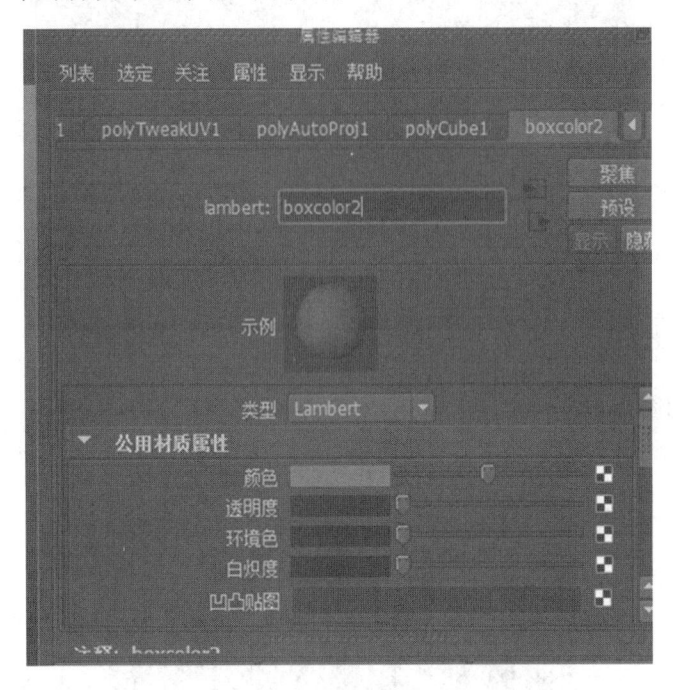

图 1-110

③单击颜色后的 ▦ 图标,弹出创建渲染节点窗口。如图 1-111 所示。

图 1-111

④单击"文件",在 file1 选项卡下,选择需要的贴图。如图 1-112 所示。

图 1-112

最终结果如图 1-113 所示。

图 1-113

理论知识指导

一、交互式创建几何体

以创建一个立方体为例，按提示要求，第一步需要先在网格面创建出底面，然后向上拉确定高度。如图 1-114 所示。

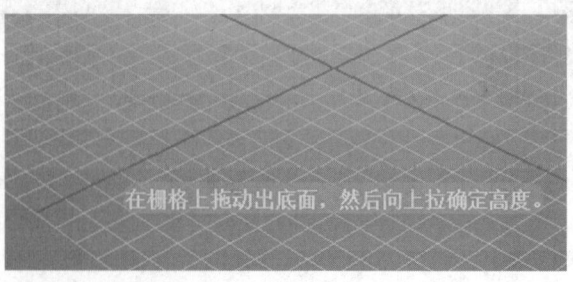

图 1-114

请大家仔细观察,在创建的过程中鼠标会有形状的变化提示。如图 1-115、图 1-116 所示。

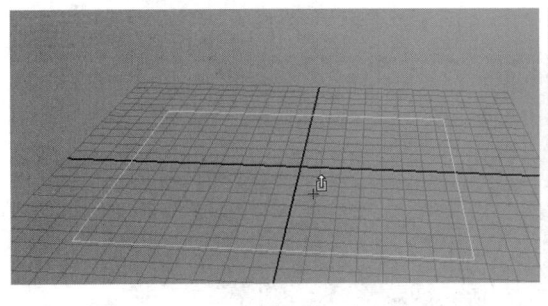

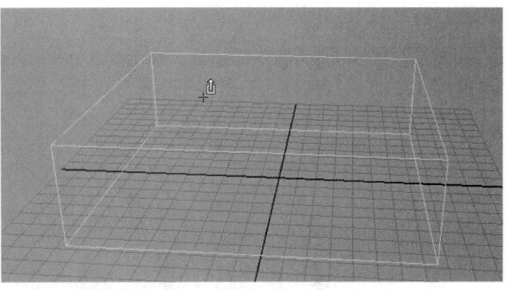

图 1-115　　　　　　　　　　　　　　图 1-116

通过查看通道栏可以知道,我们在场景中创建了一个 8.61 厘米×3.214 厘米×4.71 厘米的长方体。如图 1-117 所示。

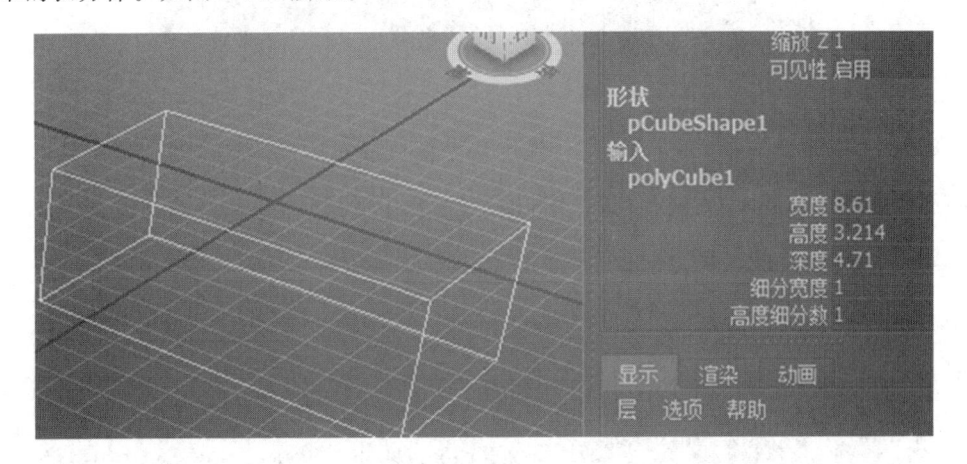

图 1-117

在创建的过程按 Shift 键,可以直接创建一个立方体。如图 1-118 所示创建了一个边长为 3.623 厘米的正方体。

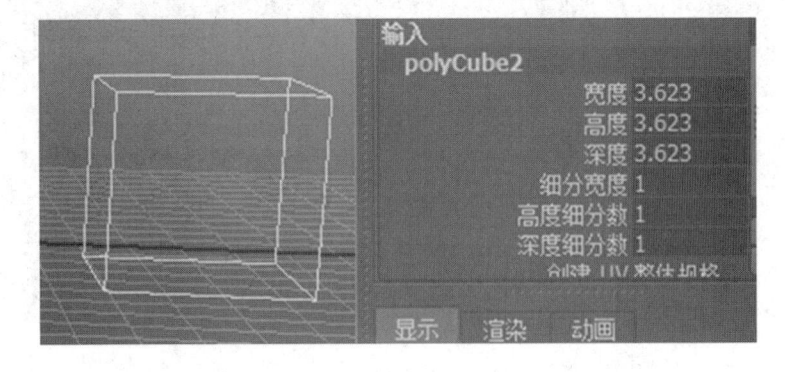

图 1-118

在创建的时候也可以在空白的地方按住 Shift 键,然后单击鼠标右键,弹出一个菜单,可以在菜单中直接创建立方体。这种方法比较快捷,也属于 Maya 中一个比较有优势的操作方式。如图 1-119 所示。

图 1-119

单击"多边形立方体"后的 ▫,会弹出一个窗口或对话框。这个窗口或对话框用来对要创建的立方体的参数进行设置。窗口或对话框中的选项,在交互式与非交互式中是不一样的。如图 1-120、图 1-121 所示。

图 1-120

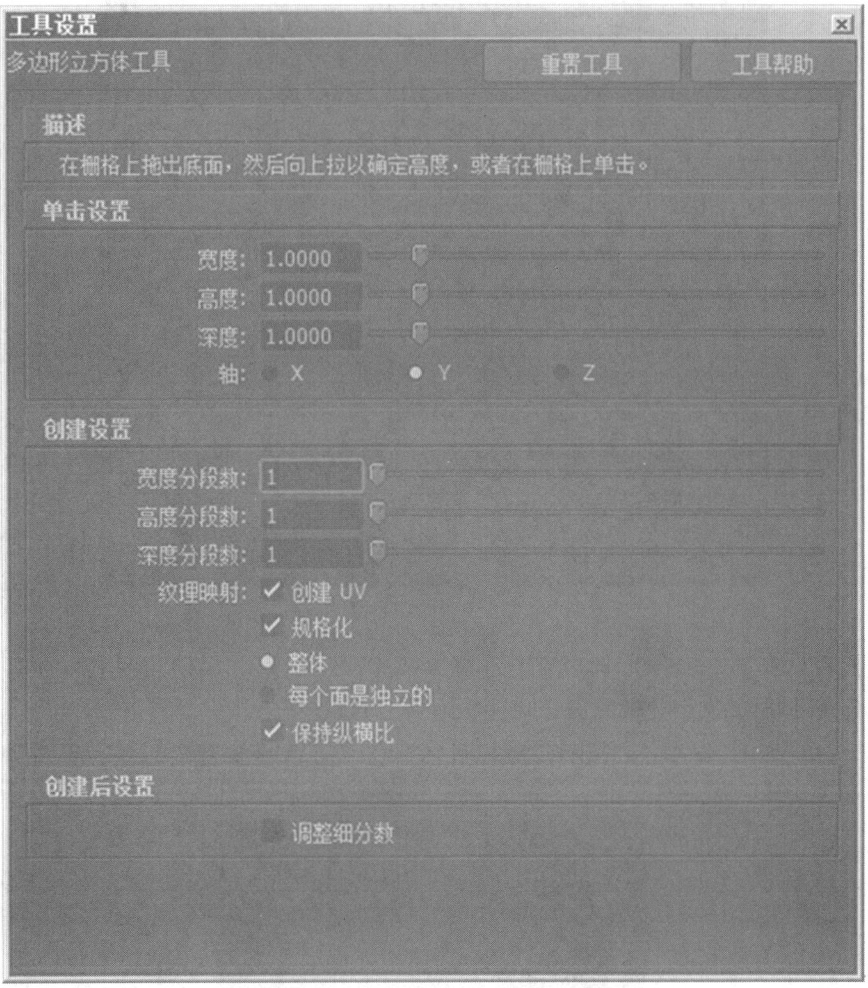

图 1-121

请同学们自己判断一下,哪个是交互式创建的窗口?

当一个立方体创建完毕后,还可以在通道栏或属性栏中修改参数。

二、对创建的几何体进行修改

选中创建好的模型,按 Ctrl+A 键可以弹出属性编辑器,一般位于 Maya 界面的右侧。

也可以单击  左边第二个按钮调出属性编辑器。如图 1-122 所示。

图 1-122

我们可以在 polyCubeN 选项卡下进行参数修改（注：第一次创建的立方体名字默认为 polyCube1，第二次创建的立方体名字为 polyCube2……）。

在"通道"栏的"输入"信息里，也可以再次修改立方体参数。我们可以单击"通道"栏右侧的选项卡进行属性栏与通道栏的切换。如图 1-123 所示。

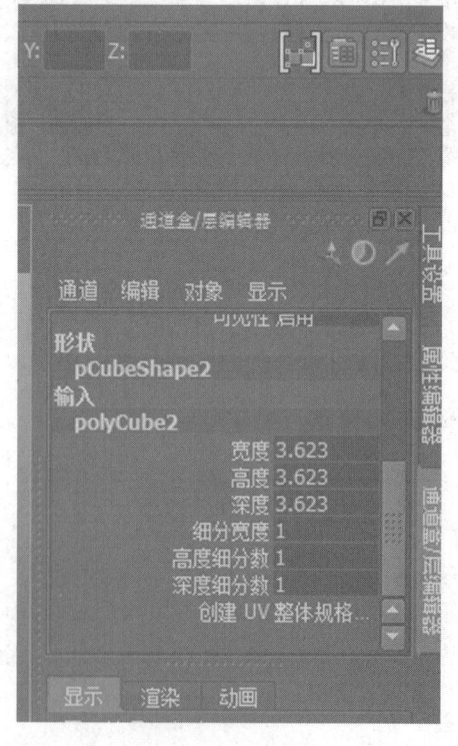

图 1-123

> 提示：如果删除了历史，那么创建的基本信息就消失了，也就不能修改了，另外，复制出来的模型是不具有"输入"信息的，也不能修改。

三、操作历史

删除历史的操作：选择"编辑"→"按类型删除"→"删除历史"菜单，或按快捷键 Alt+Shift+D。

我们可以把历史理解为创建过程。历史为撤销操作提供了保证，但保留过多的历史会加重计算机的负担，所以一般在创建过程中适当清除一下历史。

四、UV

UV 是定位 2D 纹理的坐标点，UV 直接与模型上的顶点相对应。模型上的每个 UV 点直接依附于模型的每个顶点。位于某个 UV 点的纹理像素将被映射在模型上此 UV 所附的顶点上。

简单地说，要给模型上材质贴图的话，就必须先展好模型的原始 UV，把 UV 展好、展平。再把展好的 UV 导入 Photoshop 或者类似图像处理软件，比照展好的 UV 画需要的贴图。画好后再把贴图贴在已展好 UV 的模型上就可以了。模型如果不展开 UV 直接贴图的话，那张图将会乱七八糟。

多边形对象与纹理贴图之间必须通过 UV 平面才能建立正确的关系，所以多边形对象材质编辑的一项重要内容就是 UV 编辑。

五、UV 编辑

Maya 提供了几种方式可以帮助用户快速进行 UV 编辑。

平面映射、圆柱形映射、球形映射、自动映射、基于摄影机创建 UV。如图 1-124 所示。

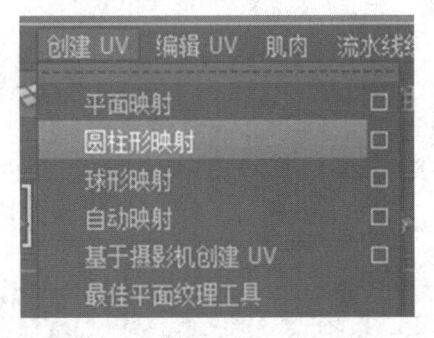

图 1-124

> 提示：Maya 分 UV 模型面越少越好，最好是一边做模型一边分 UV，所以，UV 要在低模上进行拆分。

所谓贴图，不单指表面贴图，还有法线贴图、凹凸贴图、高光贴图、置换贴图等，要根据具体情况，一般是在低模上绘制，然后应用在高模上。

分 UV 一般都用 UV 插件，切好线后，导入插件就可以了。

任务 2　创建道具骰子

任务说明

本例以上例为基础，进行 UV 的拆分讲解以及贴图的绘制。效果参考图如图 1-125 所示。

图 1-125

创建项目文件夹，创建一个立方体模型，边长约为 2 厘米。保存文件为 touzi.mb，如图 1-126 所示。

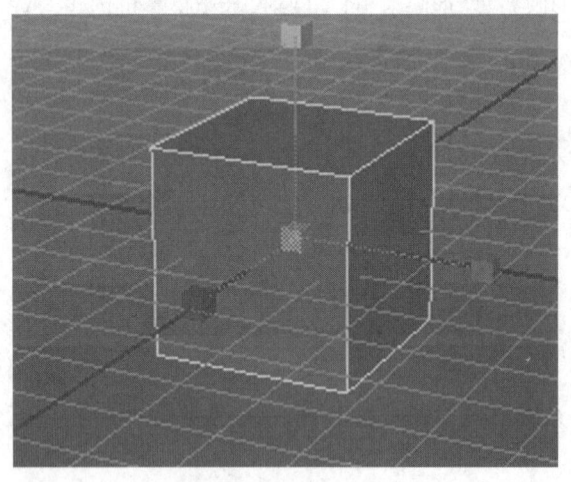

图 1-126

操作步骤提示

步骤 1　选中模型，打开 UV 纹理编辑器，进行 UV 拆分，本例中 UV 可以拆分成多种形式，如图 1-127、图 1-128 所示。

步骤 2　导出 UV 快照，如图 1-129 所示。

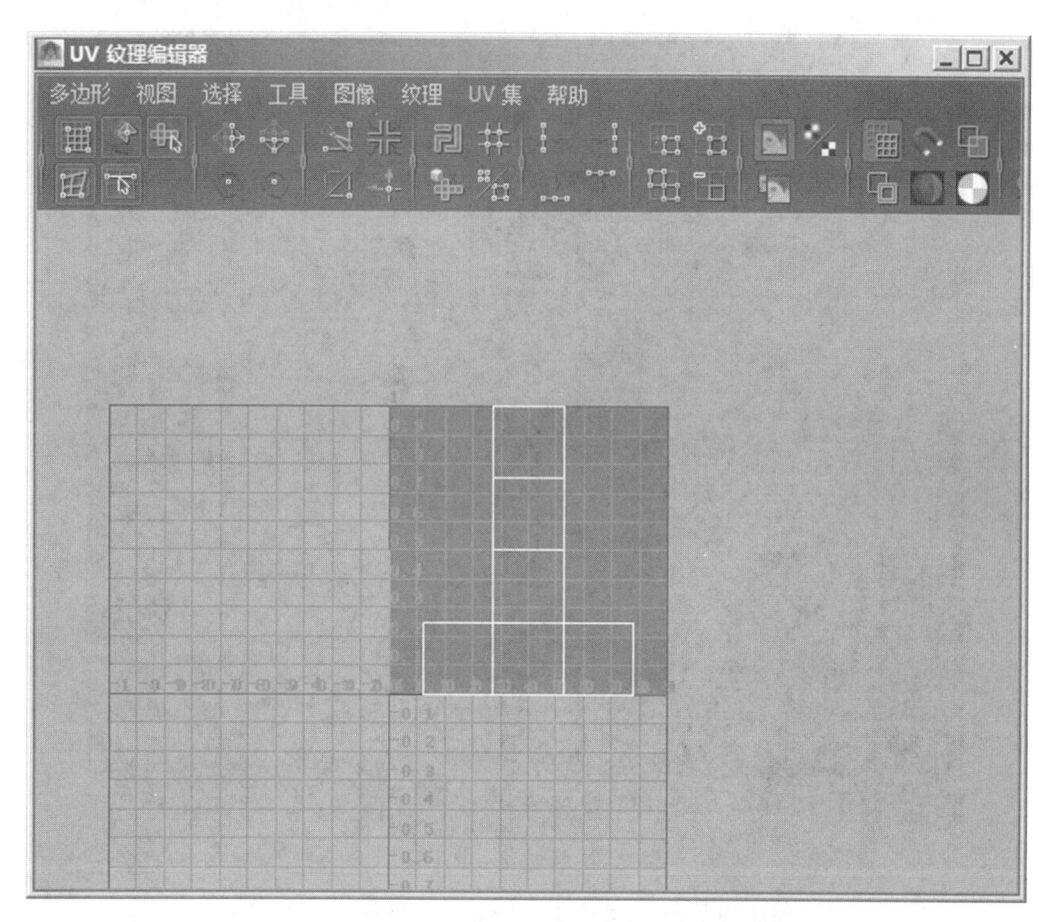

图 1-127

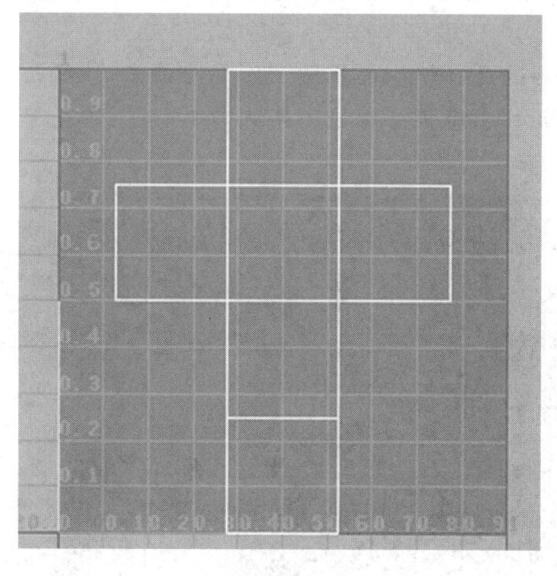

图 1-128

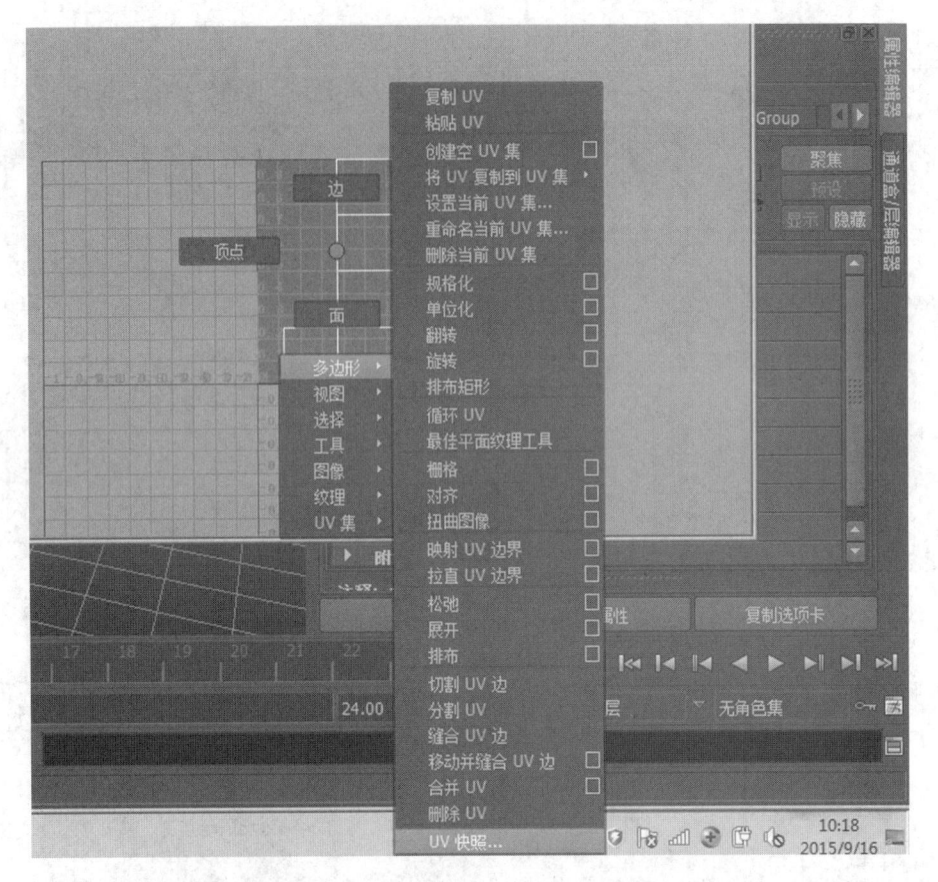

图 1-129

Maya 的 UV 快照默认保存在项目文件夹下的 images 文件夹中,默认的名字为 outUV。

UV 大小根据项目的要求来定,本例做 512×512 像素就够用了。

图像格式选择 Photoshop 能够识别的格式即可,本例选择 PNG 格式。如图 1-130 所示。

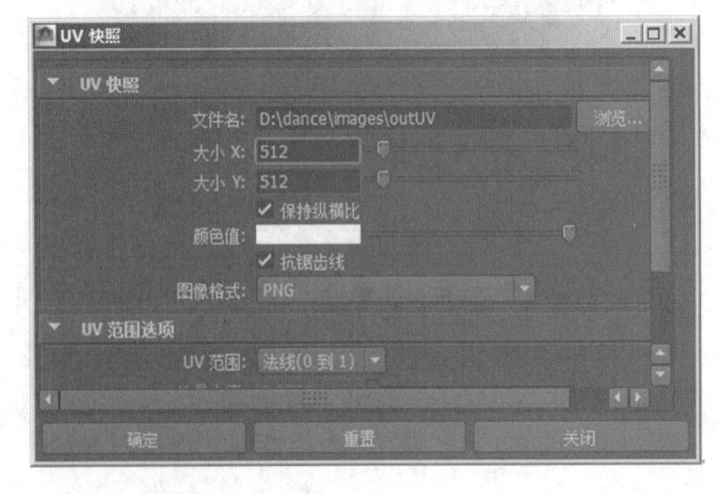

图 1-130

步骤 3 在 Photoshop 软件中打开 outUV.png 文件。如图 1-131 所示。

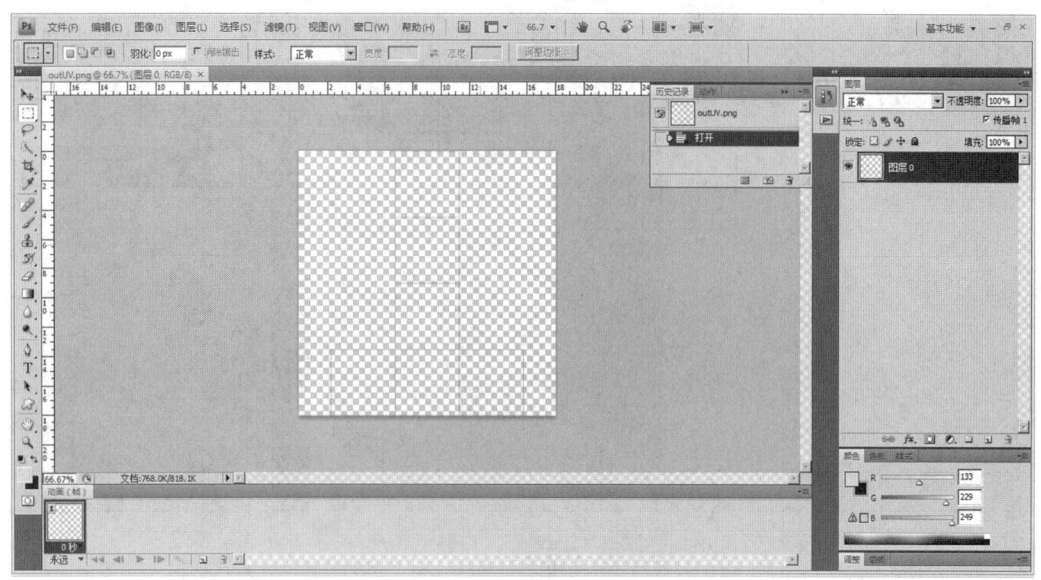

图 1-131

提示：如果是 TGA 格式的文件，打开以后还需要进行去色提线处理，如图 1-132 所示。

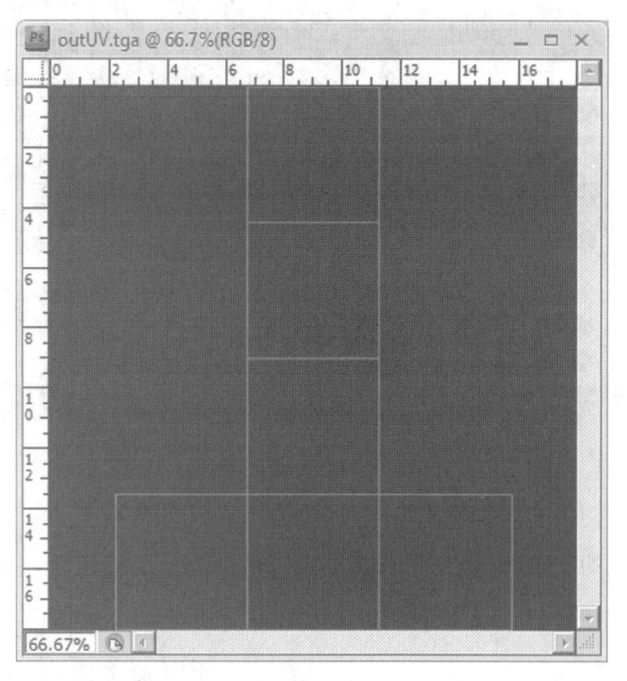

图 1-132

步骤 4 新建一个图层，放置在 UV 图层下面，修改图层名字，注意不要用中文，铺上底色。如图 1-133 所示。

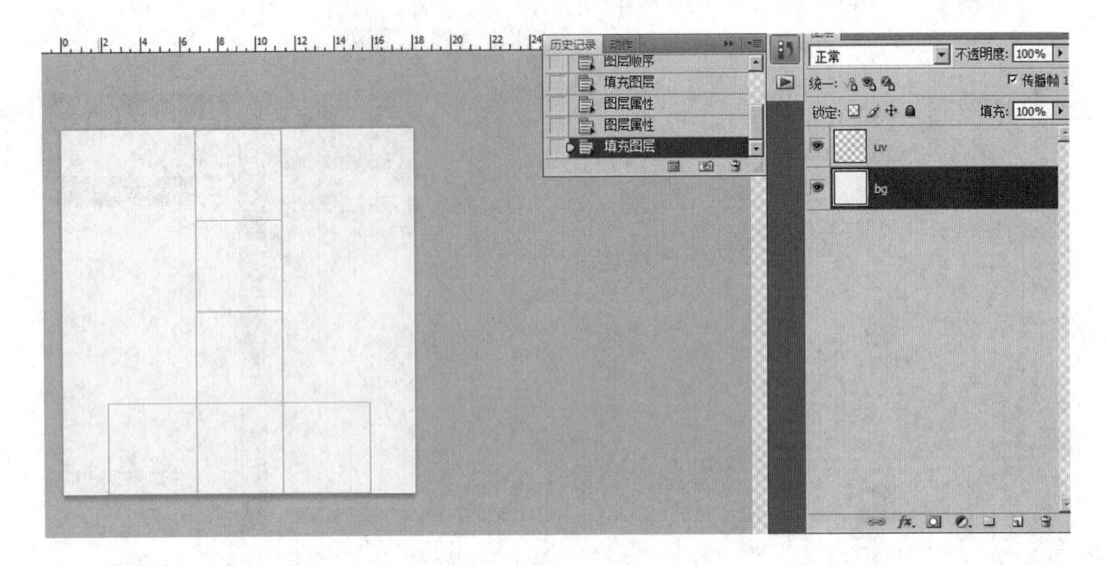

图 1-133

步骤 5 再新建一个图层,添加骰子各面的图案,如图 1-134 所示。注意,在做本例的时候,相对面的点数相加为 7,这是基本的原则。

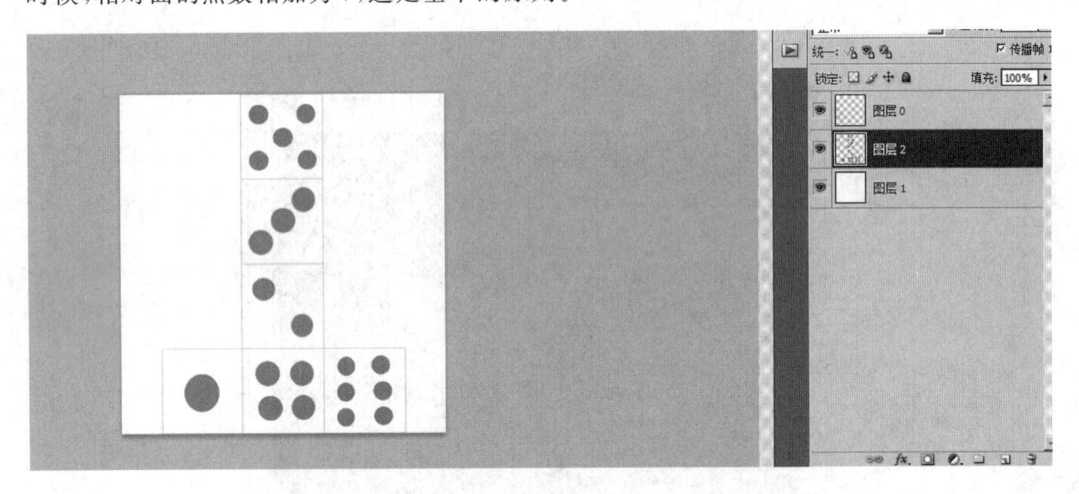

图 1-134

步骤 6 将做好的颜色贴图保存为一份 PSD 格式的源文件,隐藏 UV 图层,保存为 PNG 或 TGA 格式的文档,存储到项目文件夹下的 sourceimages 下。本例保存文件格式为 color.tga。

步骤 7 为模型赋予 blinn1 材质,在颜色节点上添加文件 color.tga。如图 1-135 所示。

图 1-135

从图中我们可以看出模型有两个问题,第一个问题是转折处过硬,第二个问题是表面过于平整,没有凹凸感。

步骤 8　选中模型所有的边,右击,选择"倒角边",对边进行倒角。如图 1-136 所示。

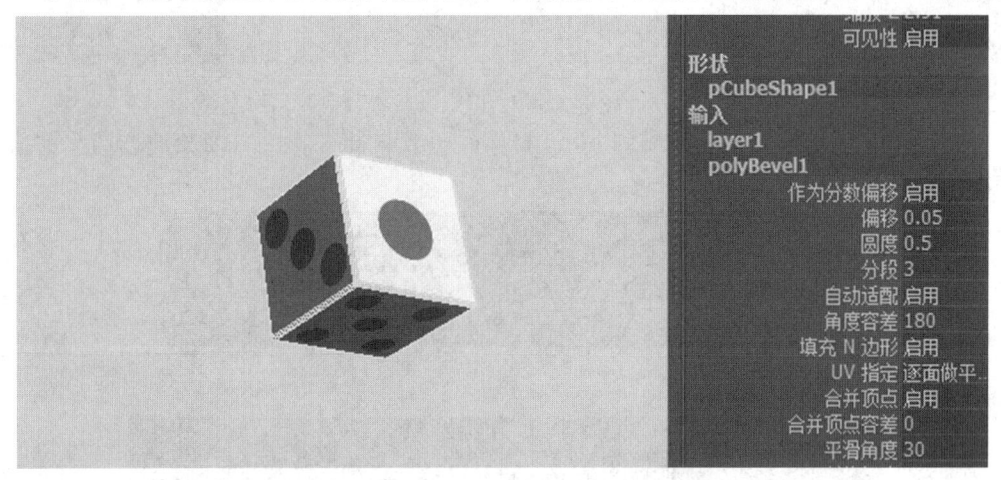

图 1-136

💬 说明:

偏移:倒角的边的宽度。

分段:倒角后的边线数量。

🐍 提示:

倒角的宽度要根据实际项目的需要来设定,一般如果是硬材质物体,倒角的宽度就很小。

❓ 操作技巧:

(1)可以在通道栏中直接输入数据调整属性值。

(2)可以在通道栏中选择属性的名称,在场景中按住鼠标中键左右拖动调整数值,默认以 0.1 为一个单位进行数值调整,按住 Ctrl 键时可以以 0.01 为一个单位进行数值调整。按住 Shift 键可以快速调整数值。

步骤 9　制作凹凸贴图,控制中间的红色部分凹进去,保存为 bump.tga。如图 1-137 所示。

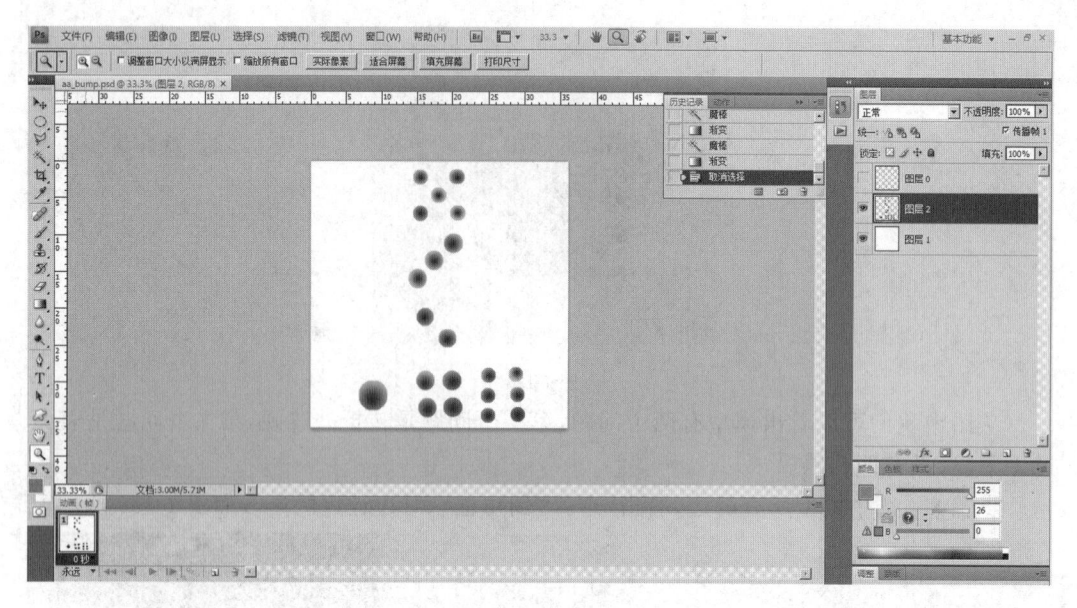

图 1-137

步骤 10 将制作好的贴图贴到 blinn 材质的凹凸贴图节点上，注意修改凹凸深度值。如图 1-138、图 1-139 所示。

图 1-138

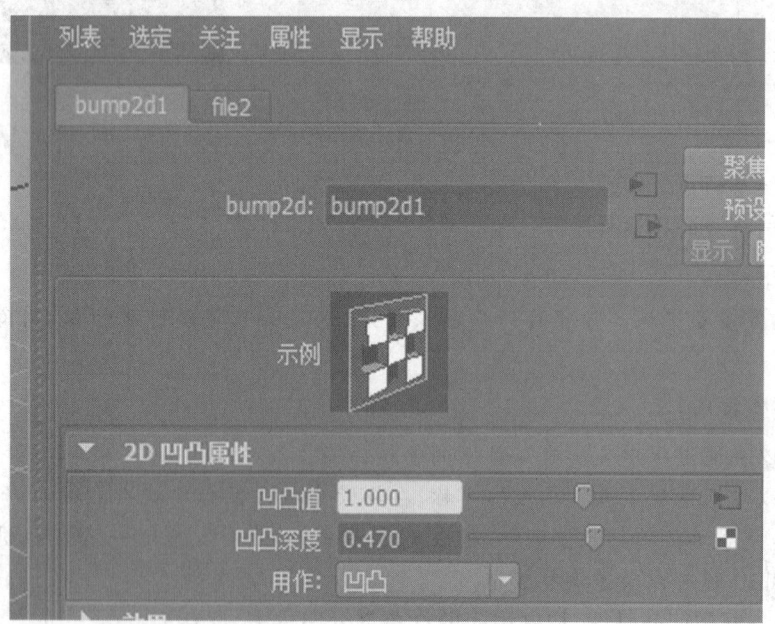

图 1-139

步骤 11　渲染结果如图 1-140 所示。

图 1-140

理论知识指导

凹凸贴图,是一种在 3D 场景中模拟粗糙表面的技术,将带有深度变化的凹凸材质贴图赋予 3D 物体,经过光线渲染处理后,这个物体的表面就会呈现出凹凸不平的感觉,而无须改变物体的几何结构或增加额外的点面。例如,把一张碎石的贴图赋予一个平面,经过处理后这个平面就会变成一片铺满碎石、高低不平的荒原。当然,使用凹凸贴图产生的凹凸效果其光影的方向角度是不会改变的,而且不可能产生物理上的起伏效果。

常规凹凸贴图是通过凹凸贴图的灰度信息使模型表面在最终渲染时产生凹凸的效果,这是一个相当常用的增加模型表面细节与机理效果的制作方式。这种方法仅限于最终目的为渲染静态帧图片的情况。

提示:本例也可以用布尔运算实际建模处理,但是需要对布线进行修改,所以留到后面再介绍。

任务3　创建树叶模型

任务说明

Maya 中制作透明贴图有很多种做法,本例利用透明贴图制作树叶的模型。基本原则是:黑透,白不透。

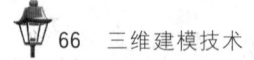

在 Maya 中透明贴图的完成必须带有 Alpha 通道才能实现。图片可在 Photoshop 通道图层中添加 Alpha 通道。Alpha 通道图层为黑白色，注意在保存时保持图片的格式带有 Alpha 通道，如 TIFF 或 TGA 格式。

操作步骤提示

步骤 1 创建项目文件夹，创建一个 poly 平面，修改分段为 4×4。文件另存为 leaf.mb。如图 1-141 所示。

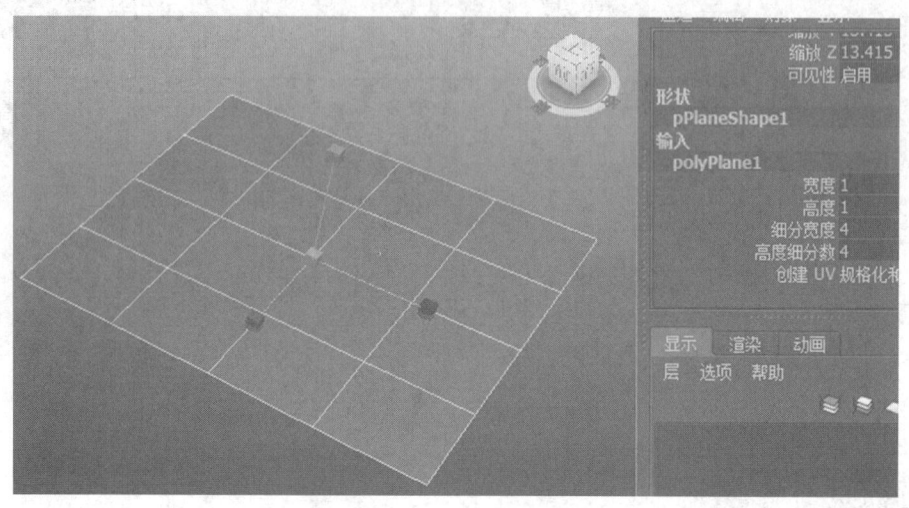

图 1-141

步骤 2 右击平面，为模型赋予 lambert2 材质球，在"颜色"节点上添加树叶贴图，如图 1-142 所示。

图 1-142

要求：树叶贴图最好事先复制到项目文件夹下的 sourceimages 文件夹中。

此时会发现模型比例不正确，发生了变形，建议将贴图修改为正方形或者等添加完透明贴图后再进行修改。

步骤 3 添加透明贴图，需要先将颜色贴图处理一下，变成黑白图，根据"黑透，白不透"的原理，将树叶部分处理成白色，其他地方处理为黑色。保存为 leaf_trans.tga。如图 1-143 所示。

图 1-143

单击 lambert2 材质的"透明度"图标 ■，添加文件 leaf_trans.tga。

步骤 4 渲染效果如图 1-144 所示。

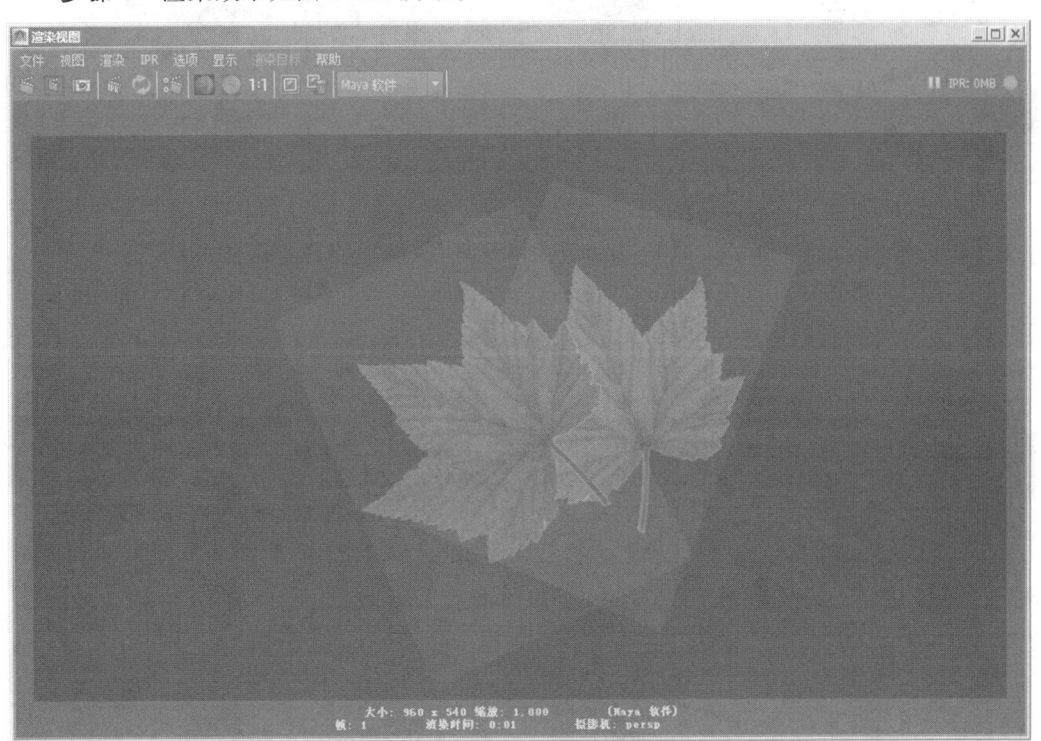

图 1-144

说明：本例中还可以将图片保存为带通道的 TIFF 格式的文件。

理论知识指导

用 Photoshop 制作带 Alpha 通道的图片

如何将透明物体表现得更好，首先需要了解 PNG 和 TGA 两种格式的透明贴图的制作方法与区别。

一、PNG 格式图片的制作方法

(1)首先在 Photoshop 打开一张 jpg 图片,如图 1-145 所示。

图 1-145

(2)然后用 Photoshop"工具箱"里的"魔棒工具"将图像的背景选择出来。
(3)双击"背景"图层,在弹出的"新图层"对话框中单击"确定"按钮,将"背景"图层转换成"图层 0"(即普通图层),如图 1-146 所示。

图 1-146

(4)按键盘上的 Delete 键将选择的背景区域图像删除,背景就成了透明的。如图 1-147 所示。

图 1-147

（5）最后再将当前图像存储为 PNG 格式的图像文件。

至此，PNG 格式的图像文件就制作完成了。PNG 格式的图像是一种以透明底作为通道信息的图像文件。

当在 Maya 软件中将图片连接到颜色节点时，透明节点也会被自动连接上。如图 1-148 所示。

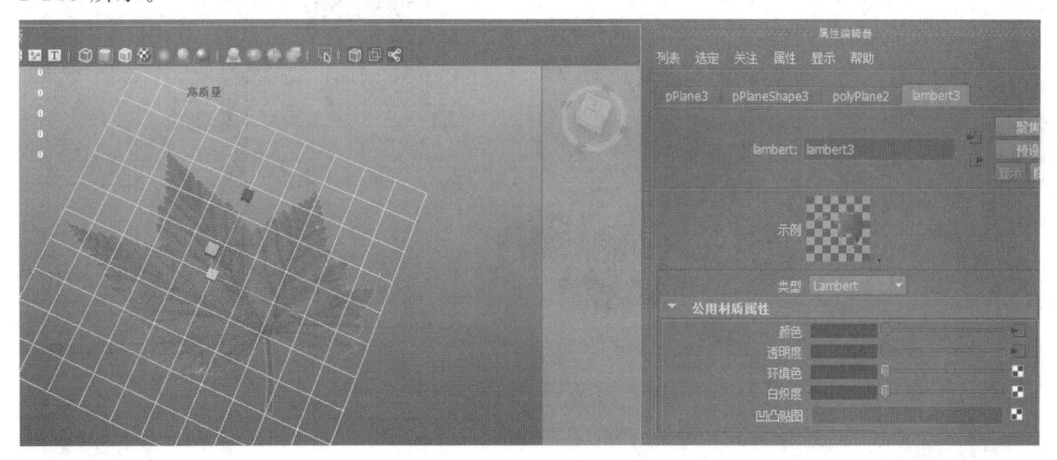

图 1-148

二、TGA 格式图片的制作方法

TGA 格式与 PNG 格式相似，制作方法也基本相同。

（1）首先打开一张 jpg 图片。见图 1-145。

（2）然后用 Photoshop"工具箱"里的"魔棒工具"将图像的背景选择出来。如图 1-149 所示。

图 1-149

(3) 按 Shift+Ctrl+I 组合键将选区进行反选,然后再通过"通道"面板下的"将选区存储为通道"按钮创建一个 Alpha 通道。如图 1-150 所示。

图 1-150

(4) 最后再将当前图像另存为 TGA 格式图像文件。

PNG 格式图片与 TGA 格式的图片在使用上是一样的。

在知道了 PNG 和 TGA 这两种图片的制作方法之后,用户还需要了解这两种图片的区别,以便日后在作图时选用更为合适的格式文件。

区别如下:(1)在进行图片预览时,PNG 格式的图片可预览,而 TGA 格式图片是无法预览的。

（2）从占用磁盘的情况来看，TGA 格式图片比 PNG 格式图片更占用磁盘空间。

任务 4　创建高尔夫球模型

任务说明

本例利用挤出和圆滑的方式制作高尔夫球，高尔夫球直径不小于 42 毫米。参考图片如图 1-151 所示。

图 1-151

操作步骤提示

步骤 1　项目制作前的准备工作。

（1）选择"窗口"→"设置/首选项"→"首选项"（"Window"→"Settings/Preferences"→"Preferences"），单击"设置"，设置 Y 轴向上，单位为厘米，如图 1-152 所示。

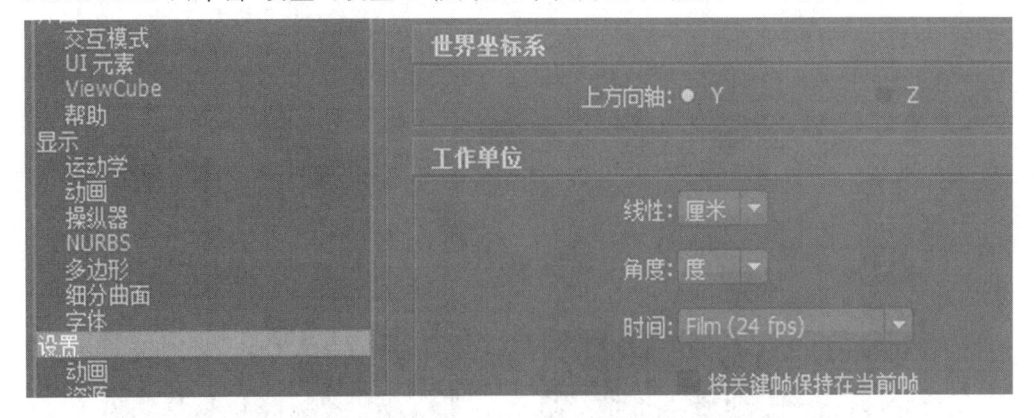

图 1-152

单击"选择"，设置面的选择方式为"中心"。如图 1-153 所示。

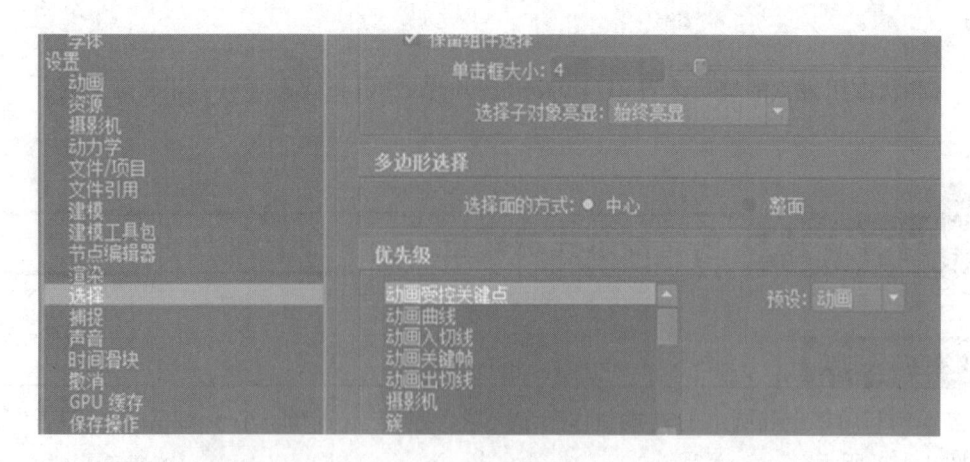

图 1-153

创建柏拉图多面体,设置半径为 21 毫米,如图 1-154 所示。

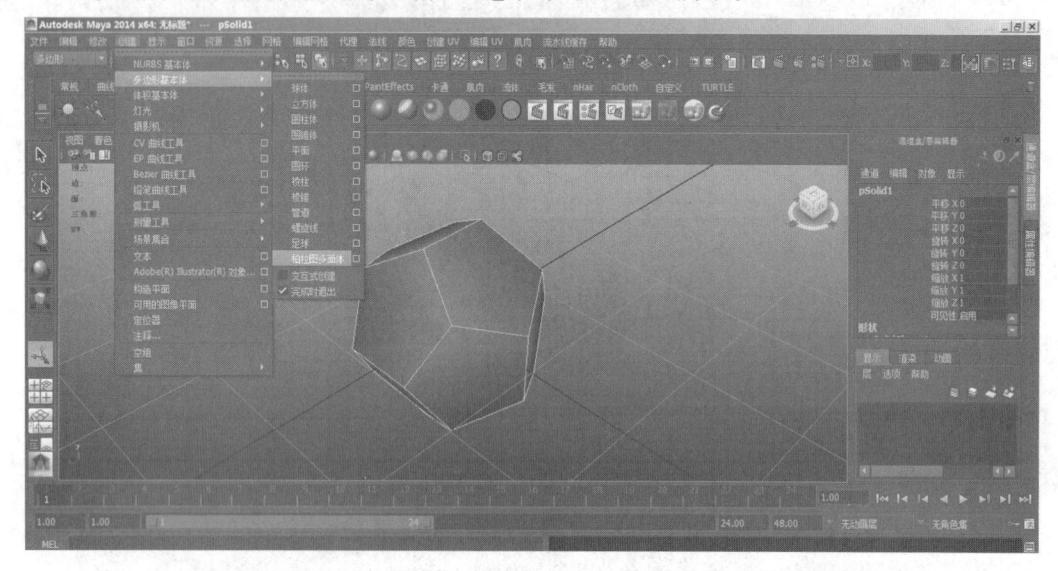

图 1-154

步骤 2 在多边形模块下,执行命令"网格"→"平滑",设置平滑分段数为 2。如图 1-155 所示。

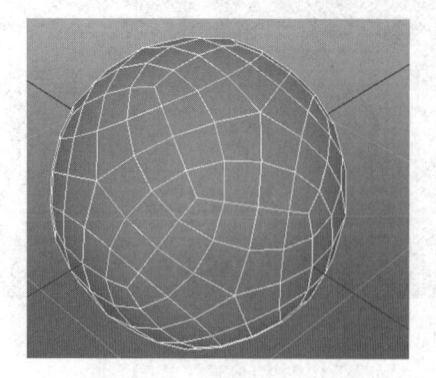

图 1-155

步骤 3 选中所有的面,设置保持面的连续性为非勾选状态,执行"挤出"命令。如图 1-156 所示。

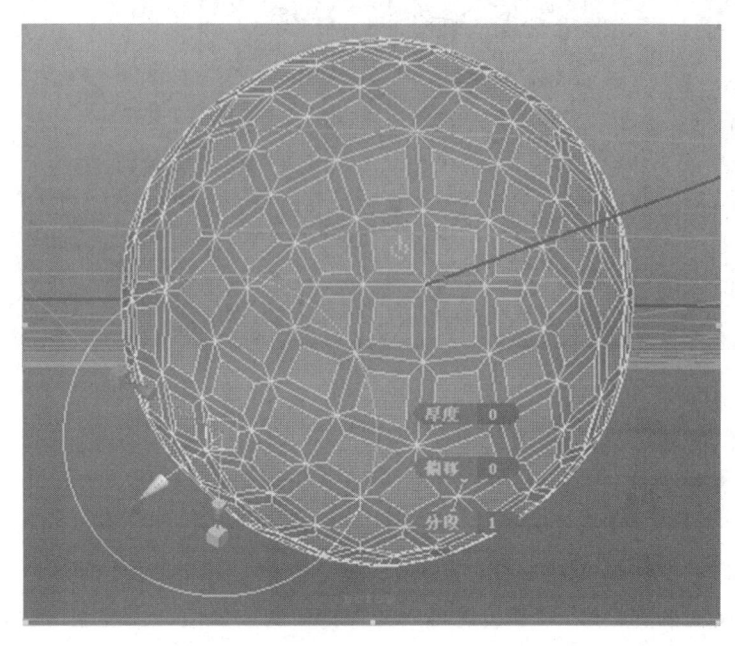

图 1-156

单击"缩放工具"进行缩放,单击移动 Z 轴,使面向里侧移动。

步骤 4 按 G 键,重复执行"挤出"命令,再次缩小,移动。如图 1-157 所示。

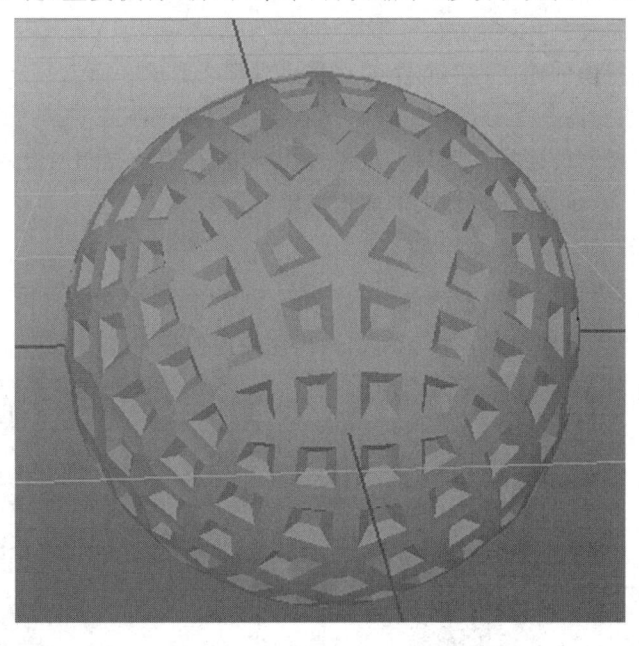

图 1-157

步骤 5 再次执行"平滑"命令。如图 1-158 所示。

图 1-158

右侧的模型为挤出三次的造型。

理论知识指导

一、保持面的连接性

设置"保持面的连接性"("编辑网格"→"保持面的连接性")来控制 Maya 处理相邻面的边的方式。在挤出、提取或复制时，通过启用或禁用"保持面的连接性"可以指定是否要保留每个面的边或边界边。如果启用该选项，Maya 会自动设定"挤出"(Extrude)、"复制面"(Duplicate Face)和"提取"(Extract)的"属性编辑器"(Attribute Editor)及"通道盒"(Channel Box)中的选项。

如果禁用"保持面的连接性"，每个边在挤出时都会形成一面墙。复制的面单独复制，提取的面单独提取。面相互分离，并且从它们各自的中心缩放。

如果启用"保持面的连接性"，只有边界边在挤出、提取或复制时会形成墙。通过边连接的面会创建单个管状体，并将连接的面作为单个顶板。

二、挤出

"挤出"命令可以挤出多边形的面、边或顶点。例如，挤出多边形网格上的某个面时，现有面在挤出的侧边上创建新连接面时会向内压缩或向外挤出。如图 1-159 所示。

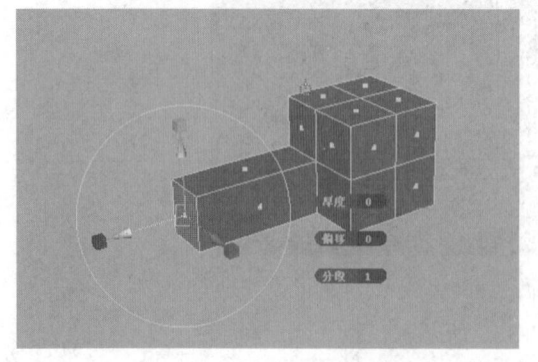

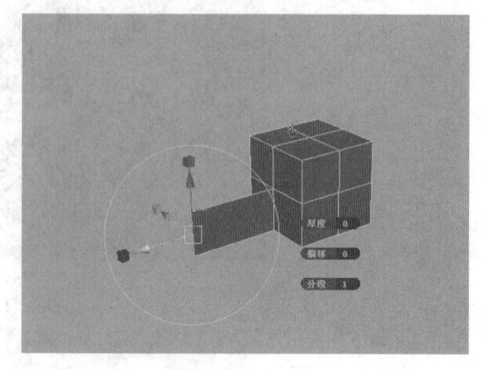

图 1-159

"挤出面选项"窗口参数介绍(图 1-160):

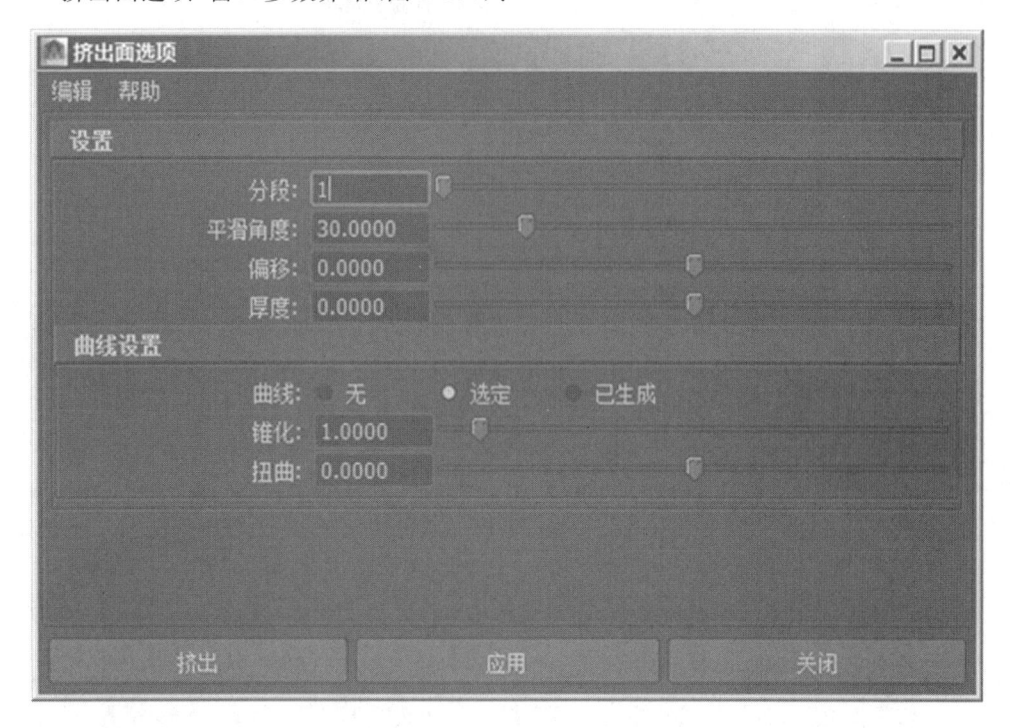

图 1-160

分段:设置挤出的多边形的段数。

平滑角度:用来设置挤出后的面的点法线,可以得到平面的效果,一般情况下使用默认值。

偏移:设置挤出面的偏移量。正值表示将挤出面进行缩小;负值表示将挤出面进行扩大。

厚度:设置挤出面的厚度。

曲线:设置是否沿曲线挤出面。无:不沿曲线挤出面;选定:表示沿曲线挤出面,但前提是必须有创建的曲线;已生成:勾选该选项后,挤出时将创建曲线,并会将曲线与组件法线的平均值对齐。

锥化:控制挤出面的另一端的大小,使其从挤出位置到终点位置形成一个过渡的变化效果。

扭曲:使挤出的面产生螺旋状效果。

该操作将创建挤出节点并切换到"显示操纵器工具",使用操纵器控制挤出的方向和距离。单击附加到操纵器的圆形控制柄以在局部轴和世界轴之间进行切换。如图 1-161 所示。

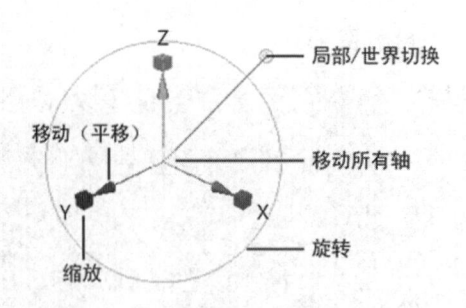

图 1-161

如图 1-162 所示,世界轴方向,挤出的面沿各自的方向移动。

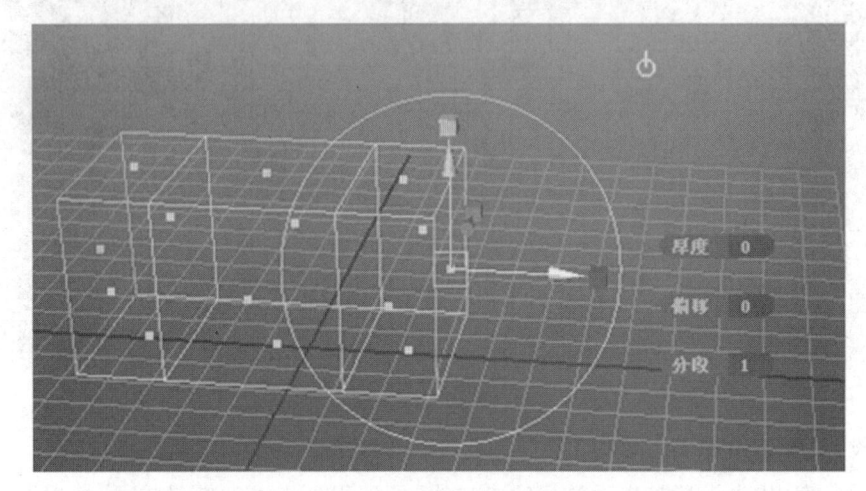

图 1-162

如图 1-163 所示,局部轴方向,挤出的面沿同一个方向移动。

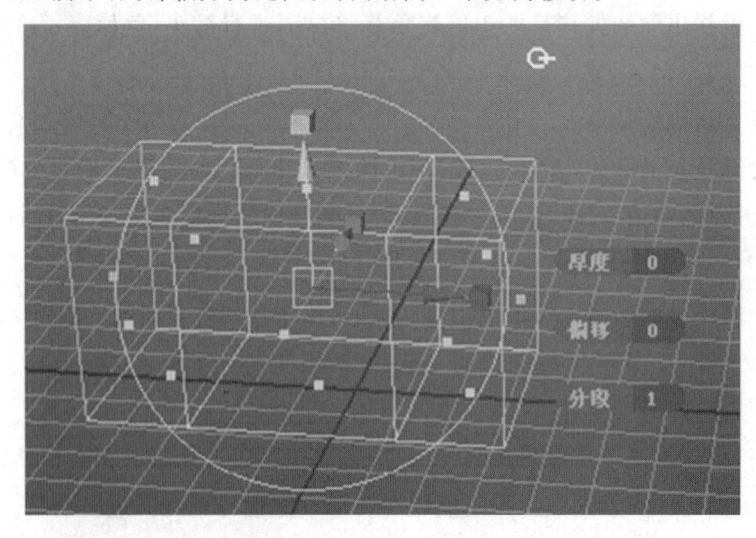

图 1-163

如图 1-164 所示是多边形沿曲线挤压的操作过程与造型。

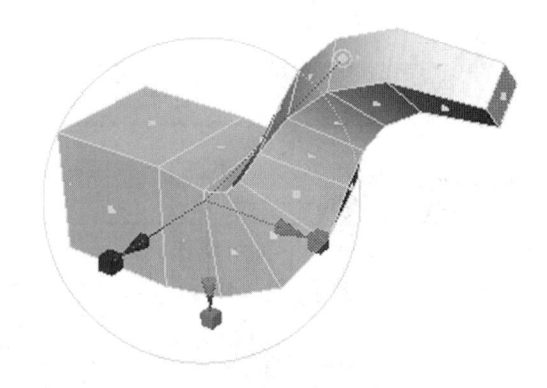

图 1-164

◆ **扩展**：小提琴的琴头可以用多边形面沿曲线挤出来进行制作。如图 1-165 所示。

图 1-165

提示：当"保持面的连接性"处于禁用状态时，每个面将成为一个单独的网格。如图 1-166 所示。

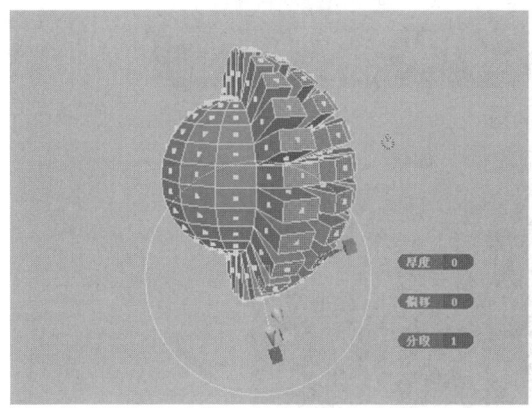

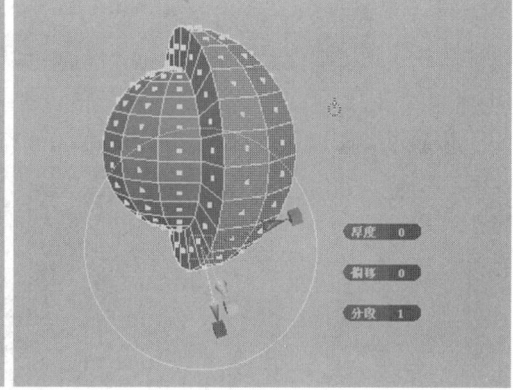

图 1-166

任务5 创建书架上的书

任务说明

参考图片如图 1-167 所示。

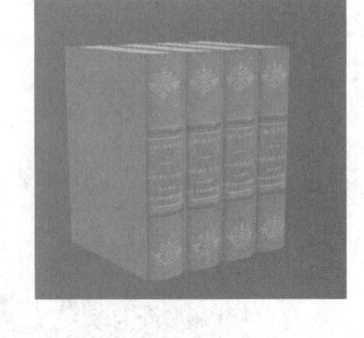

图 1-167

操作步骤提示

步骤 1 创建一个和书差不多大小的长方体,调整比例结构,删除侧面的面。如图 1-168 所示。

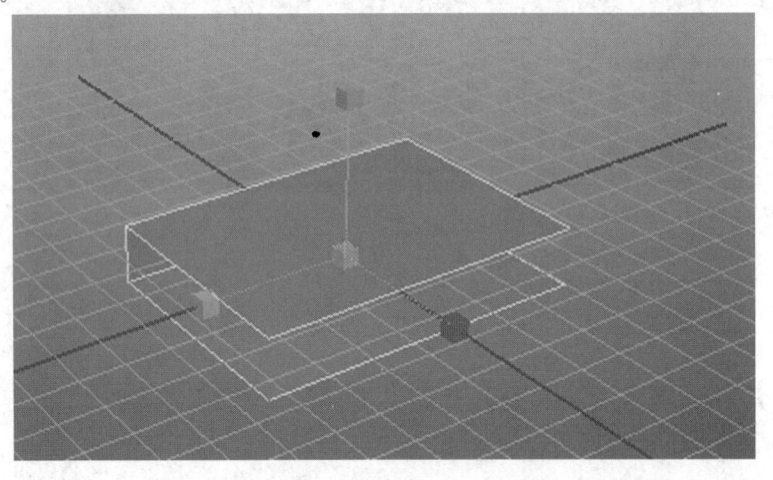

图 1-168

步骤 2 通过加线,调整制作出书的外壳造型。如图 1-169 所示。

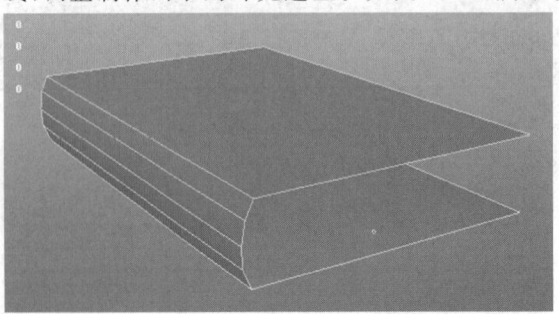

图 1-169

步骤 3 选择所有的面,挤压。如图 1-170 所示。

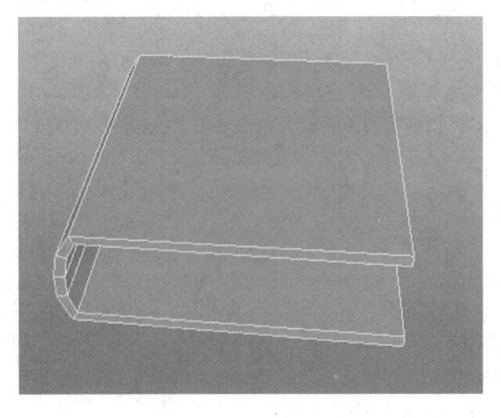

图 1-170

步骤 4 再次创建一个长方体,根据书的外壳调整出书的内部造型。如图 1-171、图 1-172 所示。

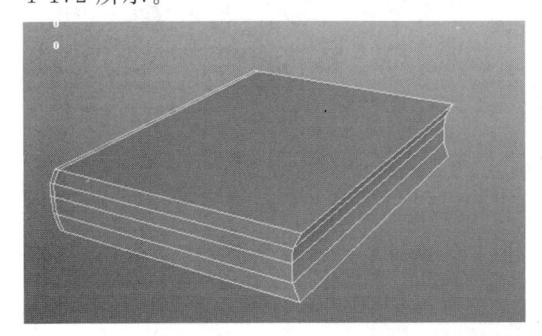

图 1-171

图 1-172

步骤 5 利用平面映射拆分书的 UV。如图 1-173 所示。

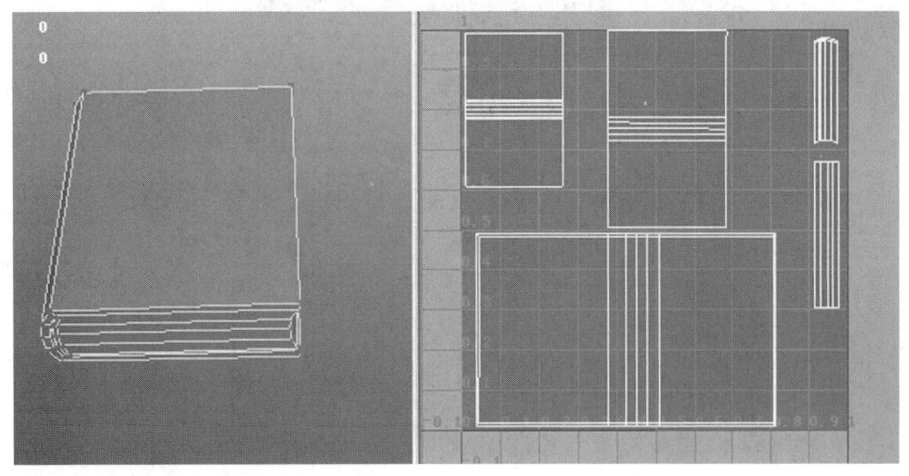

图 1-173

步骤 6 用棋盘格测试一下 UV 拆分得是否均匀。如果 UV 拆分得比较合理,可以将 UV 导出。如图 1-174 所示。

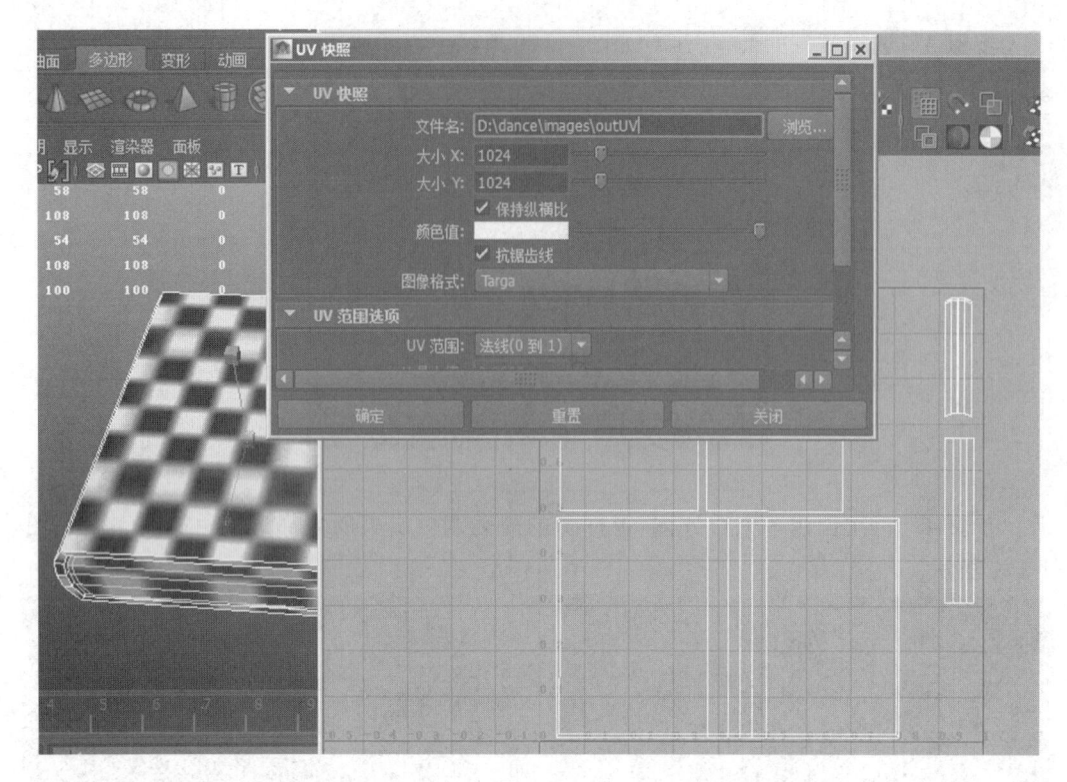

图 1-174

步骤 7 在 Photoshop 软件中，打开 UV，进行贴图制作。如图 1-175 所示。

图 1-175

提示：可以参考现实中的书籍进行制作，也可以自行设计。

步骤 8 测试后效果见图 1-167。

理论知识指导

一、插入循环边工具

命令功能:该命令在多边形对象上的指定位置插入一条环形线,是通过判断多边形的对边来生产线,如果遇到三边形或大于四边的多边形将结束命令,因此在很多时候会遇到使用该命令后不能产生环形边的现象。

插入循环边工具设置界面如图 1-176 所示,命令说明如下:

保持位置:指定如何在多边形网格上插入新边。

与边的相对距离:基于选定边上的百分比距离,沿着选定边放置点插入边。

与边的相等距离:沿着选定边按照基于单击第一条边的位置的绝对距离放置点插入边。

多个循环边:根据"循环边数"中指定的数量,沿选定边插入多个等距循环边。

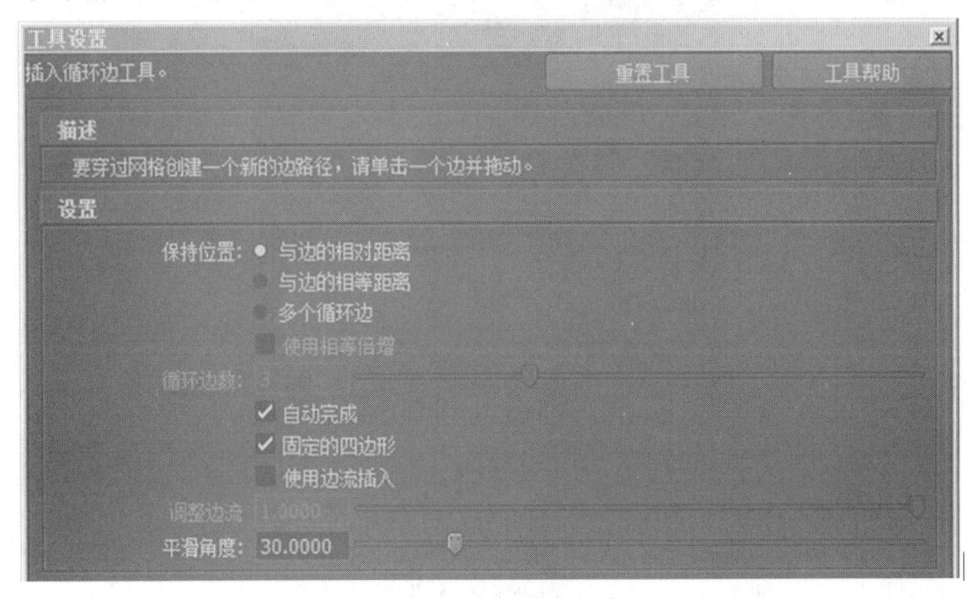

图 1-176

操作技巧:该命令是多边形建模的常用命令,可以在模型上按住 Shift 键并右击,选择"插入循环边工具"。如图 1-177 所示。

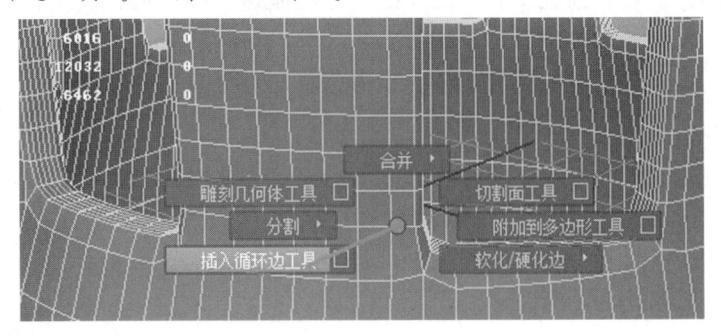

图 1-177

二、切割面命令

切割面命令是用来选择切割方向的命令。可以在视图平面上绘制一条直线作为切割方向，也可以通过世界坐标来确定一个平面作为切割方向。

三、交互式分割工具

使用"交互式分割工具"可以在网格上指定分割单位，然后将多边形网格上的一个或多个面分割为多个面。如图 1-178 所示。

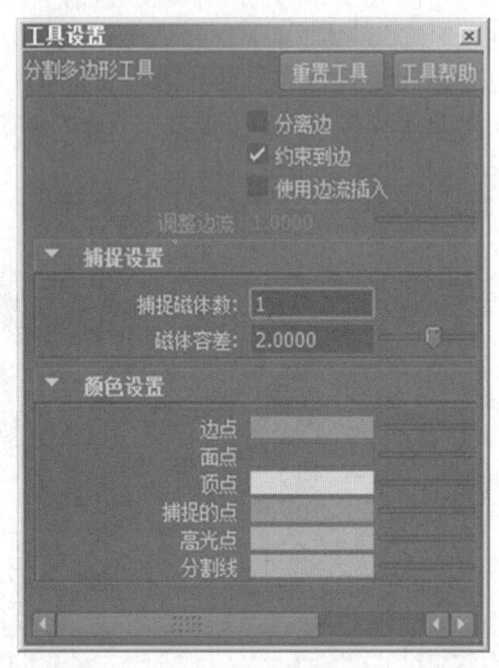

图 1-178

交互式分割工具参数介绍：

约束到边：将所创建的任何点约束到边。如果要让点在面上，可以关闭该选项。

捕捉设置：包含两个选项，分别是"捕捉磁体数"和"磁体容差"。

捕捉磁体数：控制边内的捕捉点数。例如，5 表示每端都有磁体点，中间有 5 个磁体点。

磁体容差：控制点在捕捉到磁体之间必须与磁体达到接近的程度。将该值设定为 10 时，可以约束点使其始末位于磁体点处。

颜色设置：设置分割时的区分颜色。单击色块即可更改区分颜色。

模块 2 游戏道具设计岗位制作项目

教学目标

通过"剑"和"斧子"案例的学习,了解对称建模的基本方法,掌握 UV 拆分的基本方法,了解 UV 拆分的合理性以及基本的贴图制作方法。

教学要求

知识要点	能力要求	关联知识
参考图的使用	掌握	参考图导入 参考图基本参数设置
多边形建模的基本命令	掌握	创建多边形工具的使用 对称建模 模型合并 合并点
曲线建模基础命令	掌握	曲线绘制 旋转造型
复制	掌握	基础复制 关联复制 镜像复制
贴图绘制	掌握	Photoshop 手绘质感材质

基本知识必备

凡是与角色有互动关系或有动画的物体均为道具。在游戏的虚拟世界中，武器不仅是一种场景道具，而且还有引领故事发展、为角色增色以及优化剧情的作用。制作游戏道具模型首先要了解道具的结构与特点，然后再根据它的结构与特点进行制作，在制作的时候要注意形体与布线之间的关系。任课教师也可以建议学生利用课余时间上网查找资料或自己设计图纸，然后根据自己的喜好选择或创建一个道具武器模型。道具结构的拆分主要从两个方面进行：第一个方面是根据模型的形状；第二个方面是根据制造的工艺。

提示：一般来说，刚入职的员工都会先做一段时间的道具模型，算是岗前培训。通过道具建模，员工可了解企业的工作流程以及建模的标准。

除有特殊规定或说明，道具建模应遵循以下规范：

(1)拿到道具设定稿后，充分理解道具的设定，如有问题及时与设定人员沟通。

(2)建模之前关闭所有不需要的插件。在本机保存好自己的工作文件，每天在服务器上备份当天文件。文件命名为：项目简称_道具名_V♯♯(版本号).mb，每个 Maya 文件同时要有相对应的 jpg 文件，文件名与 Maya 文件保持一致。

(3)单位制采用以下设置：长度单位用厘米，角度单位用度(°)。

(4)建立模型时，同一项目道具模型要保持相应的比例，同一道具模型和角色模型的比例在建立时也要确保统一，严格按照原设定比例制作。

(5)建立模型时如无特殊需要，不要有关联复制的物体。最终模型不能有细分模型，只能有多边形和曲面。

(6)模型布线应合理，在能表达设定稿的前提下，尽量用最少的布线。保证法线方向正确，无多余或废的点、线、面。没有应合并而未合并的边。模型应在网格平面的上方。多边形建模应检查其精度并做到：平滑一级，可以满足近景的要求；平滑二级，可以满足特写的要求。

(7)所有道具物体最终坐标要归零或听取绑定组的要求。

(8)所有物体要用英文命名，不能用中文，应正确合理地打组。

(9)建模完成后应渲染出不同角度的 jpg 图，交由艺术总监检查。

(10)模型通过后要删除所有物体的历史，删除所有显示层及渲染层，删除大纲视图中所有多余的节点，可以在删除模型历史后只选择有用的组导出一个 mb 文件。最终文件要备份在服务器上。

（11）最终模型建完之后保存文件时，要关闭所有非公用插件，模型以线框模式显示，关闭大纲视图、超级材质编辑器等辅助窗口再存盘。

（12）如果已经通过的模型还有修改，一定要通知组长和制作经理，以便拿取正确的文件。

项目1 创建金属宝剑模型

项目目标

1. 道具模型的结构与特点。
2. 道具模型制作的技巧与方法。
3. 道具模型的UV拆分方法。
4. 道具模型颜色贴图的制作方法。

项目说明

本项目是动画片《秦时明月》中的冷兵器之一，旨在用实际项目引导学生进行建模训练，使学生从了解Maya软件的基本操作开始向真实项目转变，改变传统的只会软件而不会项目的做法。有一些常用的命令如加循环线、分割线等是会重复使用的，也正是在不断的重复使用中达到强化记忆的目的，最终使学生能够脱离软件的基本知识的限制，达到项目制作的目的。

拿到项目不要着急上手去做，一定要分析结构，理解原画的意图。本项目的建模思路是剑身模型部分用创建多边形工具创建四分之一部分，其余通过关联复制完成，这样能达到快速建模的目的。剑柄部分可以用圆柱体挤出，也可以用曲线旋转造型来完成。UV拆分采用平面映射，贴图用Photoshop软件拼合而成。

道具模型如图2-1所示。

图 2-1

任务 1　基础模型创建

任务说明

剑的模型可以用多边形建模工具，交互式分割多边形工具。纹理绘制可以使用 Photoshop 软件，依据剑模型的 UV 展开图，对各个部分的纹理、质感仔细刻画。

操作步骤提示

步骤 1　创建项目文件夹，将参考图导入顶视图（或前视图）中，调整图片沿 Y 轴左右对称，将 Alpha 增益值降低，使图片的亮度变暗一些。锁定图片的基本属性，如图 2-2～图 2-4 所示。

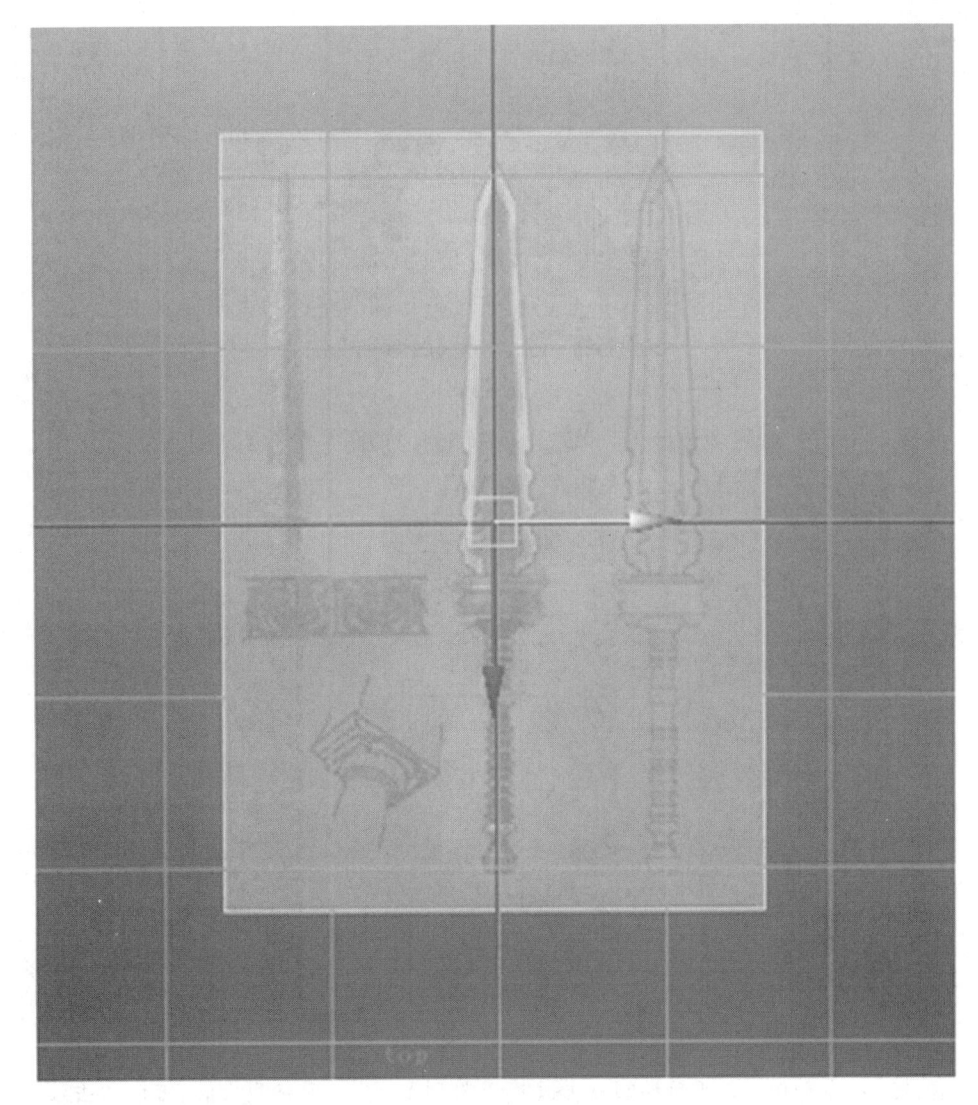

图 2-2

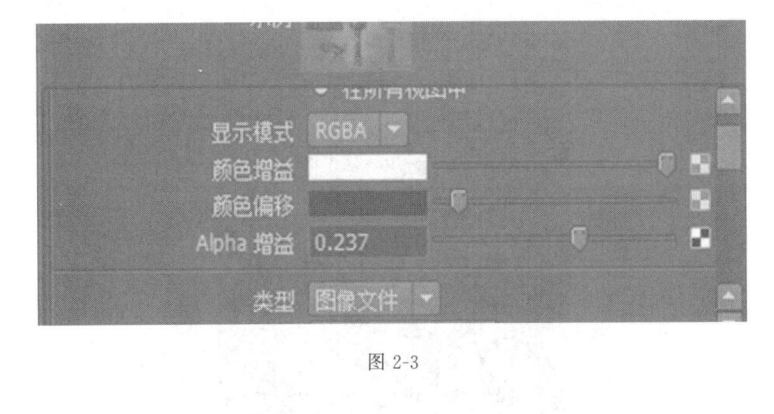

图 2-3

图 2-4

步骤 2 利用"创建多边形工具"创建剑身部分。如图 2-5～图 2-7 所示。

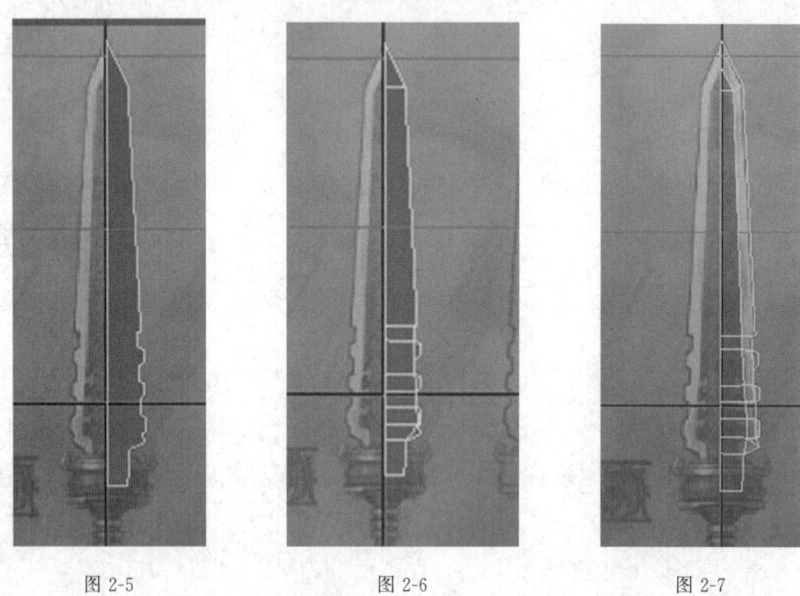

图 2-5　　　　　　　图 2-6　　　　　　　图 2-7

提示：当如图 2-8 所示的顶点并没有吸附到 $Y=0$ 的网格线上时，可以单击红色的 X 轴，使其变成黄色，按住键盘上的 X 键，就可以使图示上的点快速吸附到 $Y=0$ 的网格线上。

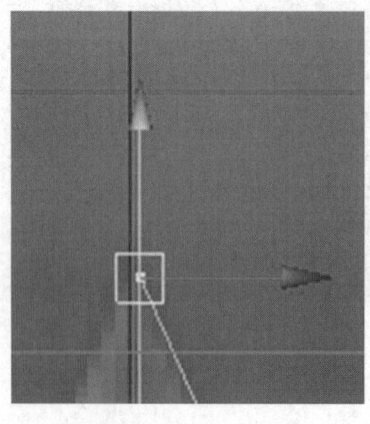

图 2-8

步骤 3 利用"挤出"工具挤出剑身的厚度,将侧边的点进行合并,里面的及底面的公共面删除掉,最后只保留 1/4 的剑身的模型,如图 2-9～图 2-12 所示。

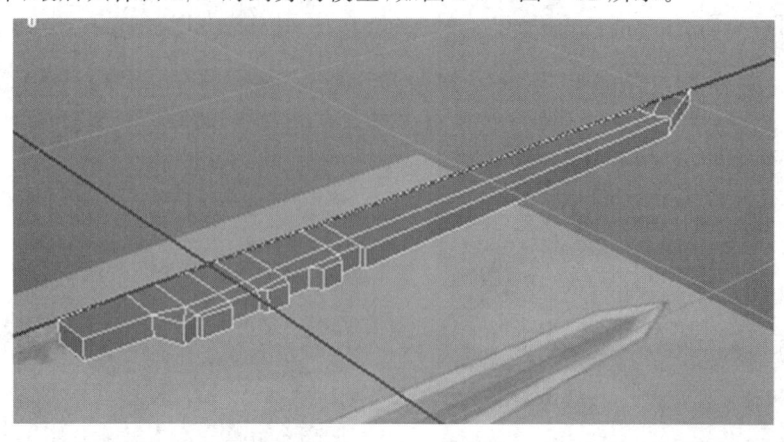

图 2-9

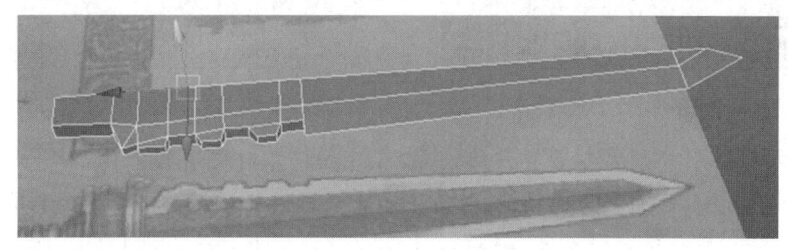

图 2-10

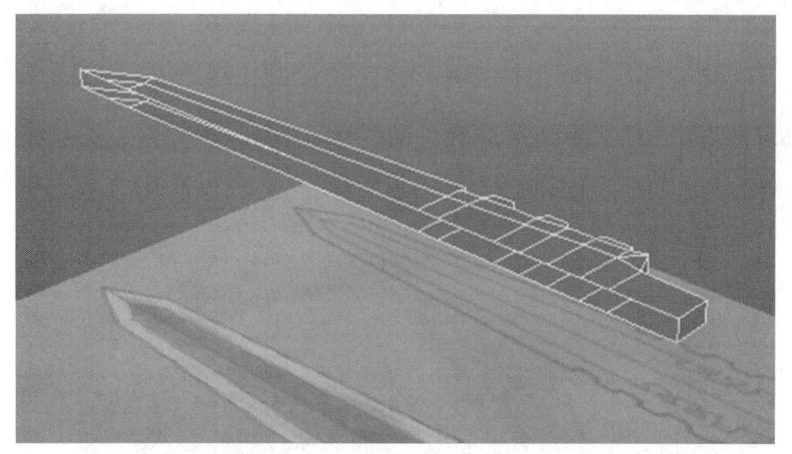

图 2-11

图 2-12

步骤 4 利用关联复制，复制出其余的三个面，如图 2-13、图 2-14 所示。

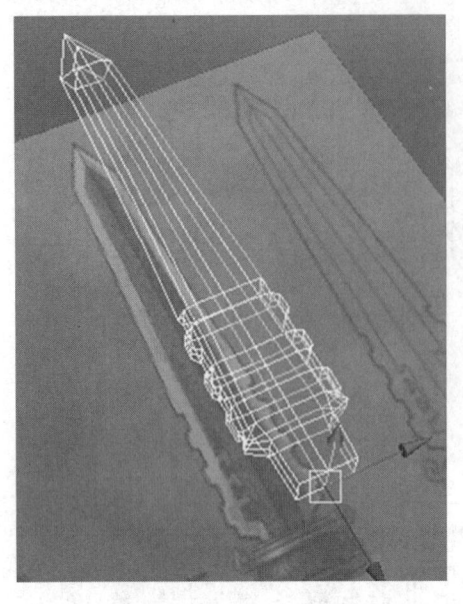

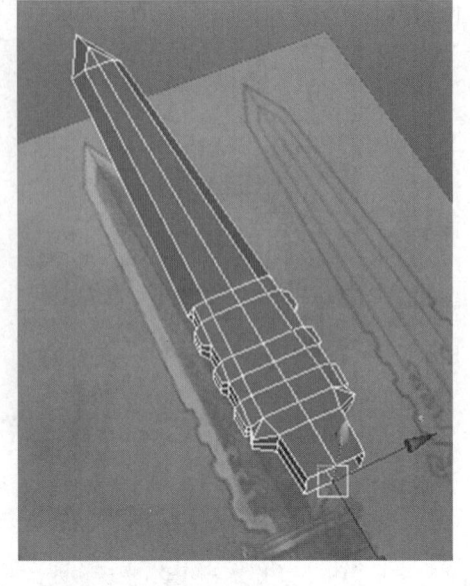

图 2-13　　　　　　　　　　　　　　　图 2-14

💡**提示：** Maya 中经常制作对称的模型，这时我们只需要制作一边，对另外一边进行关联复制，就可以在制作一边的同时，另外一边也自动同步制作。首先，在移动状态下，按住 D 键和 V 键，并拖动鼠标左键，将移动器吸附到对称中心上，如图 2-12 所示。然后在菜单项中执行"编辑"→"特殊复制"后面的 ☐，在打开的对话框的"缩放"选项中根据自己对称轴的方向，直接在该方向一栏的数值前面添加一个"—"号，然后单击"应用"就可以了。

步骤 5 制作宝剑的护手部分，制作好的模型部分可以创建一个新的图层将其隐藏起来，以防误操作。用一个圆柱体通过加线挤压制作出下面的造型，如图 2-15 所示。

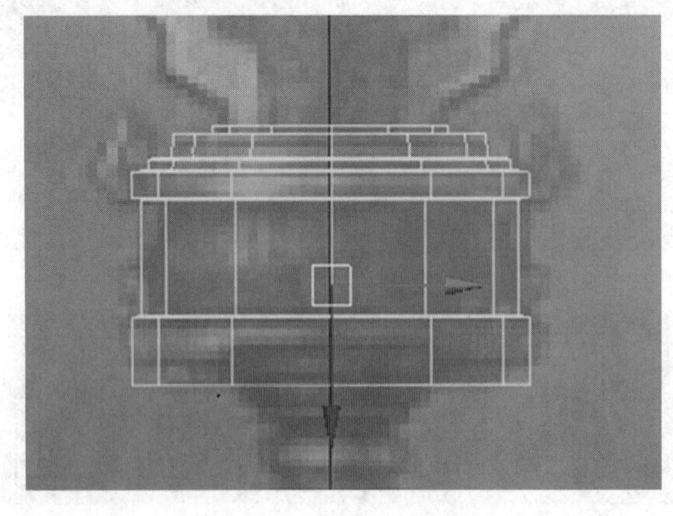

图 2-15

用一个立方体沿曲线挤压,制作出侧面的造型,如图 2-16 所示。

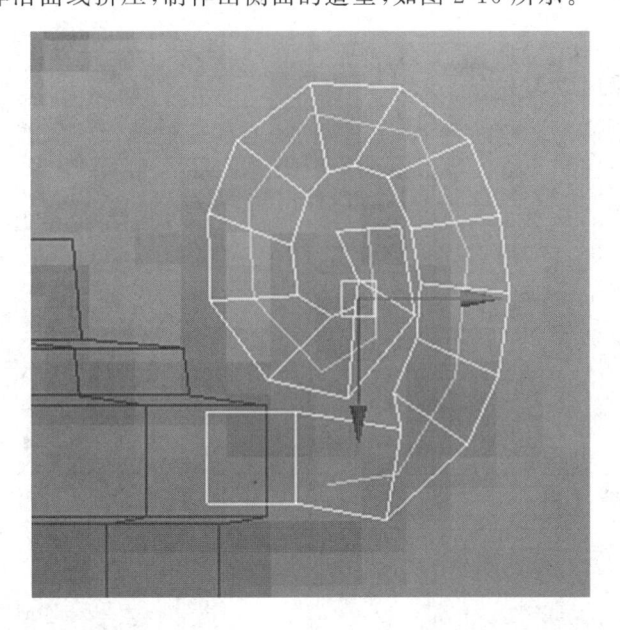

图 2-16

镜像复制出另一侧的造型,如图 2-17、图 2-18 所示。

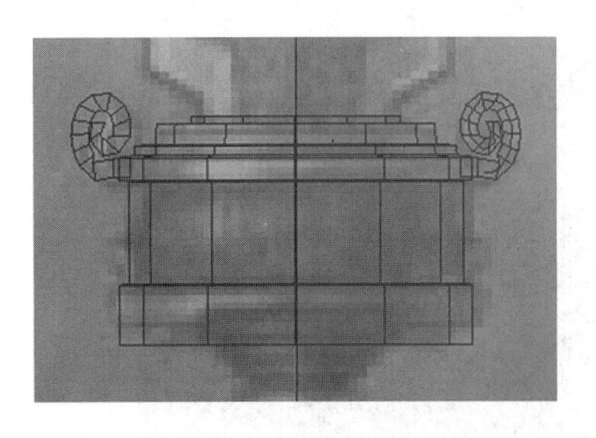

图 2-17

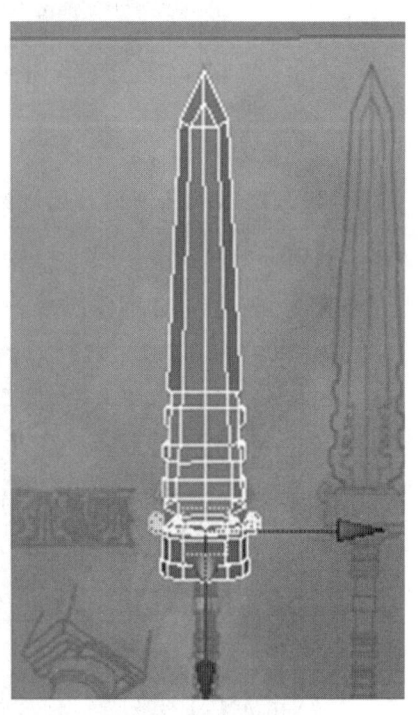

图 2-18

步骤 6 利用曲线旋转制作出剑柄的造型，如图 2-19、图 2-20 所示。

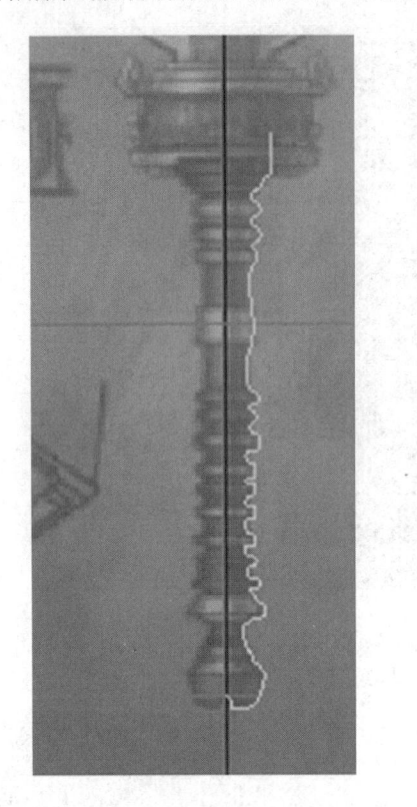

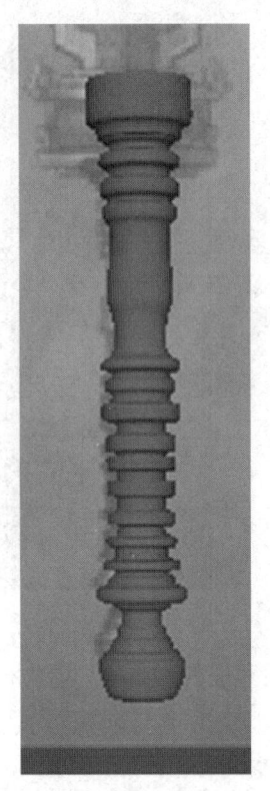

图 2-19　　　　　　　　　图 2-20

提示：剑柄部分也可以通过给圆柱体加线，进行挤压而完成。请读者参照第一章内容尝试做一下。

步骤 7 至此，宝剑的模型就全部创建完毕了，如图 2-21 所示。

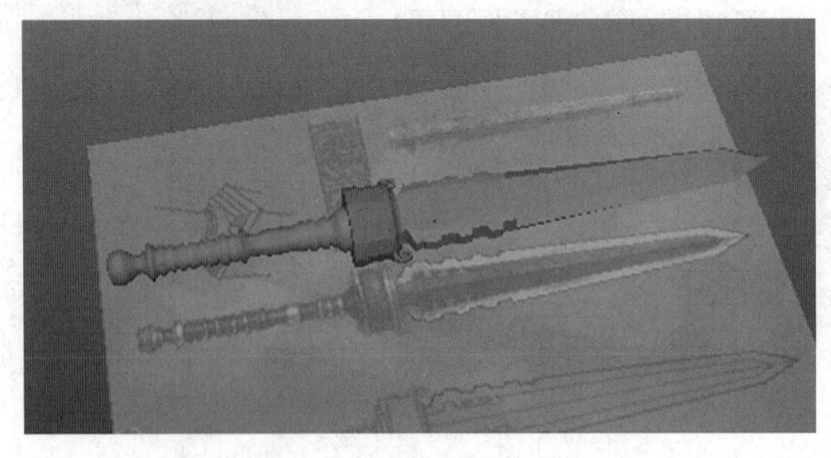

图 2-21

理论知识指导

一、曲线绘制

选择"创建"→"CV 曲线工具"。在正交视图中单击放置 CV 点以绘制 CV 曲线。

(1) 第一个 CV 点看起来像正方形(代表曲线的起点)。第二个 CV 点看起来像字母 U(从第一点到第二点的方向表示曲线的方向)。

(2) 对于放置的第三个 CV 点之后的每个 CV 点,Maya 都会绘制曲线的形状。

(3) 若要移除放置的最后一个 CV 点,可以按 Delete 键。

(4) 如果在绘制过程中要编辑 CV 点,可以按 Insert 键,操纵器将显示在前一个 CV 点上。编辑完 CV 点的位置后再次按 Insert 键,将继续绘制 CV 曲线。

(5) 在 CV 曲线的绘制过程中,如果需要绘制比较明显的转折,需要在一个位置连续单击三下,则可以绘制出接近于直角的曲线。

(6) 按回车键完成曲线绘制,如图 2-22 所示。

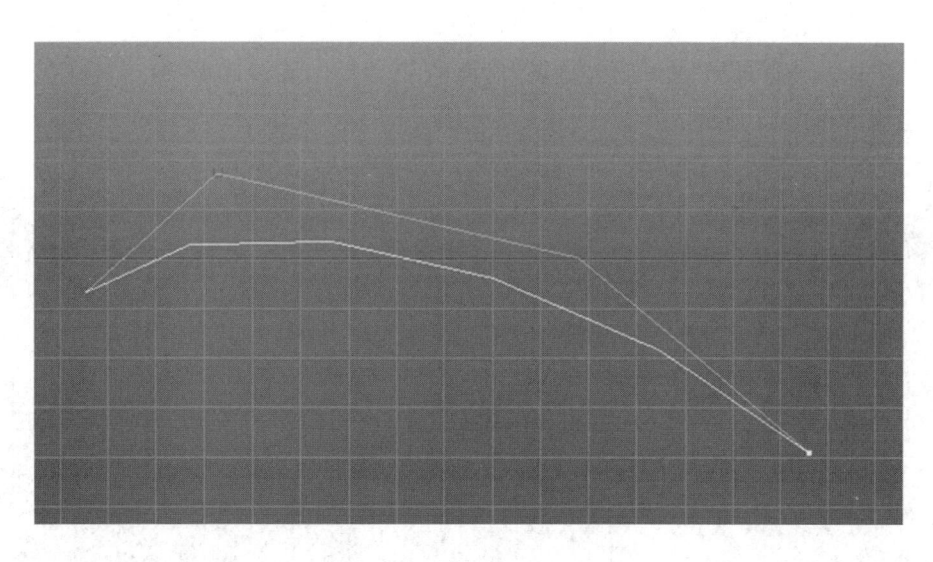

图 2-22

二、旋转创建曲面

绘制表示要创建的曲面的横截面(或"剖面")的曲线,修改轴心点至剖面线的对称中心处,如图 2-23 所示。

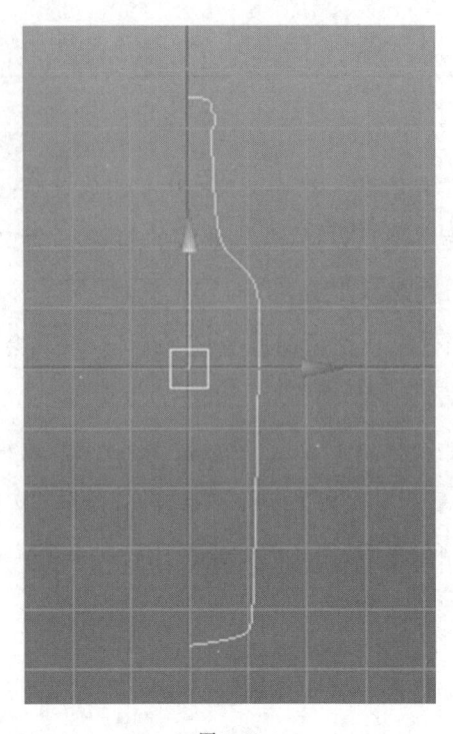

图 2-23

选择曲线,然后选择"曲面"→"旋转"后面的 □,打开"旋转选项"窗口,按图 2-24 设置后,效果如图 2-25 所示。

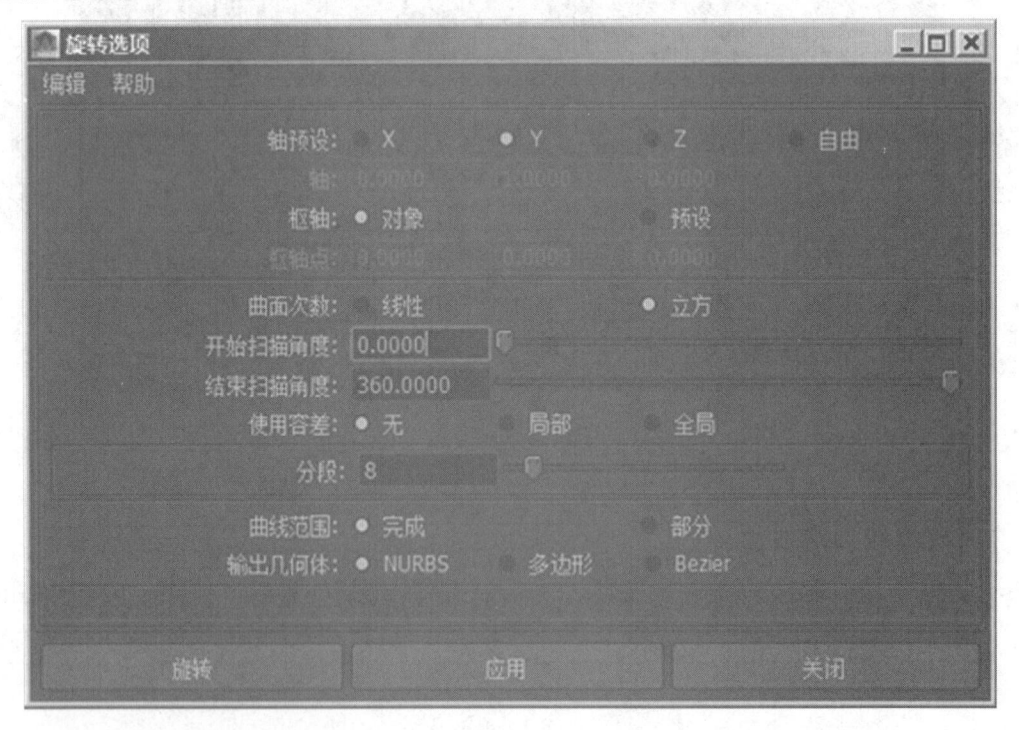

图 2-24

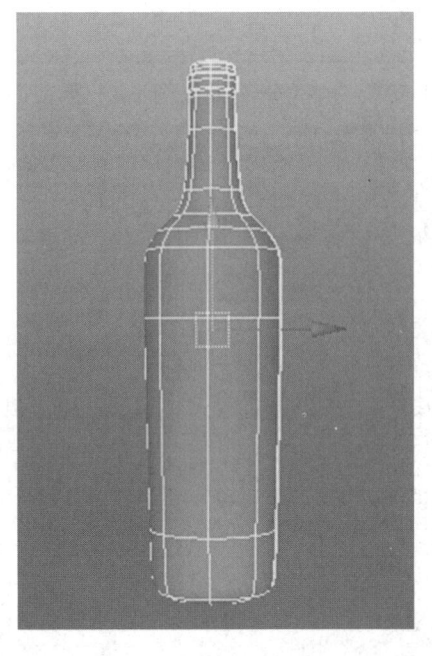

图 2-25

造型制作完毕后,选择"编辑"→"按类型删除"→"删除历史"(这一步比较关键,是将曲面造型与曲线分离开,否则对模型的后续操作会带来很大的麻烦)。

任务 2 对宝剑进行贴图拆分

任务说明

UV 拆分的方法有很多种,本例不做特殊要求,只要拆分得均匀、合理、无拉伸、无重叠即可。本任务用一个网格图来测试 UV 拆分得是否均匀,如图 2-26 所示。

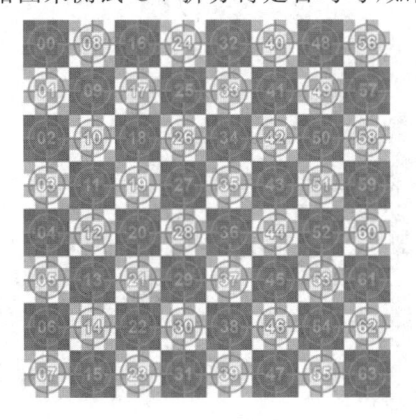

图 2-26

操作步骤提示

步骤 1 对剑身进行 UV 拆分,拆分结果如图 2-27 所示。

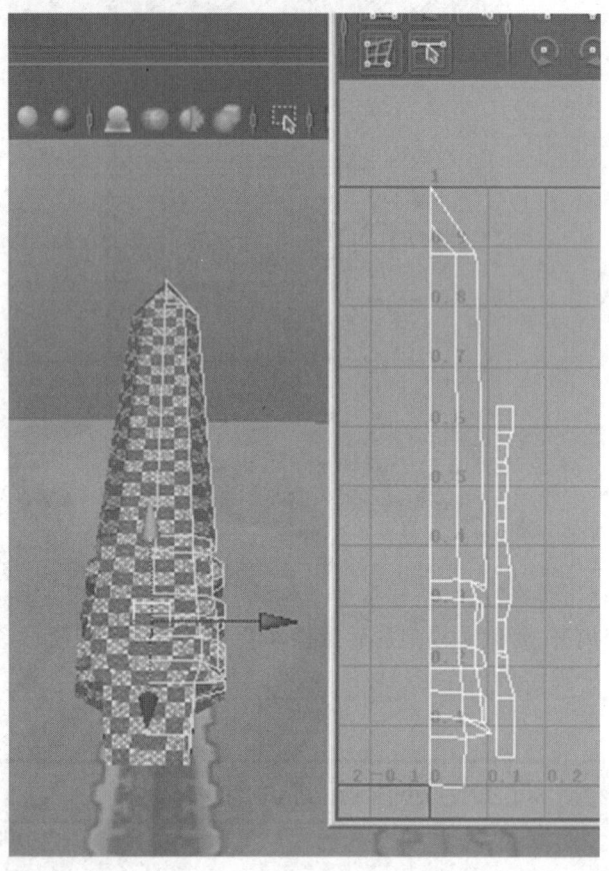

图 2-27

步骤 2 对护手、剑柄进行贴图拆分,如图 2-28 所示。

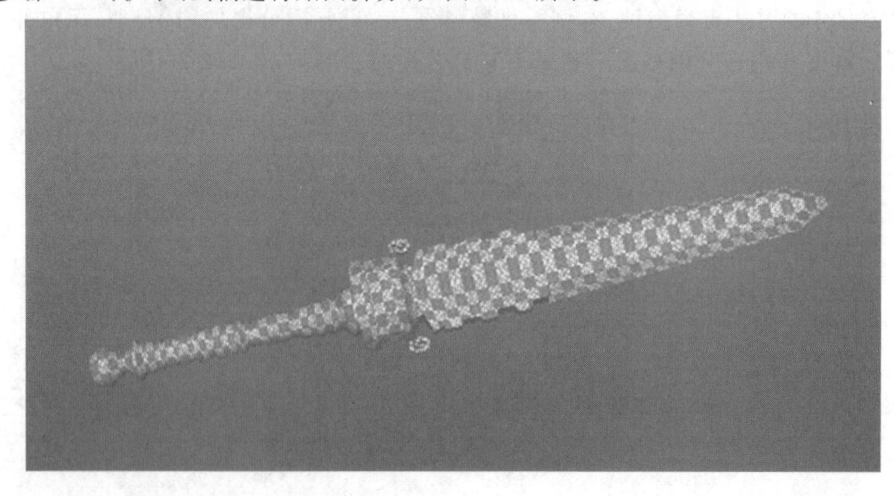

图 2-28

步骤 3 将 UV 图导出，用 Photoshop 软件拼合出贴图，完成效果如图 2-29 所示。

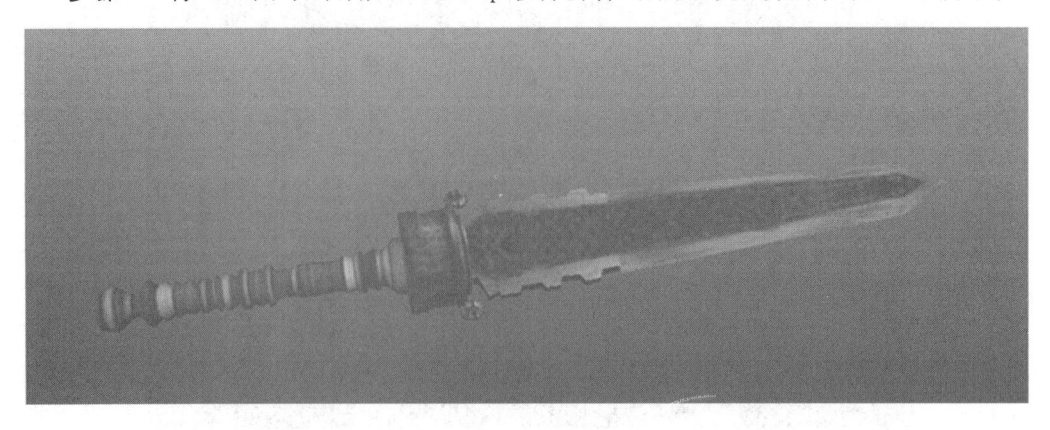

图 2-29

项目小结

学生在制作本项目的时候一般会存在以下几个问题，需要教师重点提示：

1. 对称建模时对称线上的点必须在同一方向保持在一条直线上。

2. 对称复制时的轴心点一定要在对称轴上。

3. 多边形沿路径挤压时一定要分段，否则模型不会产生急剧弯曲的效果。

4. 在做曲线绘制时，一定要在正交视图中绘制。

5. 曲线做旋转造型时一要注意轴心点的位置，二要注意旋转的轴向。

6. 创建多边形工具是创建不规则造型时经常使用的一个命令，其使用的频率也非常高；其不足之处在于它会产生多边形面，所以需要配合分割多边形工具进行面的拆分。

项目 2　创建木剑模型

项目目标

1. 游戏道具模型的结构与布线。

2. 木材质的表现方法。

3. 同一模型三种不同级别材质的贴图的绘制（此为扩展目标，要求在了解风格的基础上进行绘制），如图 2-30 所示。

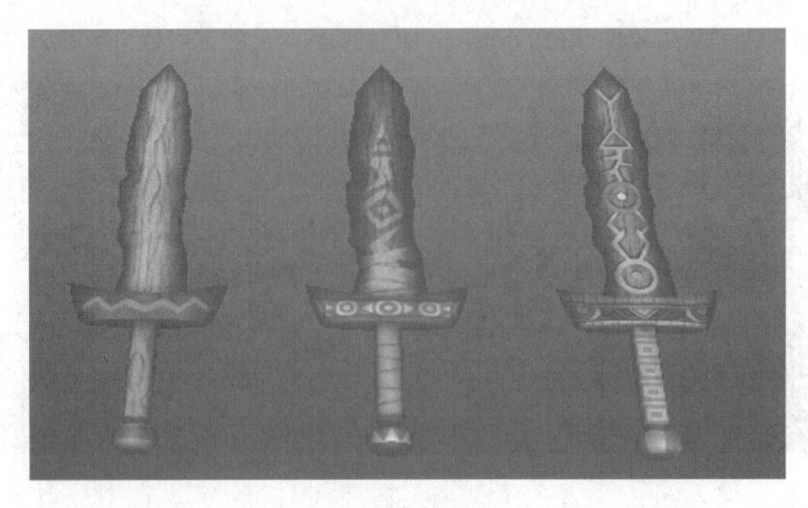

图 2-30

项目说明

本项目是游戏道具模型制作,在同一个坐标位置有三柄剑,表示角色在不同级别时的不同效果,剑是一个模型,不同点在于三套贴图的绘制。

项目要求:

1. 模型不超过 300 个三角面。
2. 贴图必须手绘,木质风格。

制作思路:

在了解作品的风格(大概确定为非洲埃及风格)与作用(游戏模型)之后,开始建模,剑身部分创建一半,另一半镜像复制即可,剑柄的部分可以用圆柱体起模,然后通过改线来完成,在建模的过程中要注意,在保持造型的基础上保持面的数量,注意模型的布线也要美观。本例的贴图采用手绘方式处理,重点在于阴影部分的绘制。如果不了解结构和要求,有的人可能会用模型来完成,但是那样在规定的面数上就不能实现了,所以建模者一定要注意区别哪些地方需要建模,哪些地方需要贴图表现。

任务 1　模型的创建与 UV 拆分

任务说明

利用对称建模方式创建木质宝剑模型,在创建时用四边面起模,最后转换为三角形面,由于有面数限制,可以适当进行布线优化。

操作步骤提示

步骤 1 创建出宝剑的模型。如图 2-31、图 2-32 所示。

图 2-31

图 2-32

提示：本例的模型创建部分可以直接参考模型，或者根据图 2-31 布线来创建，注意只表现出剪影轮廓，正面的图案部分由贴图绘制。

步骤 2 对模型进行 UV 拆分（由于模型是对称的，所以只要拆分一侧即可），如图 2-33 所示。

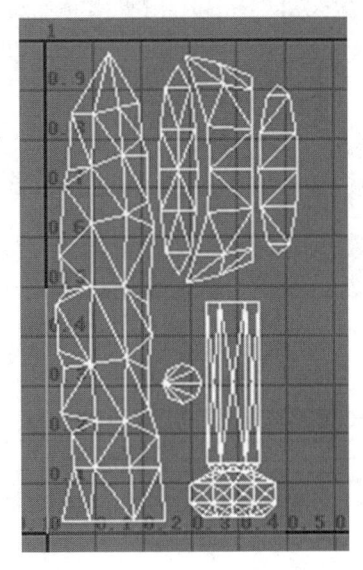

图 2-33

步骤 3 导出 UV，保存备用。大小为 512×512 像素，格式为 PNG 格式。

任务 2　贴图绘制

任务说明

本例为一个模型的三套不同贴图的绘制,分别属于不同级别的道具,这样在游戏的调用上是非常方便的,但是在贴图的绘制上要注意把握色彩和风格,本例为非洲风格,所以图案上也可以根据这个风格进行适当地调整与修改。

操作步骤提示

步骤 1　用 Photoshop 软件进行贴图绘制。

(1)任选一种颜色作为底色,铺设底色,如图 2-34 所示。

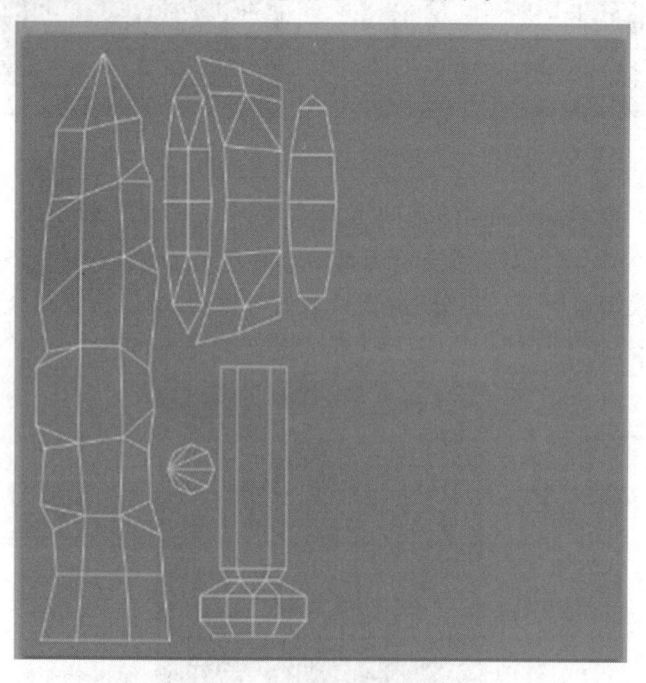

图 2-34

(2)用"柔光"方式添加木纹纹理,"不透明度"设置为 50%,如图 2-35、图 2-36 所示。

图 2-35

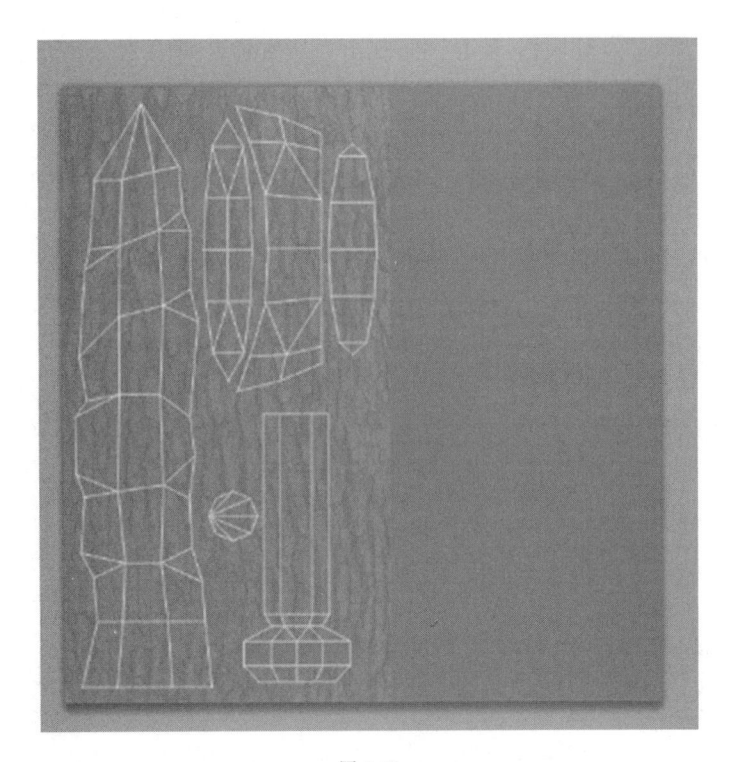

图 2-36

(3) 再次用"柔光"方式叠加木纹纹理,"不透明度"为 100%,如图 2-37 所示。

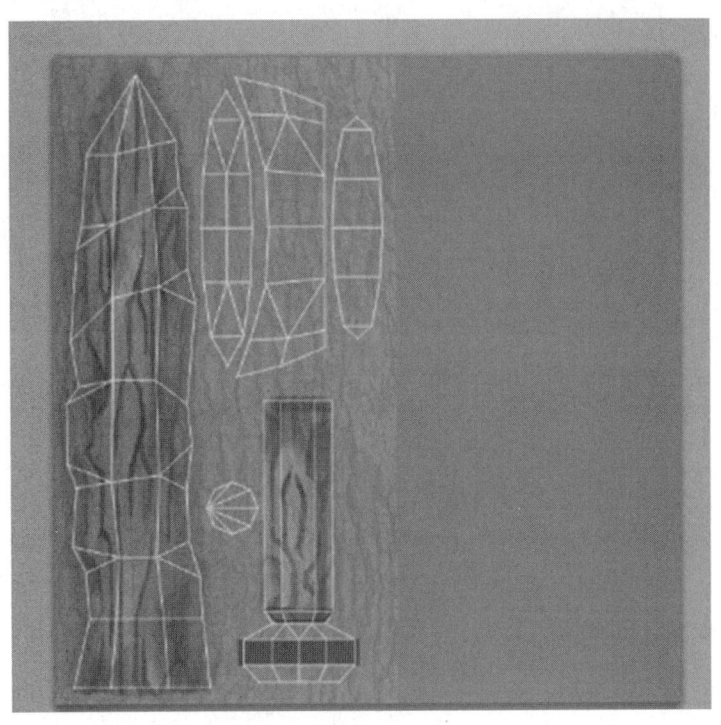

图 2-37

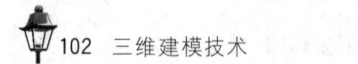

(4)用"笔刷工具"绘制阴影,使贴图呈现出立体质感。如图 2-38 所示。

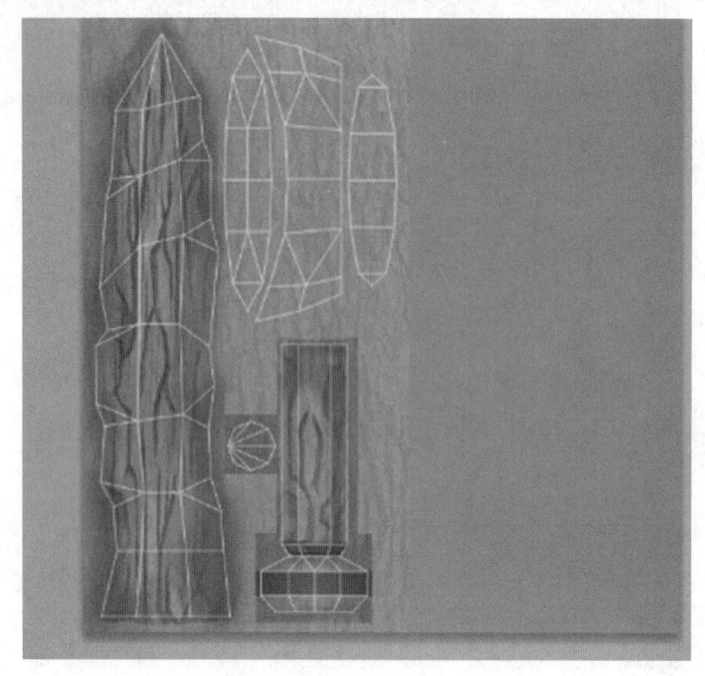

图 2-38

(5)绘制高光,如图 2-39 所示。

图 2-39

(6)绘制护柄处的图案,如图 2-40 所示。

(7)绘制阴影及高光,如图 2-41 所示。

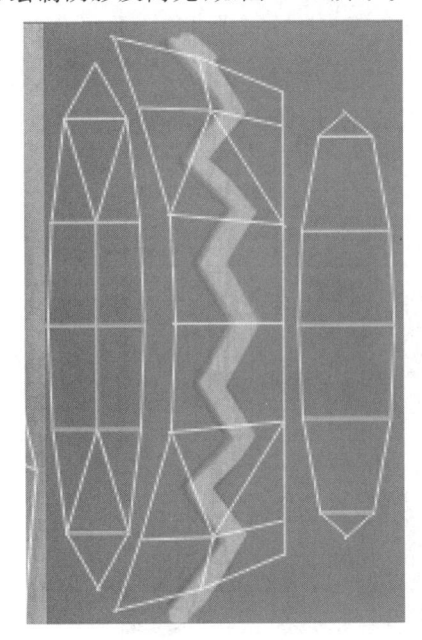

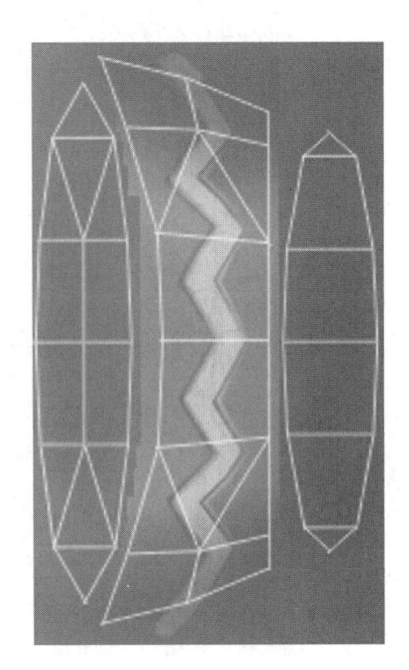

图 2-40

图 2-41

(8)继续添加剑身的纹理,完成最终的贴图效果。如图 2-42 所示。

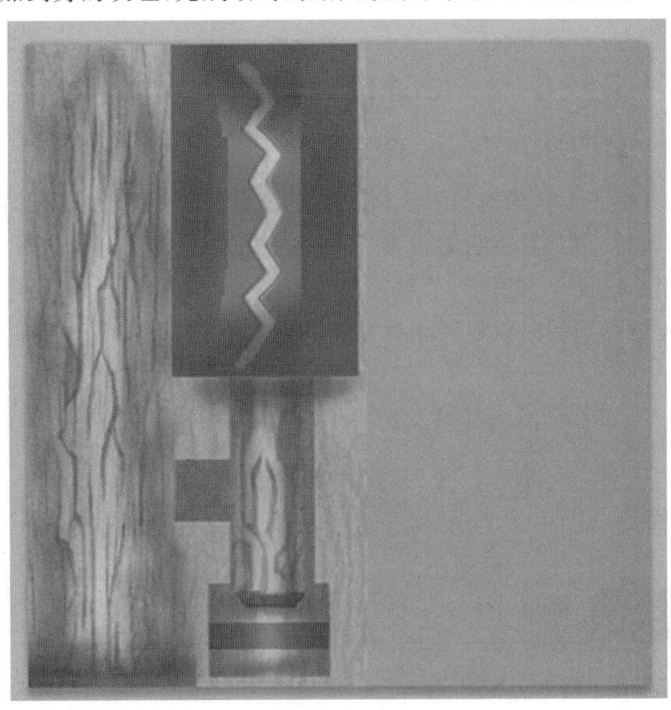

图 2-42

(9)第三套贴图是道具升级后的图案,所以在绘制上更复杂一些。如图 2-43 所示。

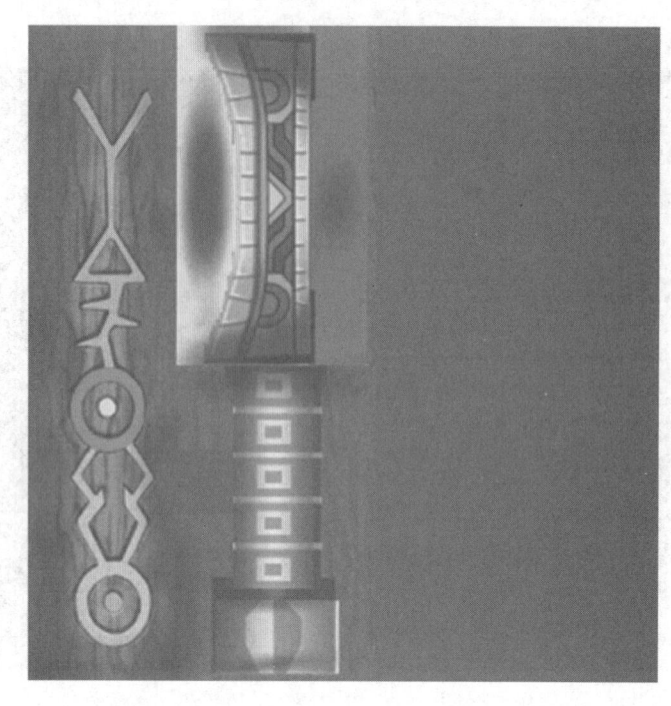

图 2-43

步骤 2 作品完成效果见图 2-30。

项目小结

本项目重点介绍了木剑的材质表现,俗话说:三分模型七分贴图,一个好的模型不仅在于它的结构与布线,更要看重它的材质表现,现在在企业中建模与贴图一般都是一个人完成,所以建模者一定要思路清晰,了解模型结构,要知道哪些位置需要建模,哪些地方需要贴图。另外,绘制贴图的时候也要注意贴图的层次结构,源文件一定要保留,以备后期修改使用。

项目 3　创建斧子模型

项目目标

1. 对称模型建模的基本方法。
2. 利用复制面制作斧柄护手的基本技巧。
3. 添加保护线的基本方法。

项目说明

本项目创建一个道具——斧子,本道具要应用在影视作品中,所以需要制作得精细一些,边缘处需添加保护线,以备特写时使用。

斧子属于兵器中的重兵器,一般要用模型表现其沉重、大气的感觉。

在做模型之前也要对其进行结构分析,主要分为斧头、斧柄以及其他的装饰性内容。

本模型属于一个比较综合的作品,在建模的技术手段上有很多比较灵活的选择,在斧头的起模上采用多边形面片起模,然后用挤压调点的创作手法,也可以采用多边形创建工具(不足之处是需要分割)。本例的难点在于空间造型与比例的调节,建议教师在上课前留出 10~20 分钟让学生在纸上手绘练习一下,在大脑中建立起相应的形象,然后再建模可能效果会更好一些。

任务 1　创建斧头模型

任务说明

本道具是应用于影视中的作品,所以对于造型要求比较精细。

操作步骤提示

步骤 1　导入参考图,将清晰度减低一些,Alpha 增益降低一些。可以凭自己的视觉来进行调整,在侧视图中参考。

步骤 2　创建一个多边形平面,分段为 3×1,如图 2-44 所示。

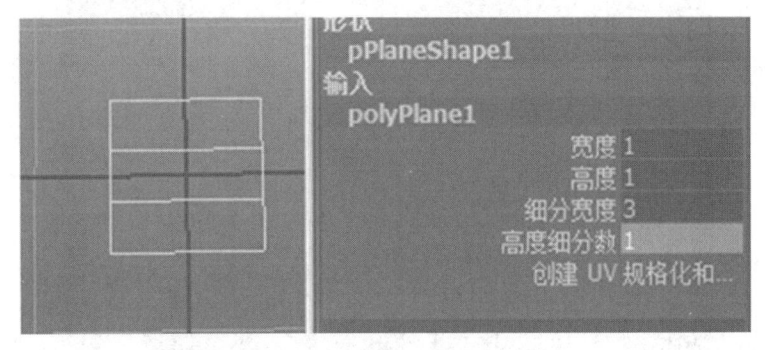

图 2-44

步骤 3　按 J 键可以固定旋转,相当于将离散旋转开关打开。离散旋转相当于按照固定角度旋转,请读者自己试着操作一下。如图 2-45~图 2-47 所示。

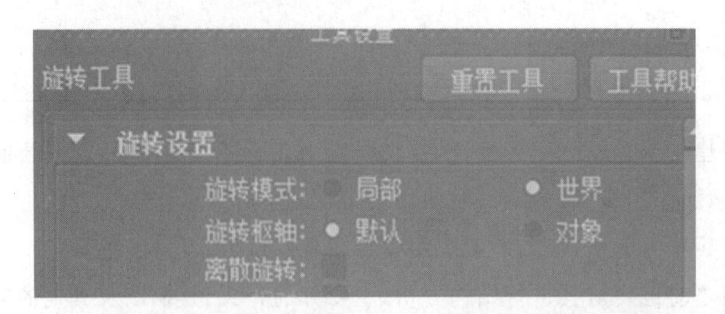

图 2-45

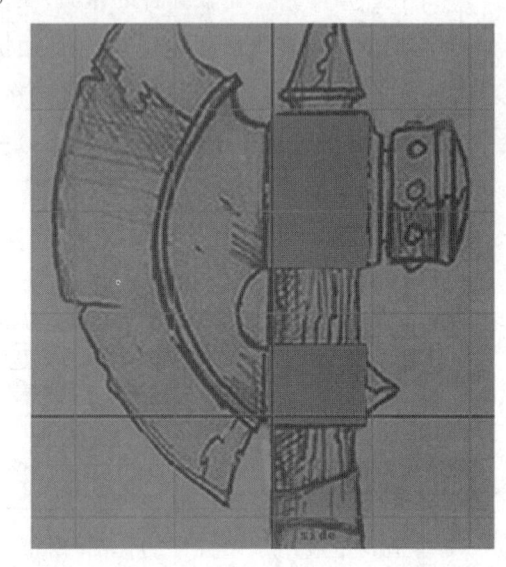

图 2-46

图 2-47

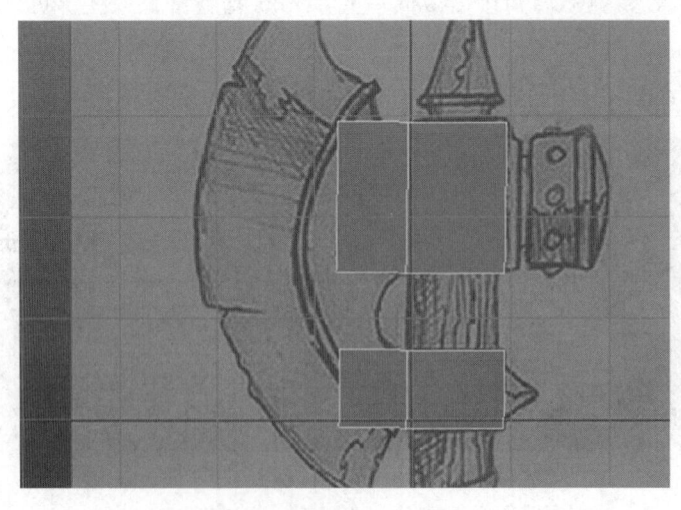

步骤 4 对边进行挤出。如图 2-48、图 2-49 所示。

图 2-48

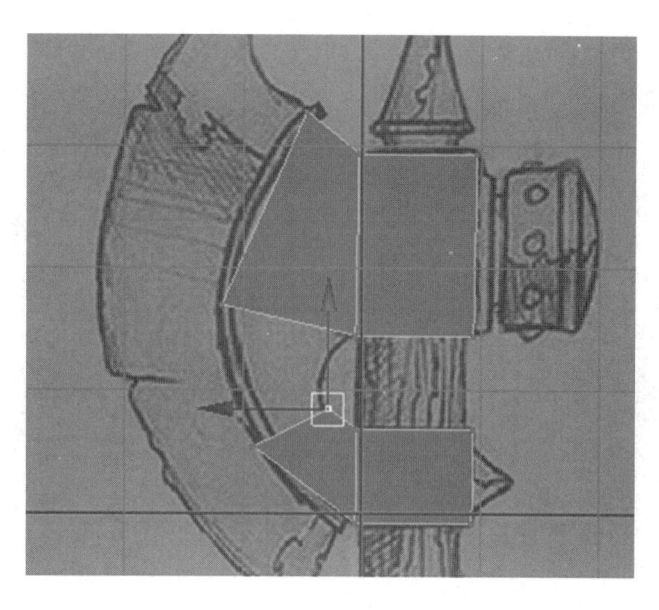

图 2-49

步骤 5 选择"编辑网格"→"桥接",设置"分段"为 0。如图 2-50、图 2-51 所示。

图 2-50

步骤 6 再次挤出,挤出后按 W 键进行位移。如图 2-52 所示。

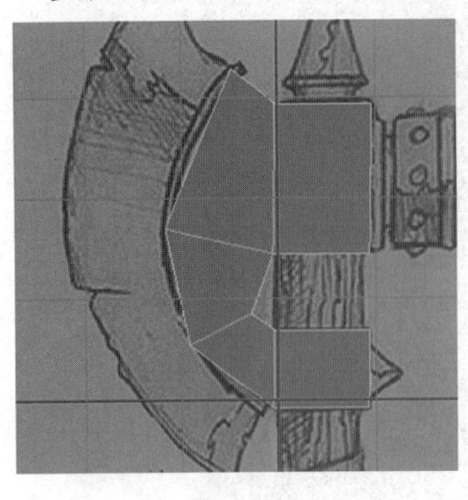

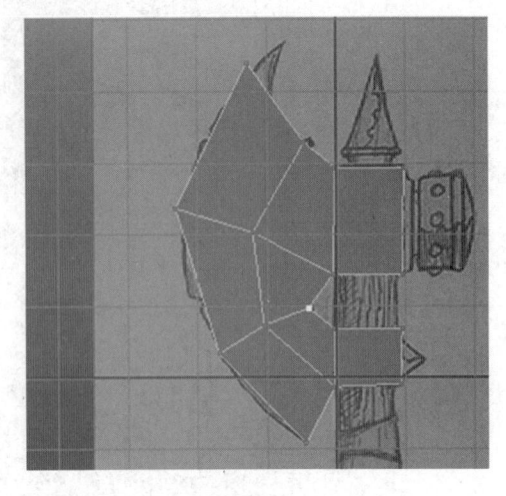

图 2-51

图 2-52

步骤 7 选中所有的面,执行"挤出"命令,然后删除掉一个侧面,为后面的关联复制做准备。如图 2-53 所示。

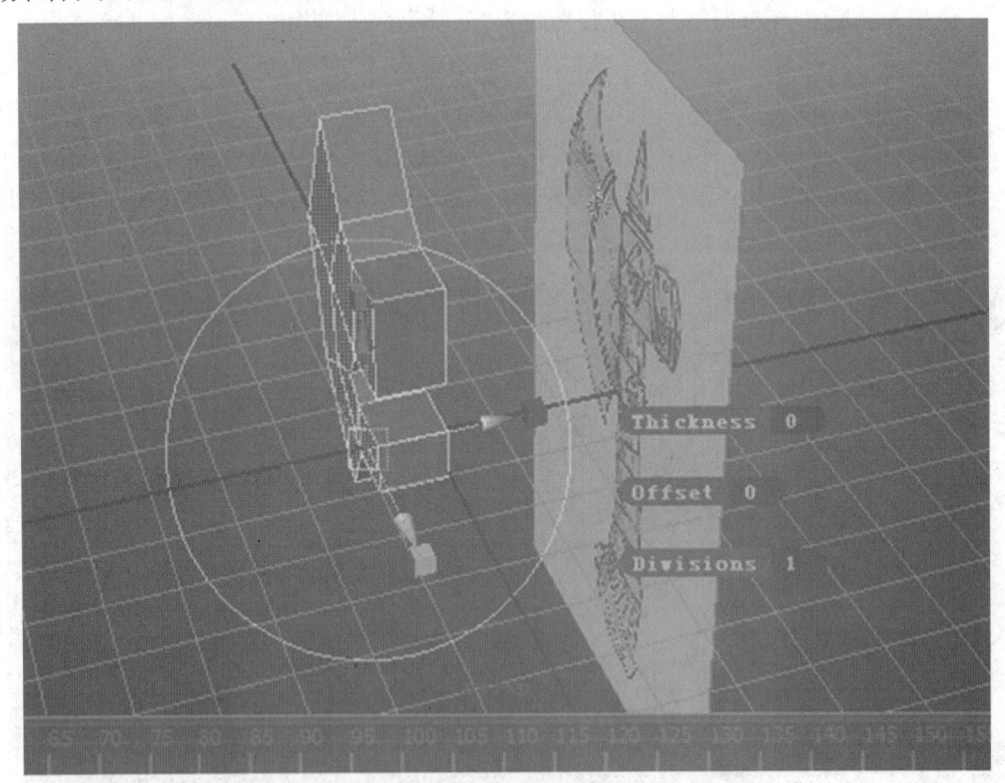

图 2-53

步骤 8 添加循环,从中间加线,然后将模型从中间分开,删除一半,关联复制出另一半。如图 2-54 所示。

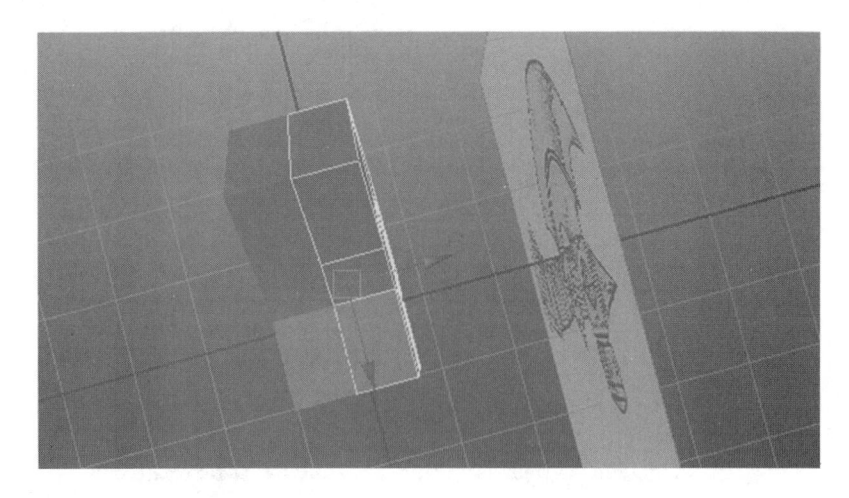

图 2-54

步骤 9 调整中心点。按 D 键移动坐标轴的中心点,按 V 键吸附到物体的一个点上。

按 X 键,吸附到网格上,坐标轴的中间会有变化,由方块变成了圆形,表示开始吸附。

也可以用图标进行吸附。

提示: 进行关联复制后调整是同步的。而映射(Reflection)只同步移动、旋转、缩放等,不关联命令,所以一般用关联复制会比较好。

步骤 10 在复制之前,将数字清零(坐标冻结),如图 2-55 所示。

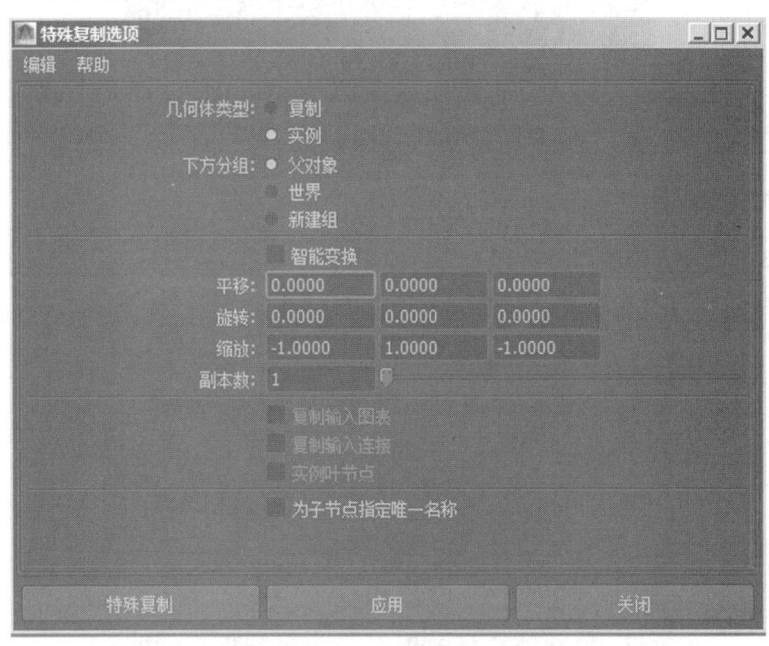

图 2-55

步骤 11 继续加线调整斧子刃的部分。如图 2-56 所示。

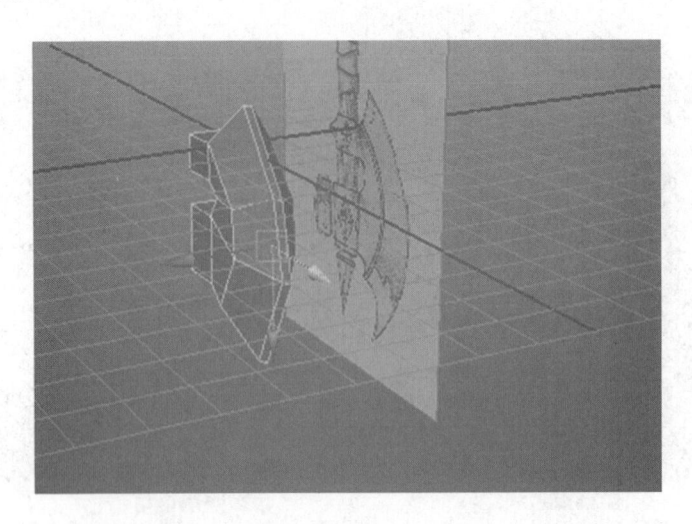

图 2-56

步骤 12 两边向里走,中间线向外拉,调整上下位置。如图 2-57 所示。

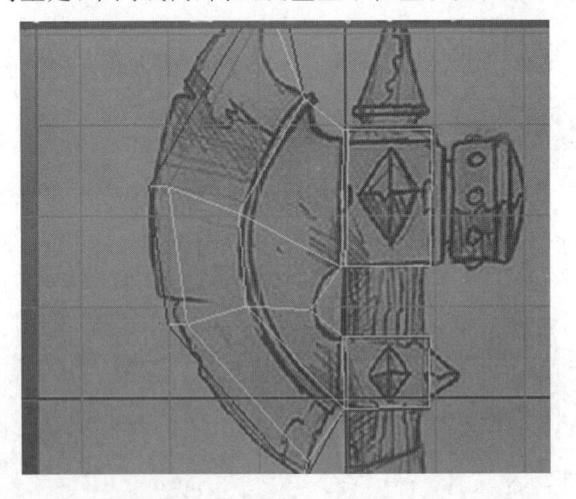

图 2-57

步骤 13 将斧子头的部分拉宽一些。如图 2-58 所示。

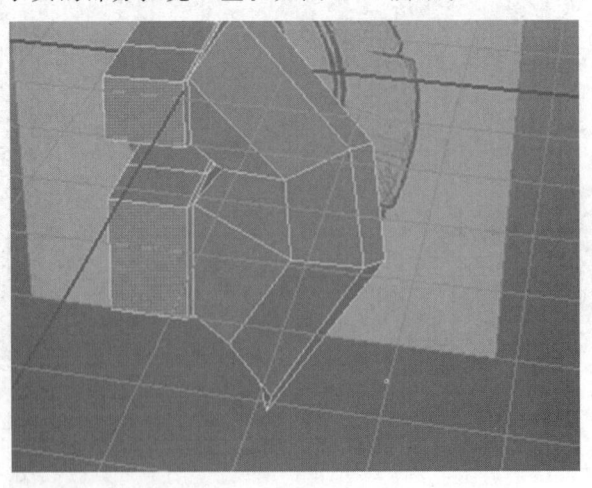

图 2-58

删除线:不能直接按 Delete 键,需要按 Shift 键,然后单击删除线。

在做模型的时候,线要尽量少,实在没有可以调整的线了,再加线。

步骤 14 继续加三条线(一边加线一边调节细节)。如图 2-59 所示。

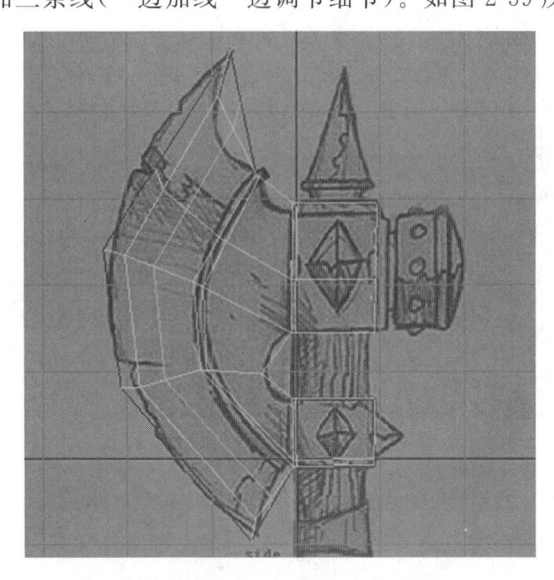

图 2-59

步骤 15 滑动边。如图 2-60 所示。

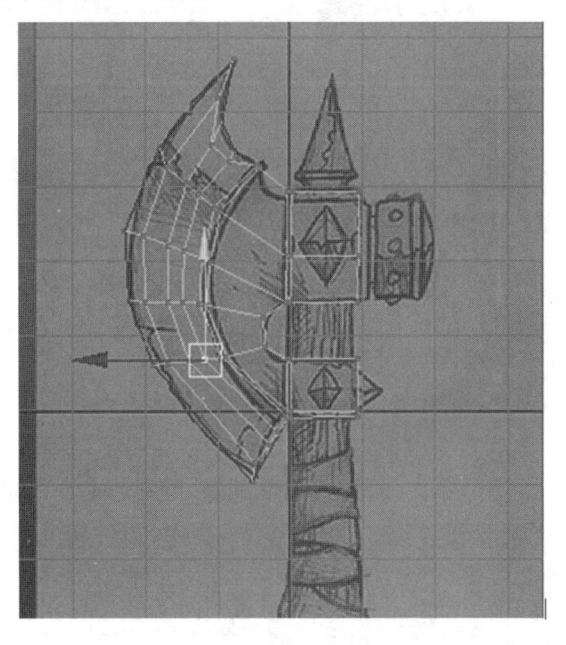

图 2-60

提示:上面刃的部分是一体的,所以一定要对齐,不要再单独出来刃。如图 2-61 所示。

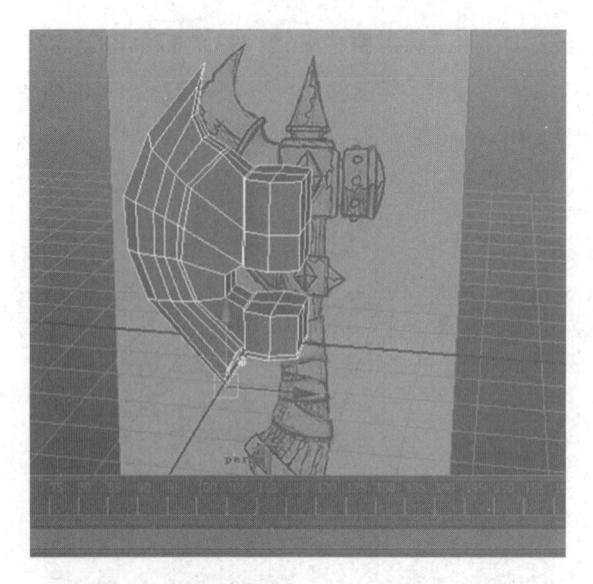

图 2-61

步骤 16 调节斧头。选中中间的面，进行"挤出"操作，如图 2-62 所示。

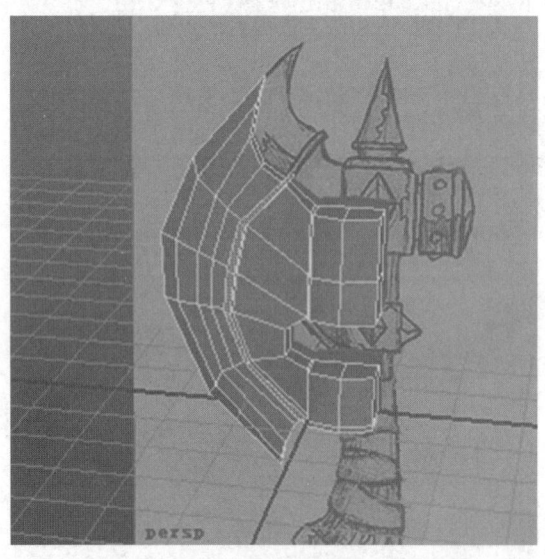

图 2-62

步骤 17 将图 2-63 中的小面删掉，这步很重要，否则后期会出错。

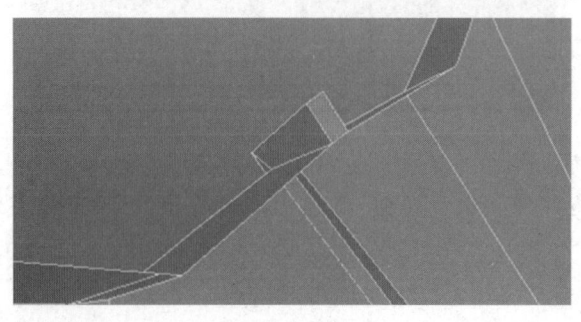

图 2-63

步骤 18 按 3 键查看圆滑后的效果,按 1 键就会返回粗糙显示。在 Maya 软件中,3 键相当于平滑两次的命令,该命令只影响视窗中的查看效果,不影响最终的渲染结果。如图 2-64 所示。

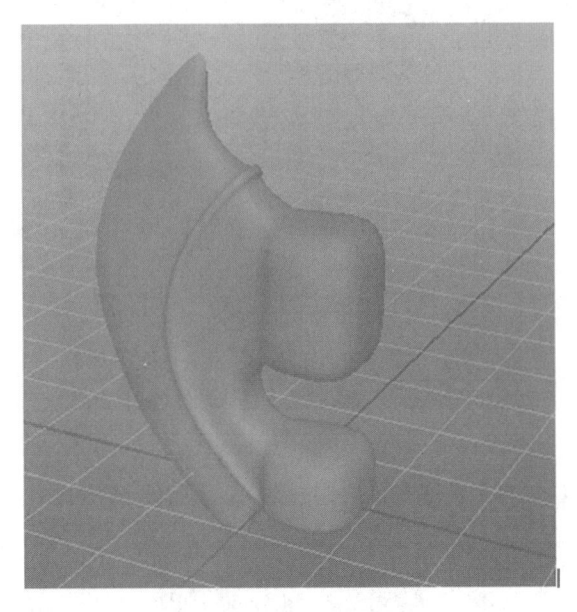

图 2-64

步骤 19 圆滑后的效果显示模型不是硬材质物体,所以需要添加保护线(企业俗称卡边),目的是使原来的物体变硬。注意线的走向,不要改变原来的形状。如图 2-65 所示。

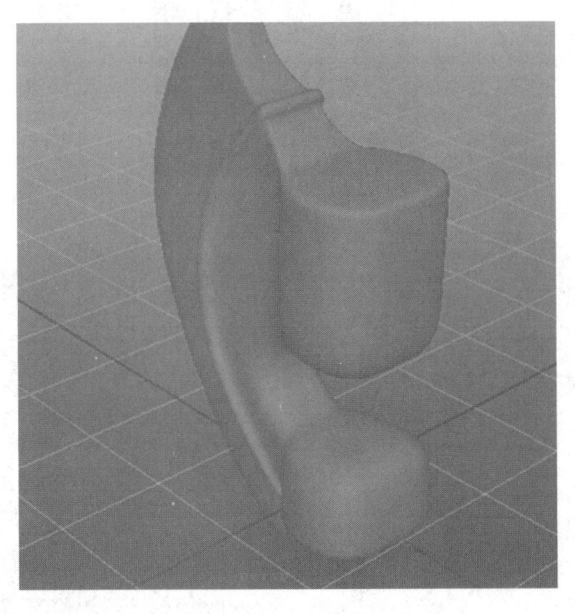

图 2-65

步骤 20 卡边之后的状态如图 2-66 所示。

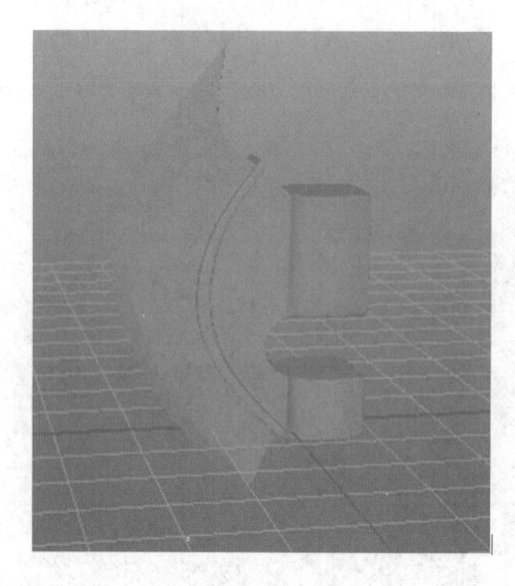

图 2-66

步骤 21 制作斧头的另一侧，利用圆柱体进行加线挤出操作。如图 2-67、图 2-68 所示。

图 2-67

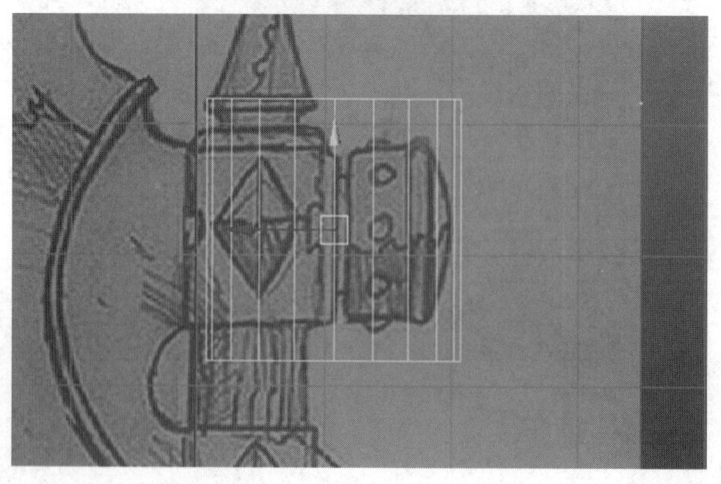

图 2-68

步骤 22 参数修改,如图 2-69 所示。

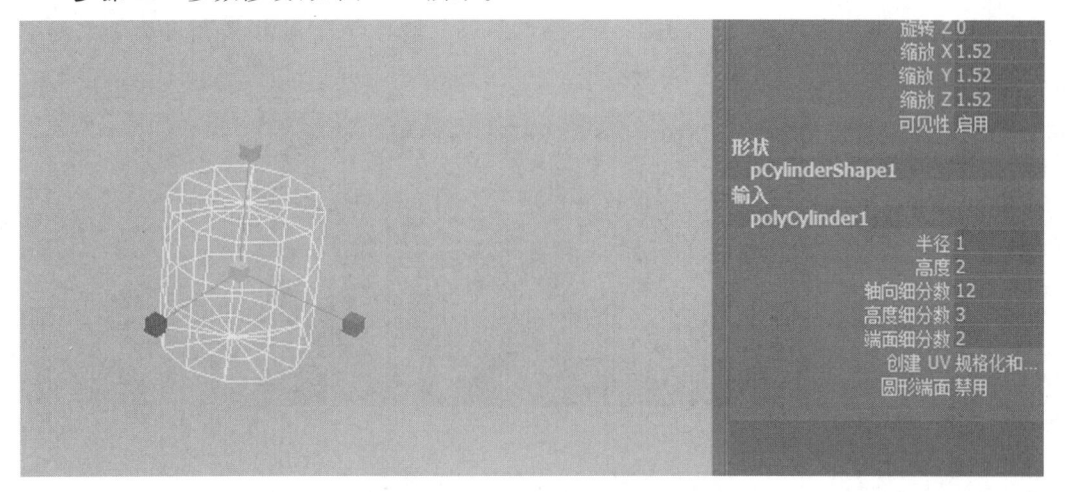

图 2-69

步骤 23 通过挤出调整出形,如图 2-70 所示。

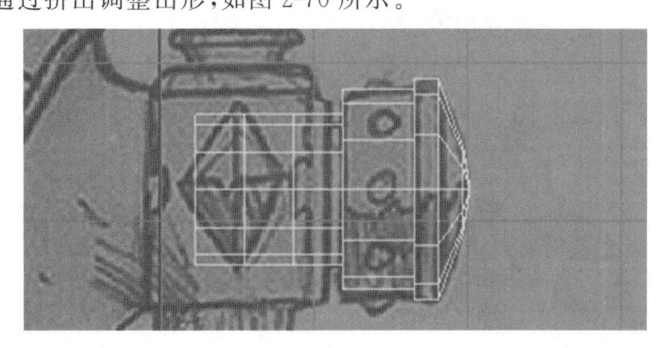

图 2-70

步骤 24 加线卡边,如图 2-71 所示。

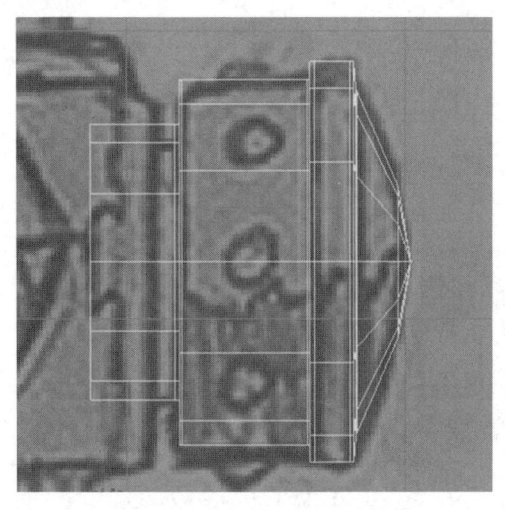

图 2-71

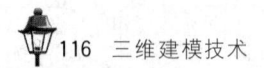

步骤 25 创建铆钉。

用立方体起模制作,平滑后删除一半图形即可。轴心点居中,设置角度为 36°,沿 Z 轴复制九个。如图 2-72～图 2-74 所示。

图 2-72

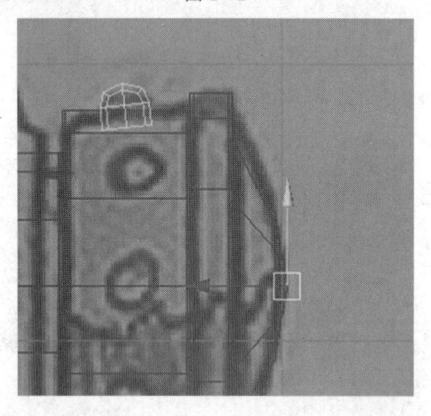

图 2-73

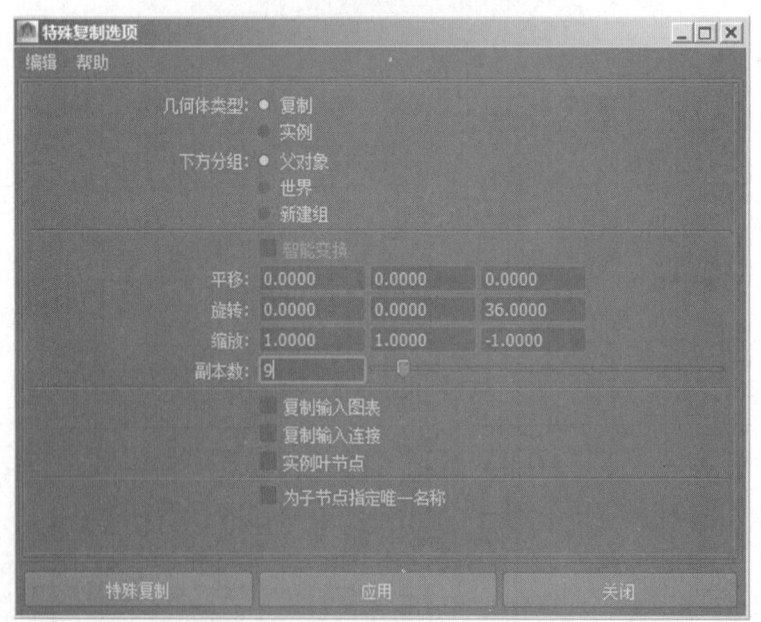

图 2-74

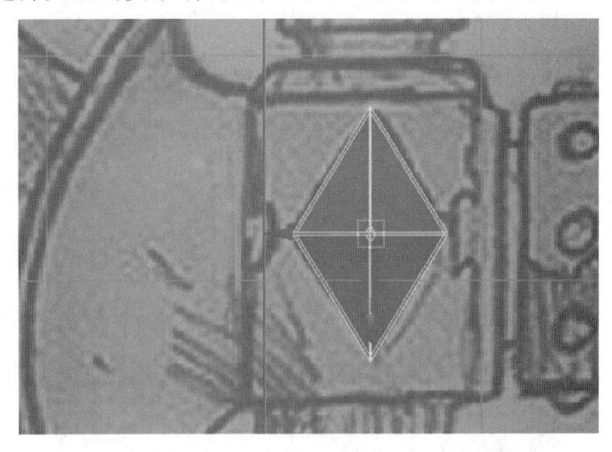

步骤 26　创建斧头上的菱形铆钉。如图 2-75、图 2-76 所示。

图 2-75

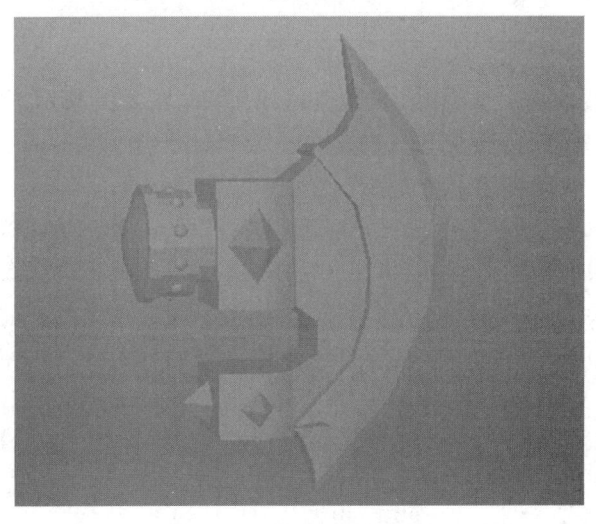

图 2-76

任务 2　创建斧柄

任务说明

斧柄利用圆柱体基本建模,加线修改即可,斧柄上的护手部分要用多边形复制创建,利用"挤出"命令造型,然后用软选择进行调整,注意要调整出布料的感觉。

操作步骤提示

步骤 1　利用圆柱体制作手柄。分段数为 12×7,如图 2-77 所示。

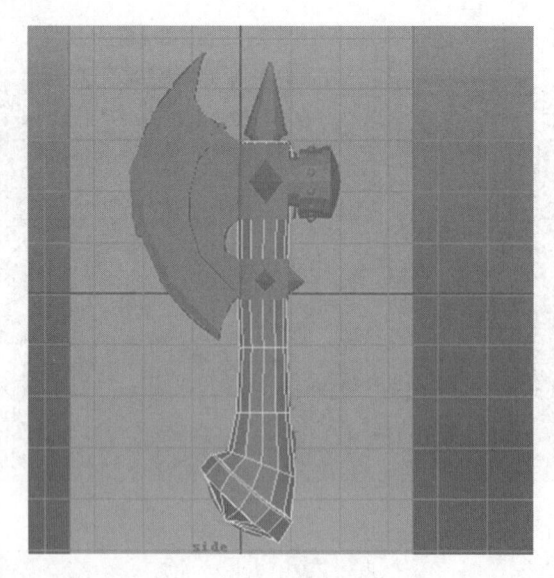

图 2-77

步骤 2 利用复制面制作手柄上的包裹,如图 2-78、图 2-79 所示。角色身上的衣服也是用这种方法进行处理的。复制出来的面存在一个问题：会成立一个新组。选择的时候不是很方便,可以从大纲视图中进行选择。

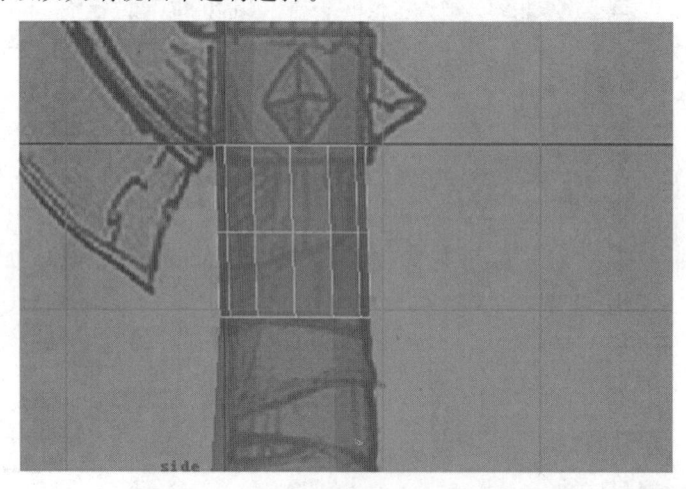

图 2-78

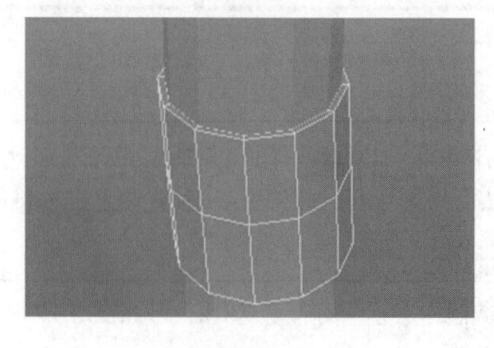

图 2-79

按 B 键选择"软选择模式",按住鼠标左键＋B 键可以调整软选择的范围,进行移动。如图 2-80、图 2-81 所示。

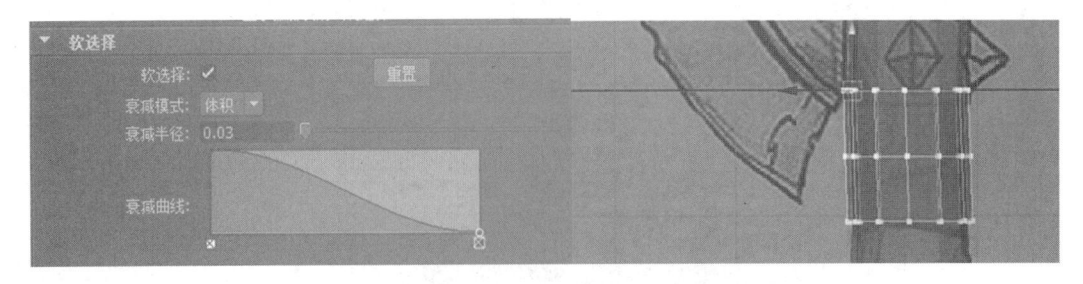

图 2-80

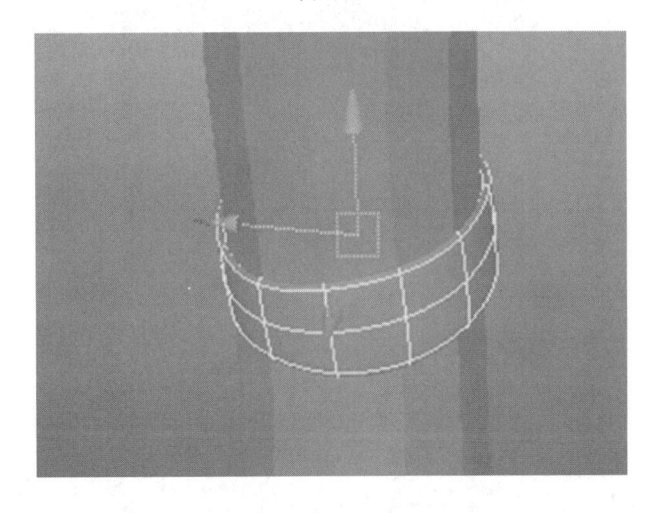

图 2-81

步骤 3 需要对整个组进行清零,否则在旋转过程中就会出错。如图 2-82 所示。

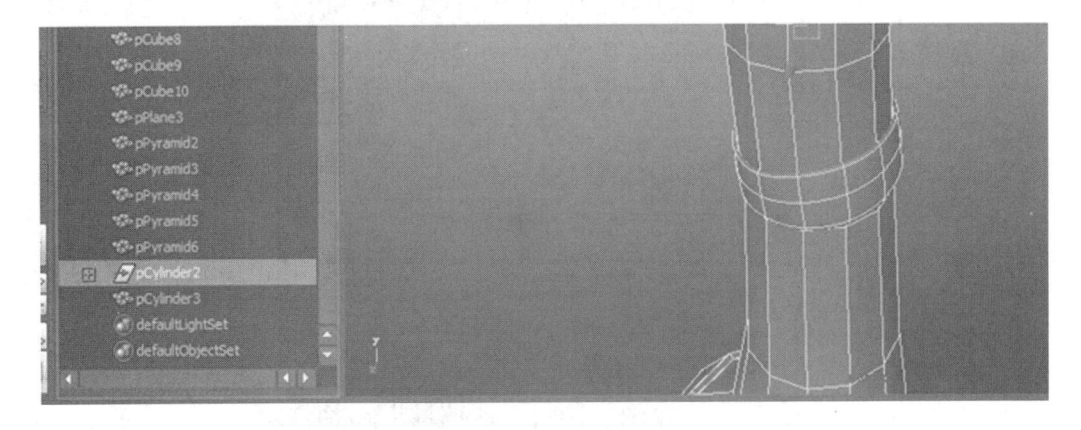

图 2-82

最终效果如图 2-83、图 2-84 所示。

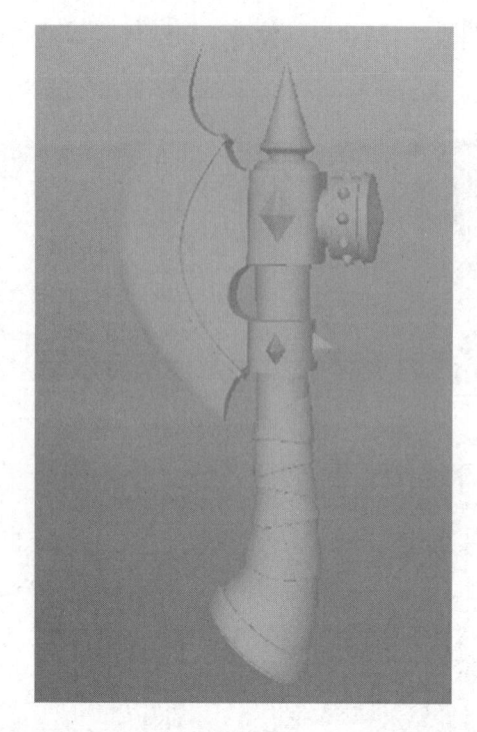

图 2-83

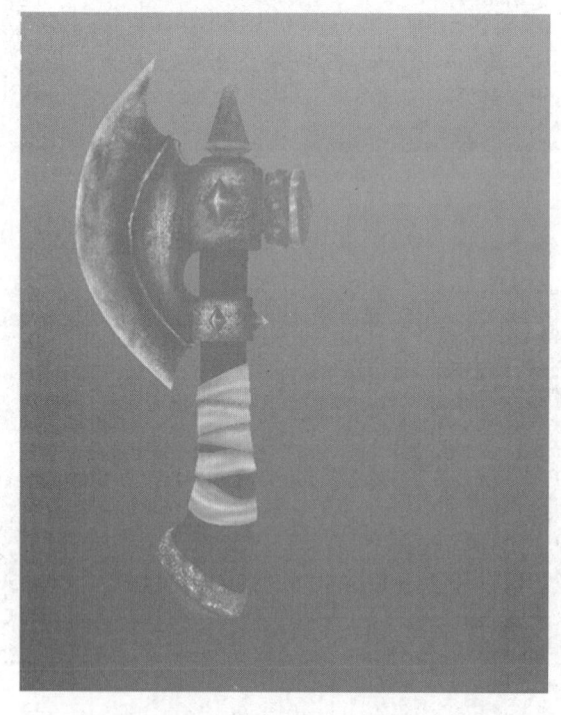

图 2-84

（本作品由 14 级影视动画 1 班胡炳全提供）

项目小结

通过本项目的学习,读者可以熟练地掌握多边形道具的建模,由粗到细的建模方法,并且通过变形、增/减细节等编辑方法对复杂模型进行创建。感兴趣的读者可以尝试图2-85、图2-86 所示参考图的建模。

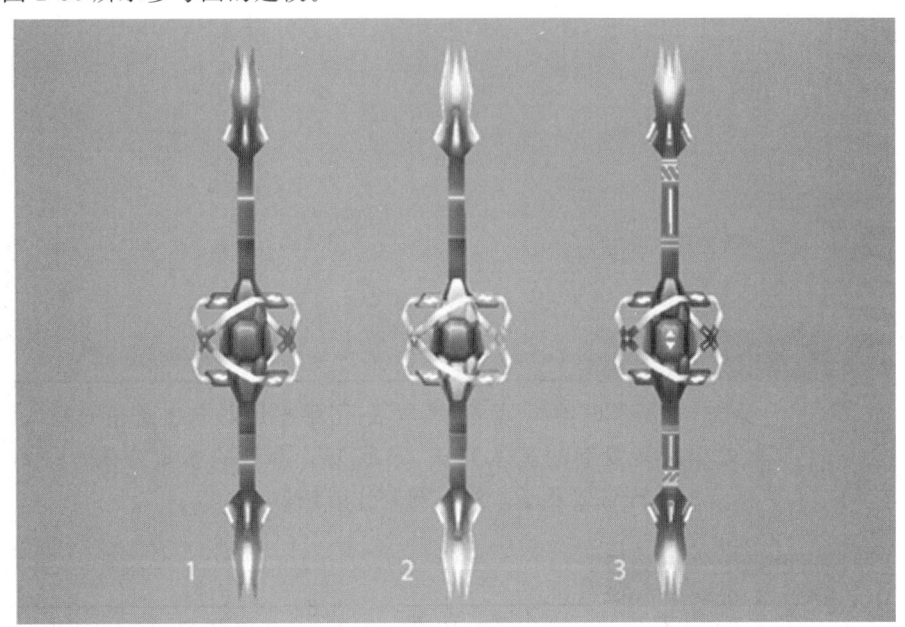

图 2-85

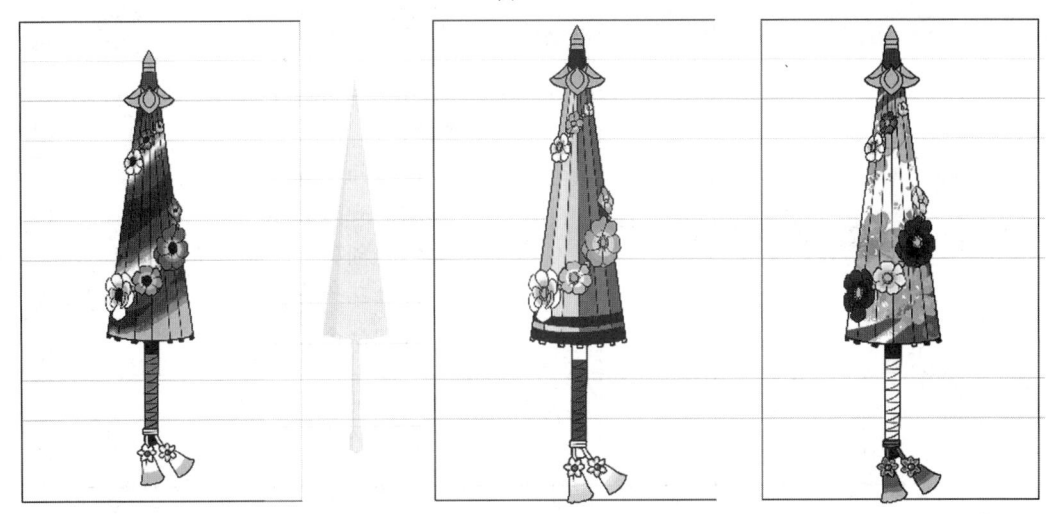

图 2-86

模块 3 场景设计岗位项目制作

教学目标

通过"校标"和"喷泉"案例的学习,了解多边形向上建模的基本方法,掌握旋转复制的基本方法,掌握 UV 拆分的基本方法,了解 UV 拆分的合理性以及基本的贴图制作方法。

教学要求

知识要点	能力要求	关联知识
参考图的使用	掌握	参考图导入 参考图基本参数设置
多边形建模的基本命令	掌握	倒角 多边形向上建模 基本对齐方式 文字的创建 插入循环边 "挤出"命令
复制	掌握	旋转复制
UV 拆分	掌握	UV 映射

基本知识必备

场景建模是基础建模的一种变形,是基础建模的提高,只要掌握了基础建模的内容,场景建模只是一种比较大的项目而已,需要重点掌握的第一点是比例,因为多个模型合在一起后一定要考虑互相的比例影响,第二点是景别,场景建模的精细程度与景别有很大的关系。

场景建模的基本流程:

1. 根据策划,确定游戏场景风格。
2. 搭建基础模型。
3. 分解场景 UV。
4. 绘制贴图。

项目 1 创建校标模型

项目目标

1. 多边形向上建模的基本方法。
2. 写实场景模型的基本创建方法。
3. 参考图的基本使用方法。

项目说明

写实场景的模型制作是现在影视特效中最常用的一种,模型制作的精细程度与景别有很大的关系,一般来说,近景的模型制作得就会很精细,远景的模型只要基本比例正确,贴图完成即可,对细节的要求不会很高。创建写实场景模型一般有三种方式,第一种是完全按照真实的内容来进行制作;第二种是根据真实的内容进行加工与改编,创作出全新的场景;第三种是将现实中的场景内容部分去掉,从而替换为全新的场景,相对而言,根据真实图片进行艺术加工而制作出来的模型具有一定的创造性与艺术性。第三种对模型师的色彩感要求更高。

任务 1 校标部分模型创建

任务说明

本任务是建立在参考图比例正确的情况下,利用基本体向上变形制作出模型,主要使用插入循环线、"挤出"命令,然后通过调整节点做出模型造型。

操作步骤提示

步骤 1 素材的收集与准备。

如果有条件可以实地考察,用相机或手机拍摄素材,当然角度和细节越多越好。但一定要求有一张正面无透视的图片,确保比例正确,以做参考图使用。如果实在没有条件去现场考察的话,那就只能通过各种方法将得到的图片进行分析比较,以确定最后的制作方案,本例就是校园场景的一部分,是实地考察拍摄的图片。在光线上一定要注意,否则会对贴图有影响。如图 3-1～图 3-3 所示。

图 3-1

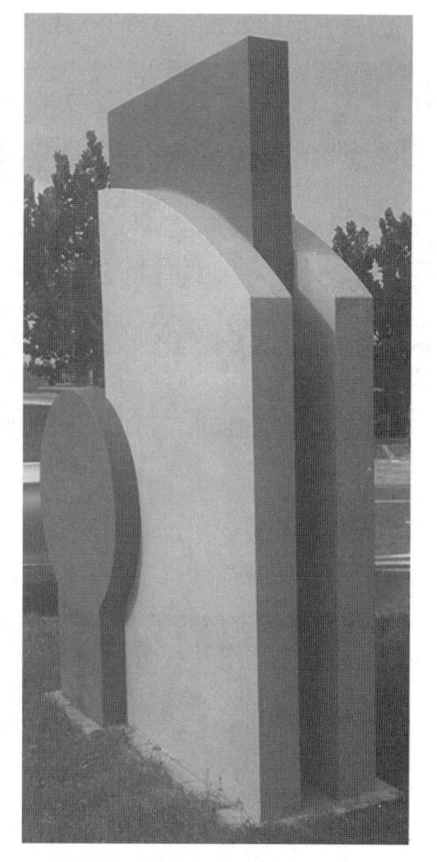

图 3-2　　　　　　　　　　　　　　图 3-3

步骤 2　进行建模前的基本设置。

选择"窗口"→"设置/首选项"→"首选项",单击选择类别。

(1)设置 Y 轴向上,单位为"厘米",如图 3-4 所示。

图 3-4

(2)设置"选择面的方式"为"中心",如图 3-5 所示。

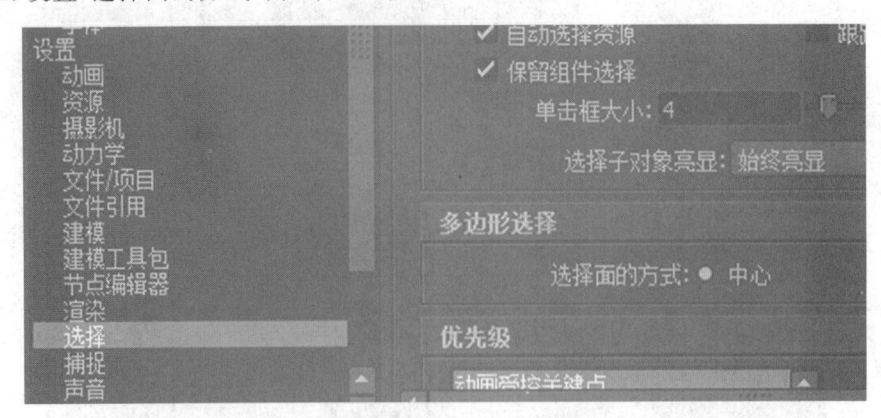

图 3-5

(3)显示多边形计数。

选择"显示"→"平视显示仪"→"多边形计数"。如图 3-6 所示。

图 3-6

(4)勾选"保持面的连接性",如图 3-7 所示。

图 3-7

步骤 3 创建项目文件夹,文件夹名(含路径)中不能出现中文,将参考图复制到 sourceimages 文件夹中。

步骤 4 导入参考图。

从菜单中选择"视图"→"图像平面"→"导入图像",导入图像后,将图像沿 Z 轴负方向移动,防止它处在即将创建模型的中间,不利于查看模型。从属性框中调整 Alpha 增益和颜色偏移值,将图片变暗。在通道栏中将参考图的基本属性锁定,防止误操作。如图 3-8~图 3-10 所示。

图 3-8

图 3-9

图 3-10

步骤 5 创建基本的立方体模型,重命名为 red,修改顶点、边制作成红色部分(见光盘:模块 3/素材)的造型。选中所有的边,按住 Shift 键,单击鼠标右键,在菜单中选择"倒角边",调整偏移值为 0.03,分段数为 2,对边缘处进行倒角处理。如图 3-11~图 3-13 所示。

图 3-11

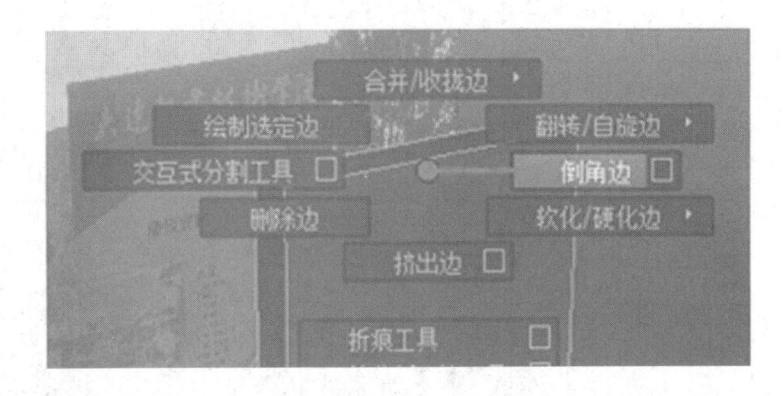

图 3-12

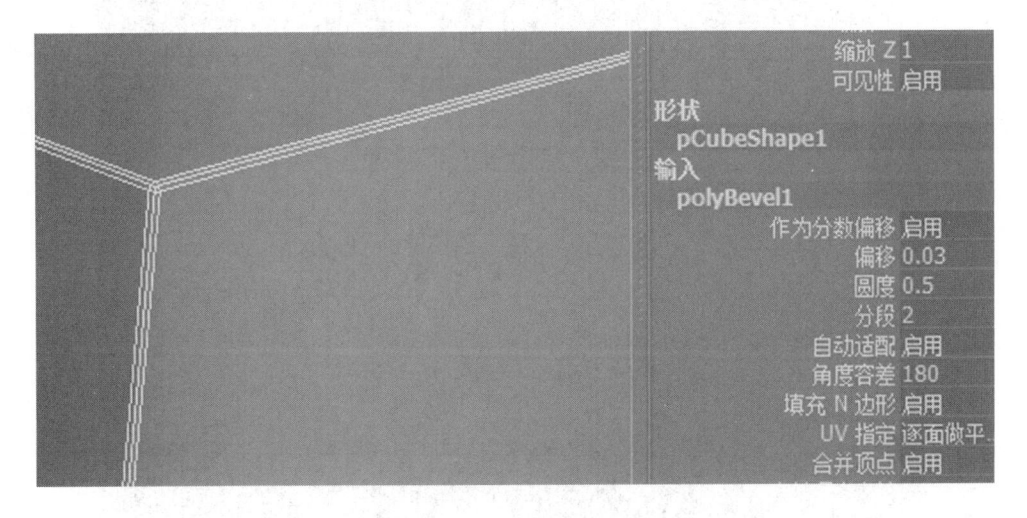

图 3-13

提示：本例是执行完命令后，在通道栏中进行参数修改，这一步操作的前提是必须打开"构建历史工具"，否则这个操作是不成立的。

步骤 6 操作步骤同上，创建出灰色部分（见光盘：模块 3/素材）的模型，重命名为 greyf，选择"循环边"命令加上循环边，通过调整结构点形成圆弧形，与上一步相同，进行倒角。如图 3-14～图 3-18 所示。

图 3-14

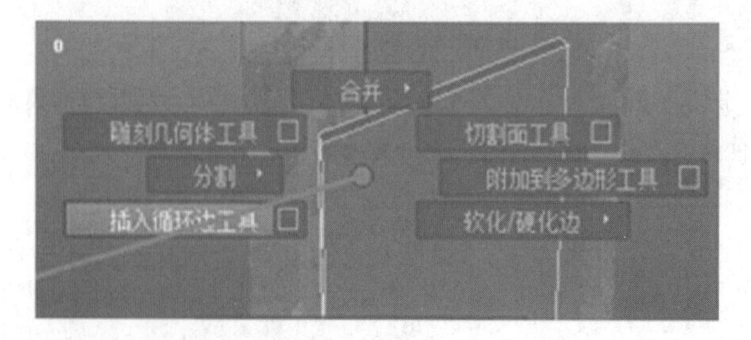

图 3-15

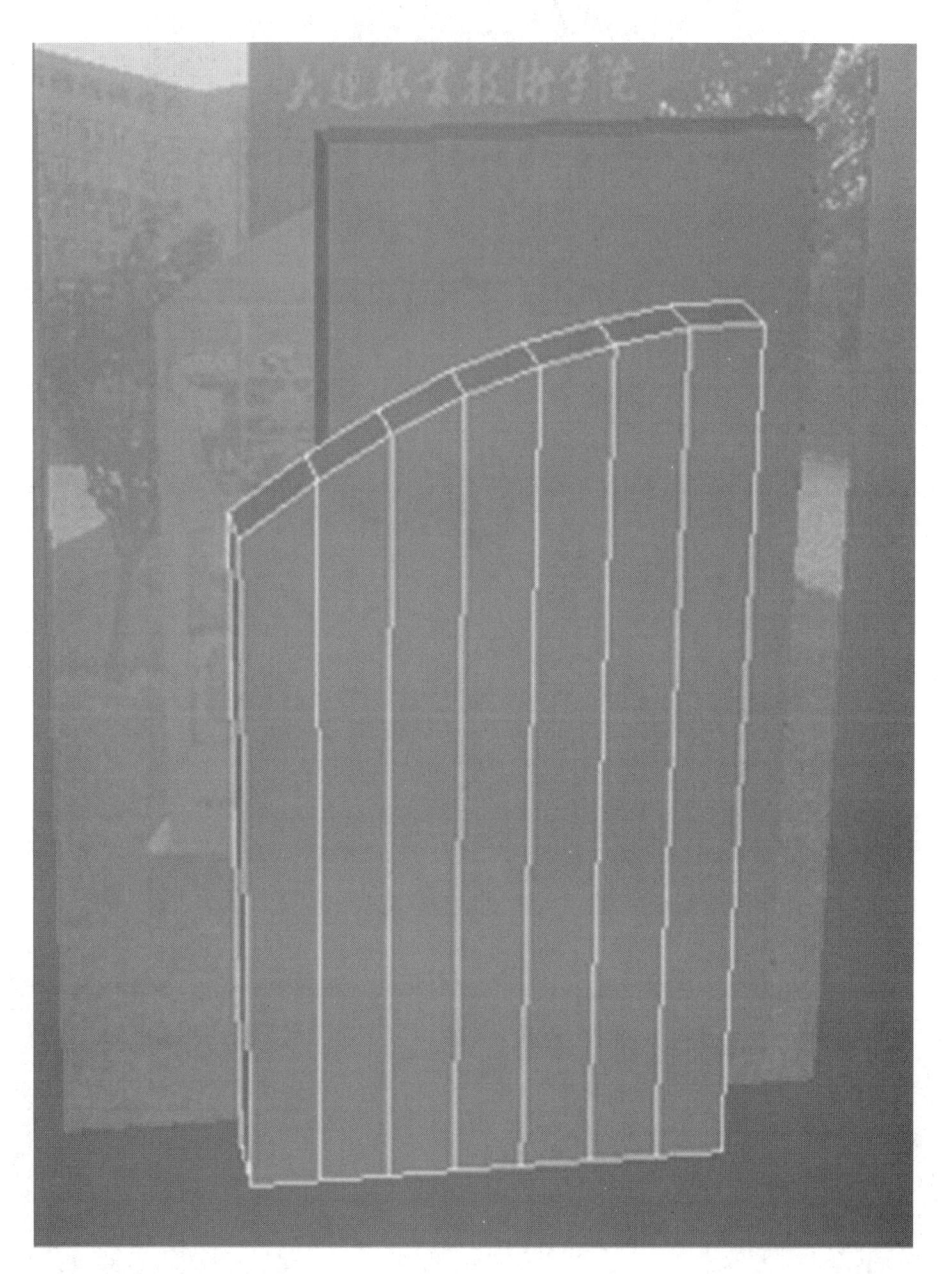

图 3-16

图 3-17

图 3-18

提示：(1)"插入循环边"工具可以通过设置属性一次性插入多个循环边。如图 3-19 所示。

图 3-19

(2)选中一条边双击，可以选择和它相连的循环边。

步骤 7　选择 greyf，然后再选择 red，执行"修改"→"对齐工具"命令，将前后两个模型对齐。如图 3-20～图 3-22 所示。

图 3-20

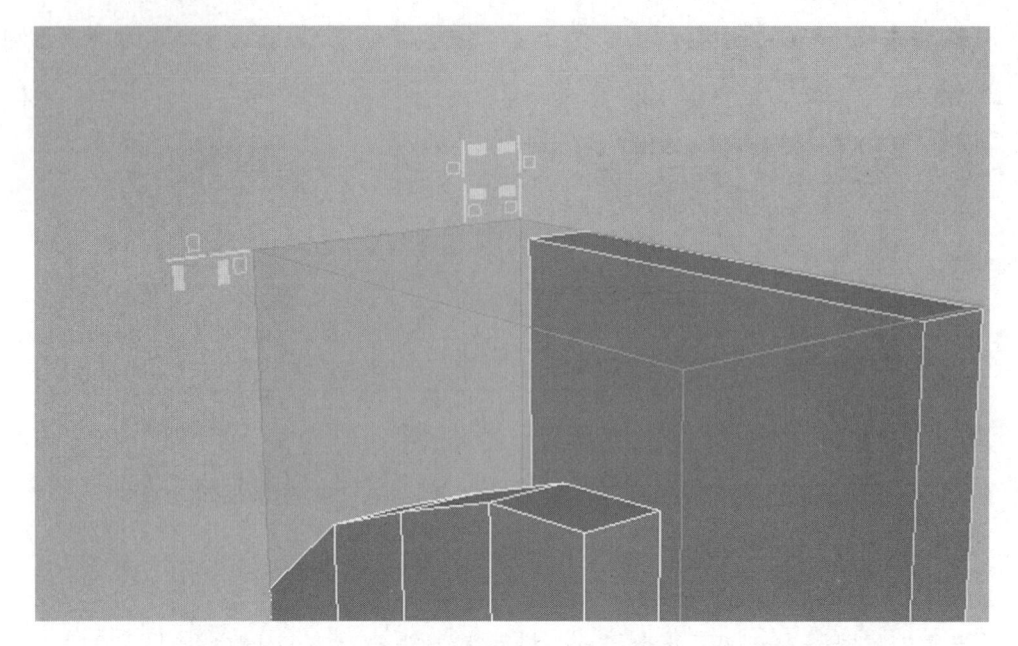

图 3-21

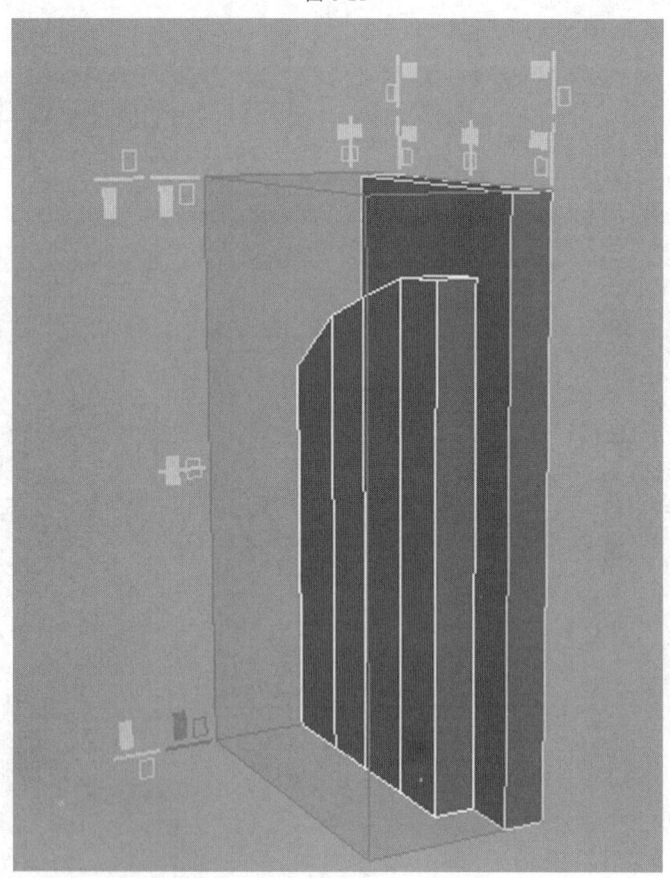

图 3-22

提示：执行"对齐工具"命令时一定要注意选择的先后顺序。

步骤 8 复制 greyf，重命名为 greyb，用"对齐工具"对齐到中间的红色模型 red 上。如图 3-23 所示。

图 3-23

步骤 9 利用圆柱体创建蓝色(见光盘：模块 3/素材)部分，命名为 blue，修改拓扑结构，利用"挤出"命令挤出下面的部分。同理，对边框线进行倒角。如图 3-24～图 3-28 所示。

图 3-24

图 3-25

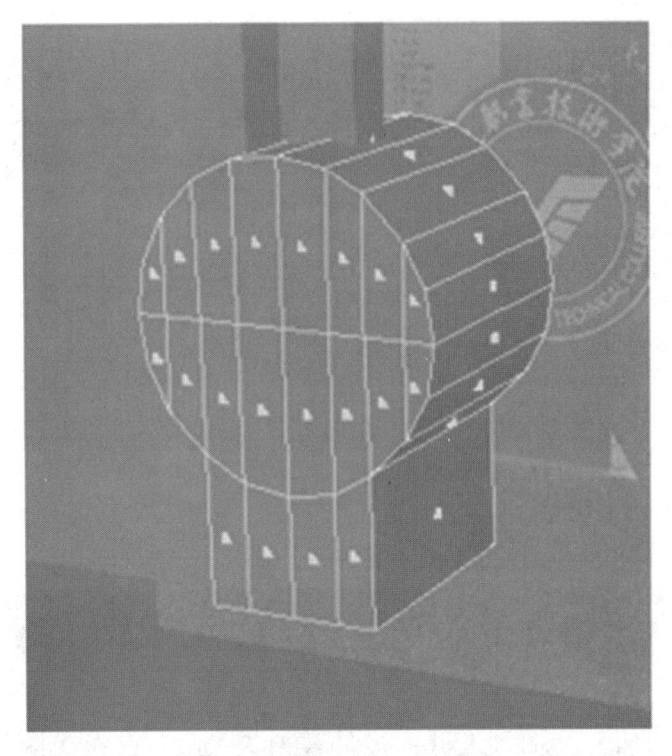

图 3-26

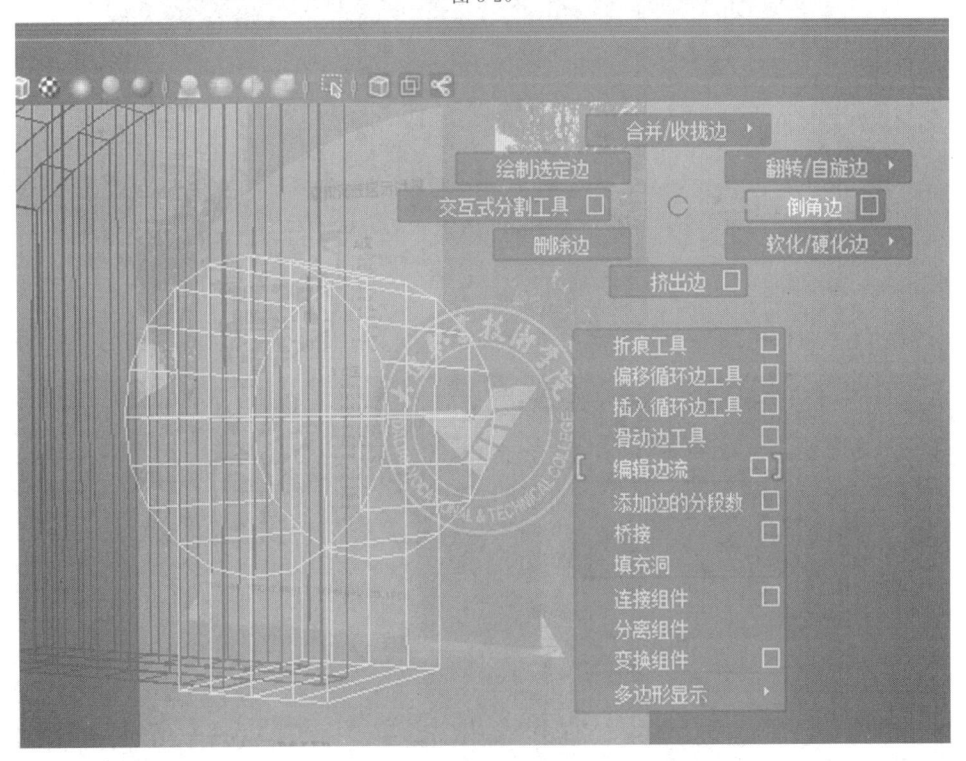

图 3-27

图 3-28

🔔提示：圆柱体下面的底座也可以用布尔运算来做，但是运算后的布线非常不合理，需要重新改线，操作步骤可能会更加烦琐。

步骤 10　删除所有模型最下边看不见的面。如图 3-29 所示。

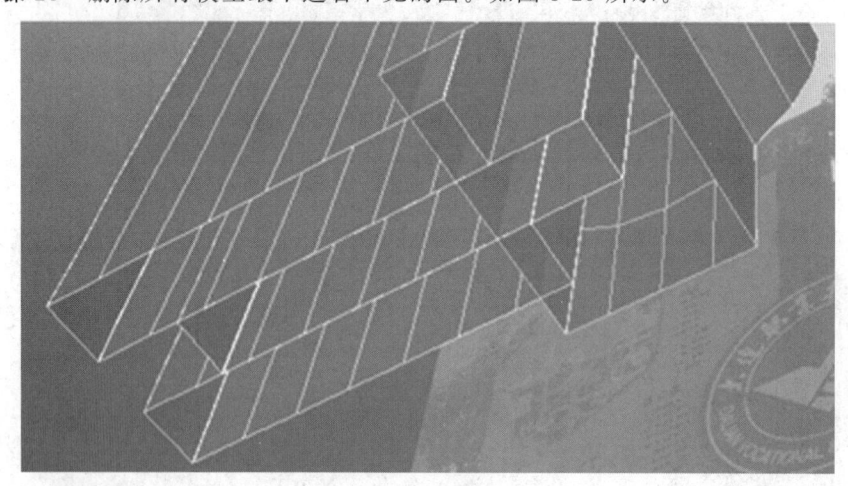

图 3-29

步骤 11　制作出最下面砖的底座部分。如图 3-30～图 3-32 所示。

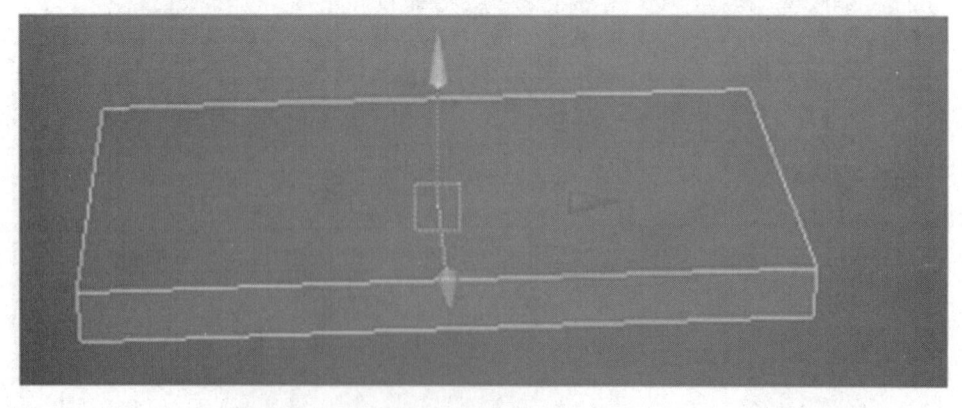

图 3-30

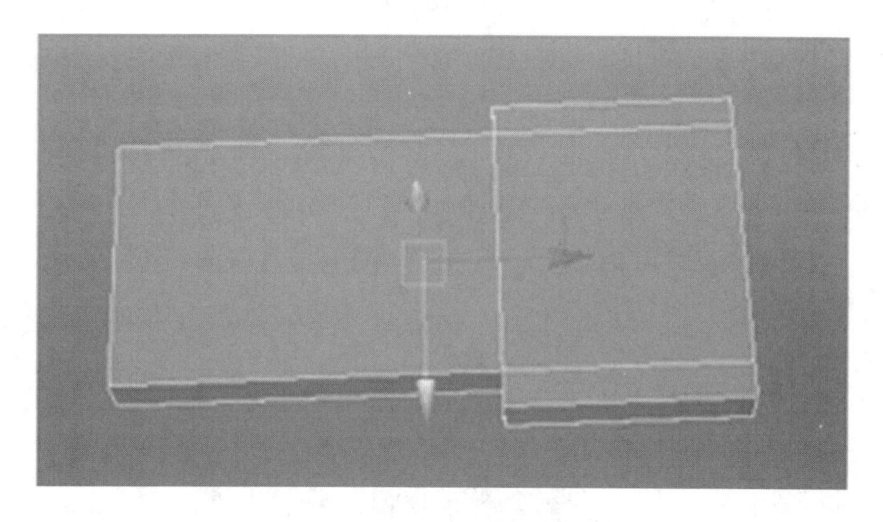

图 3-31

图 3-32

步骤 12 创建一个平面，作为地平面。创建完模型如图 3-33 所示。

图 3-33

步骤 13 利用"创建多边形工具"创建绿色（见光盘：模块 3/素材）的地图指示图（本部分内容如果在面数要求比较少的情况下可以不用建模，直接用贴图表示）。

在不选中任何模型的情况下，按住 Shift 键＋鼠标右键，选择"创建多边形工具"。绘制图形点与曲线绘制的方法一样，可以在绘制的过程中按 Backspace 键删除，按 Insert 键进行修改。"创建多边形工具"创建的模型是一个多边面，绘制完毕后，要利用交互式分割工具将多边面进行切割。利用"挤出"工具挤出厚度。如图 3-34～图 3-36 所示的布线为参考图，每个人的布线可能不会完全一样，但都遵守一个原则：在最少面的情况下，模型尽量以三角形面和四边形面为构成主体。

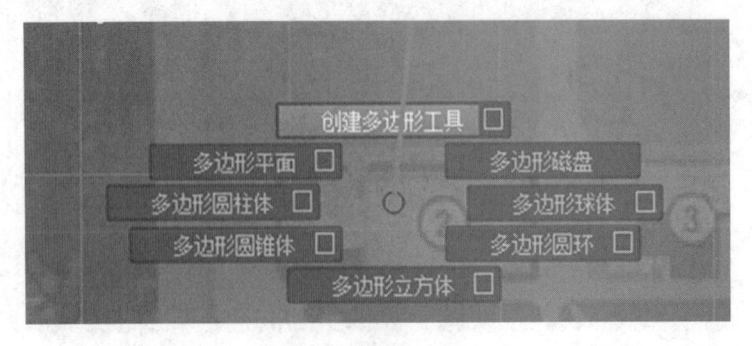

图 3-34

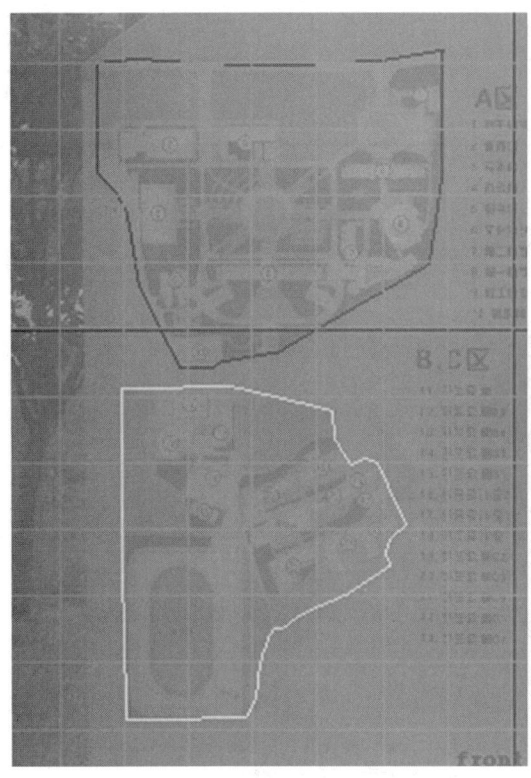

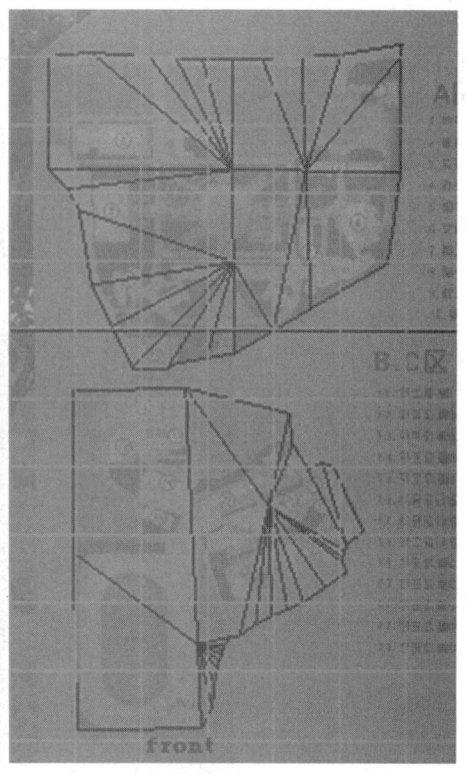

图 3-35

图 3-36

步骤 14 利用"文本工具"创建白色的文字。

本例采用了楷体字造型。这种方法创建的文字占用的面数比较多,也可以再简化一下直接用贴图进行制作。如图 3-37 所示。

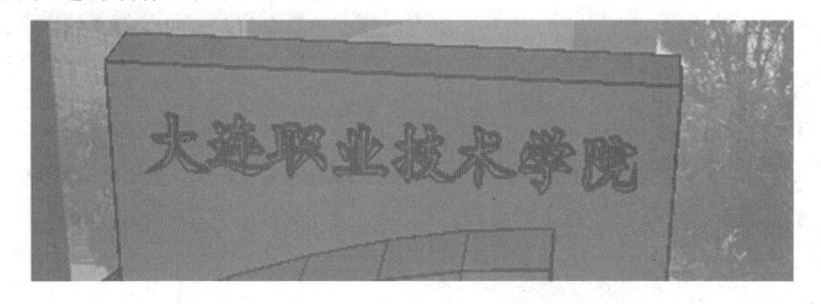

图 3-37

任务 2　为模型进行 UV 拆分并制作贴图

任务说明

在 UV 拆分时要注意分清模型的前后面,以及 UV 的比例关系,不同的人有不同的

UV 拆分方法,但基本的原则都是一样的,UV 不允许重叠、UV 尽量都放置在第一象限中、UV 无拉伸现象等。

操作步骤提示

步骤 1 为所有的模型进行 UV 拆分。

其中红色部分模型和后面的灰色部分模型颜色都是单一的,所以在拆分上不用过于严格,前面的灰色部分模型和蓝色部分模型,需要贴图,所以要仔细拆分。如图 3-38～图 3-42 所示。

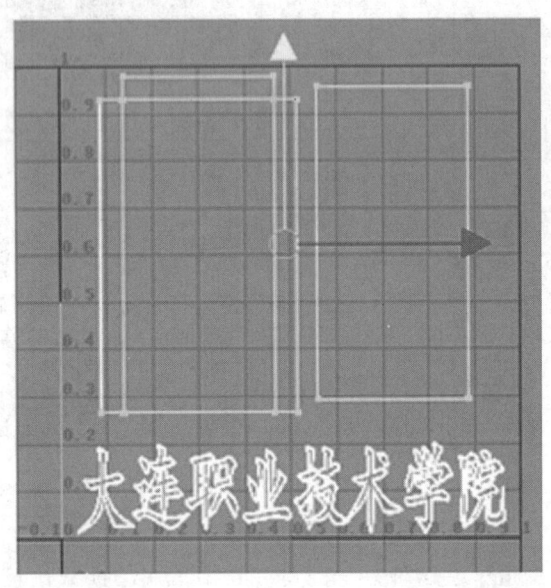

图 3-38

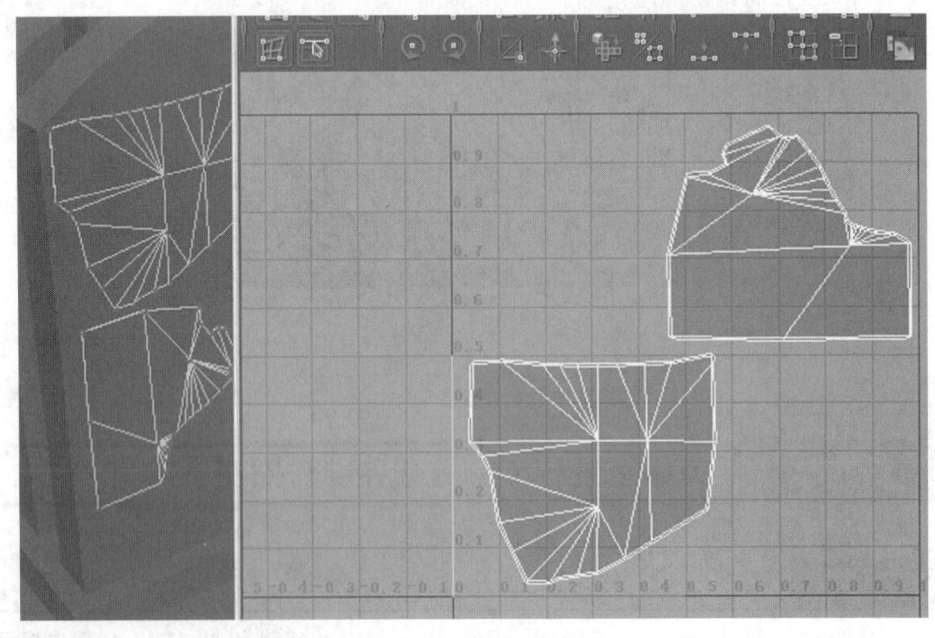

图 3-39

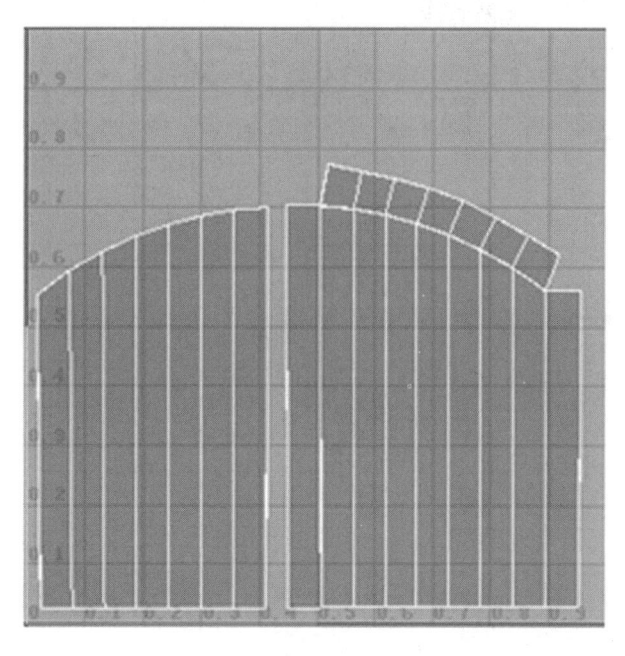

图 3-40

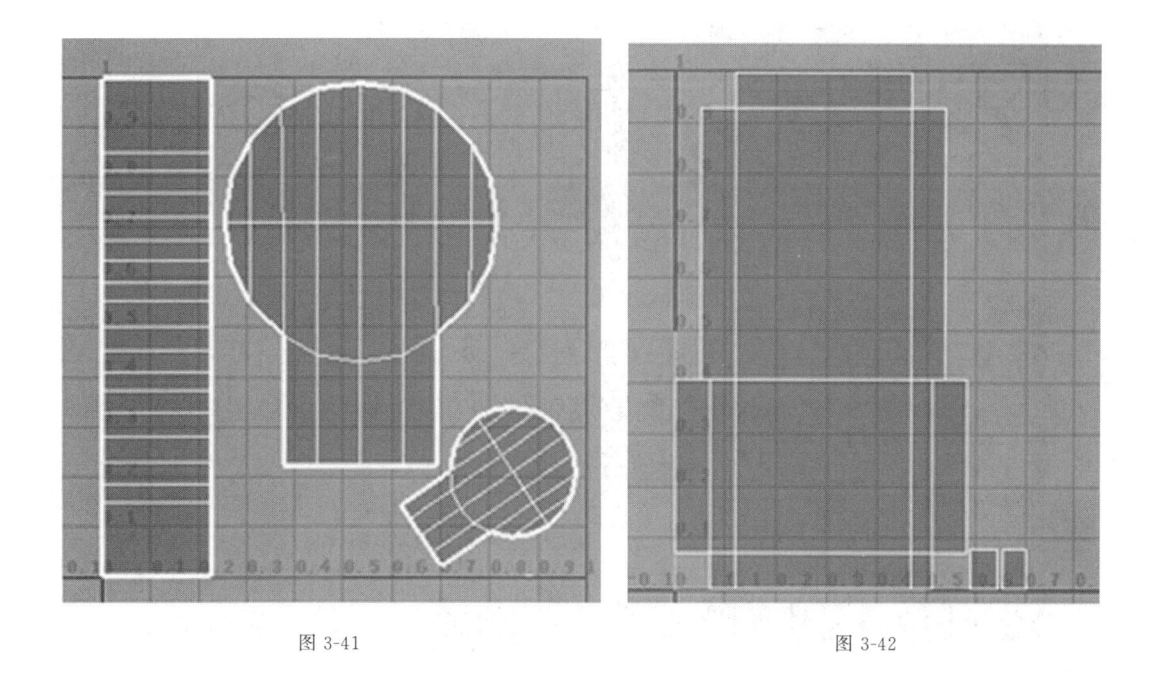

图 3-41   图 3-42

步骤 2 导出 UV 图。如图 3-43、图 3-44 所示。

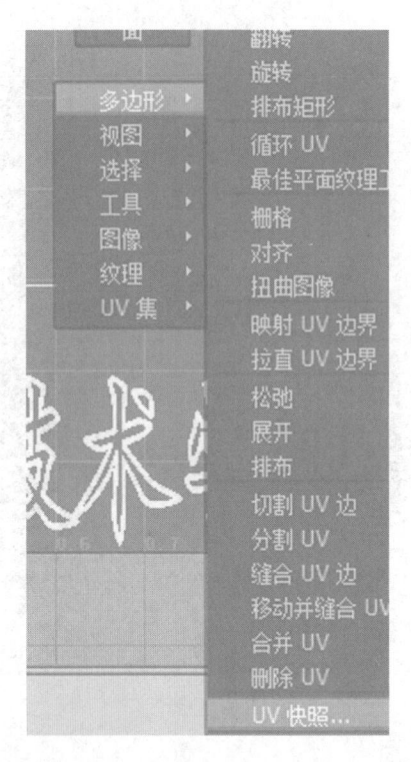

图 3-43

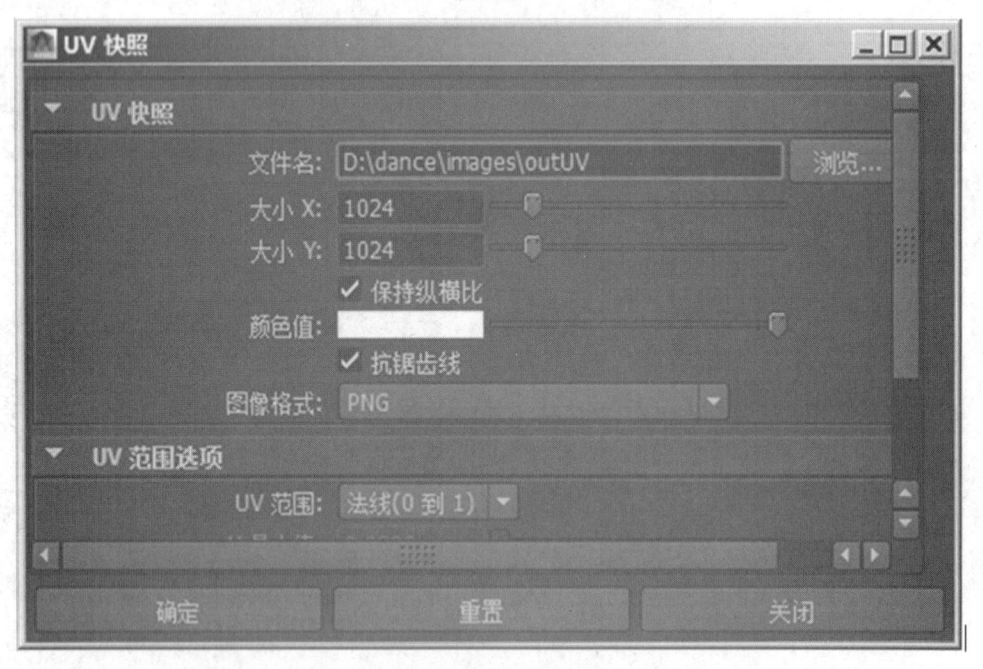

图 3-44

步骤 3 在 Photoshop 中进行贴图制作,如图 3-45～图 3-48 所示。

图 3-45

⚠️ **注意**：在导出时一定要将 UV 线隐藏。否则会在模型上产生白色的线。

图 3-46

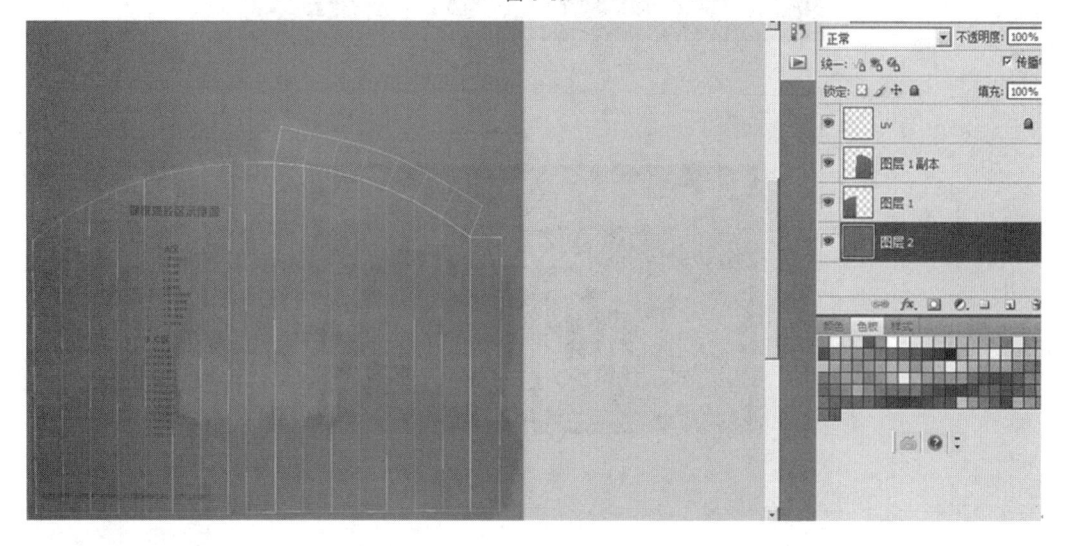

图 3-47

图 3-48

步骤 4 为模型添加 Lambert 材质,然后在 Lambert 材质的颜色节点上,添加文件,载入贴图。如图 3-49～图 3-51 所示。

图 3-49

图 3-50

图 3-51

步骤 5 制作完参考效果如图 3-52 所示。

图 3-52

任务 3 利用 Paint Effects 绘制草地

任务说明

草的制作方法有很多，可以直接建模，也可以利用库文件来制作。

操作步骤提示

步骤 1 选中地平面，单击 按钮，将地平面设置为激活对象，这样绘制的草就都在地平面上了。被激活的平面模型以绿色线显示，如图 3-53 所示。

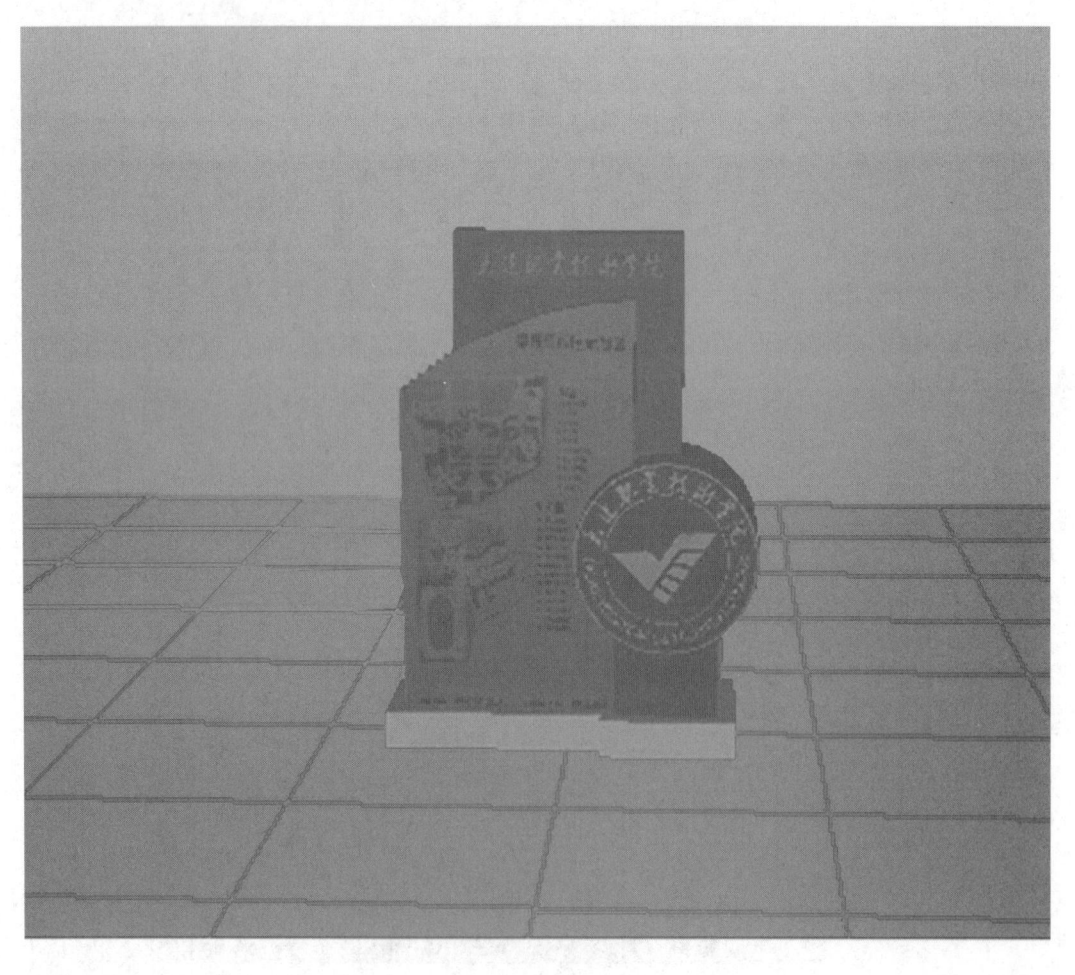

图 3-53

步骤 2 选择"窗口"→"常规编辑器"→"Visor",在 Paint Effects 选项卡下单击 grasses 文件夹,右侧就会显示出各种草的模型图案,如图 3-54 所示。

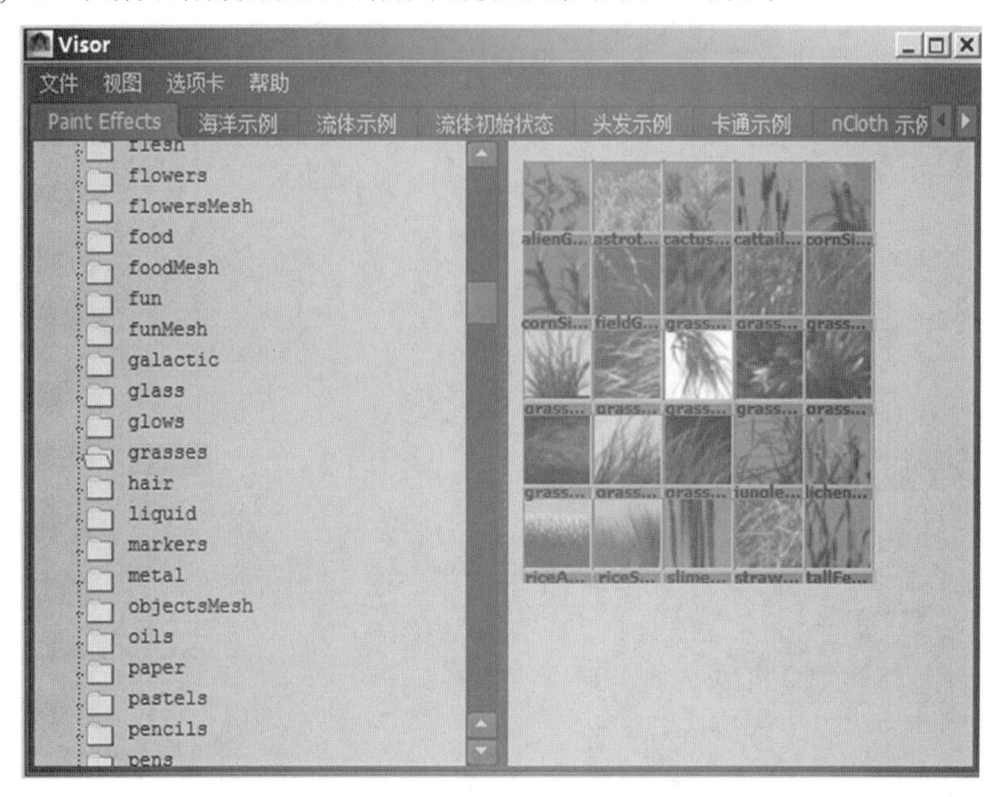

图 3-54

步骤 3 选中一种案例,鼠标会变成 ，按住 B 键不松手,可以调整笔刷的大小,然后按住鼠标左键就可以绘制出草的模型,如图 3-55 所示。

图 3-55

步骤 4 选中笔刷，打开属性编辑器，如图 3-56 所示，可以通过修改参数来改变草的颜色及形态等，这里就不再详述了。

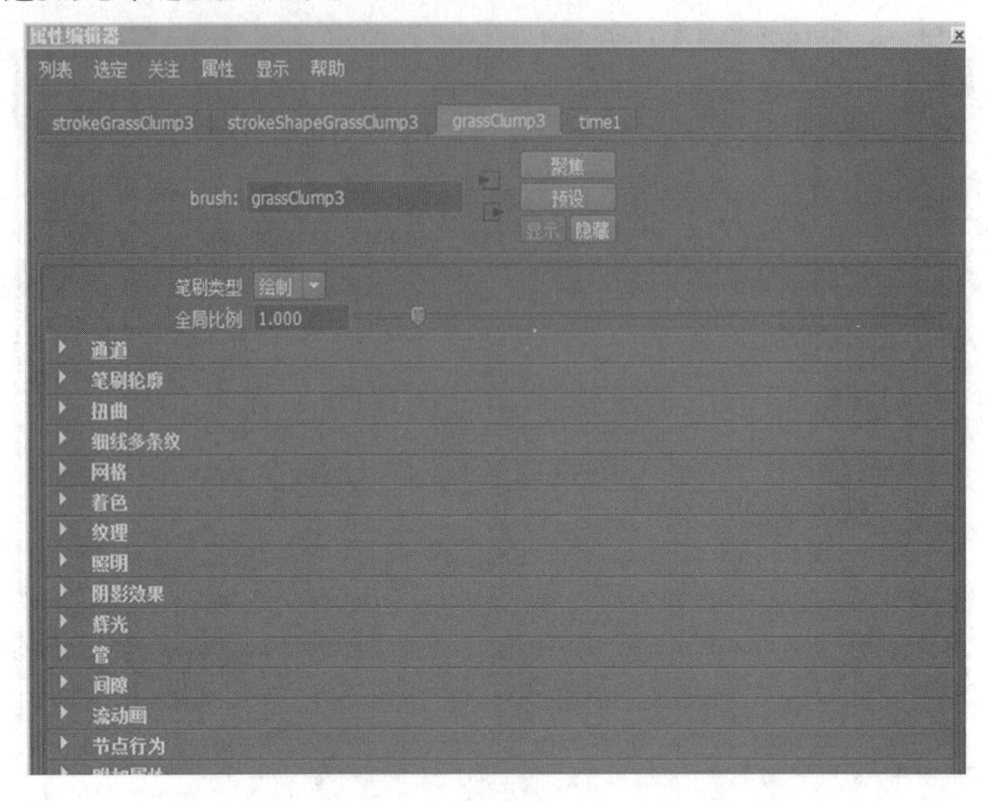

图 3-56

步骤 5 选中草的模型，执行"修改"→"转化"→"Paint Effects"→"多边形"，将绘制的笔刷转换为多边形，然后就可以当成多边形进行形态调整和复制等操作。本例只做了一下简单示范，读者可以针对不同草的案例，组合出最佳的效果。

理论知识指导

基础技术规范

1. 贴图保存后多做备份。贴图格式根据要求可能是 PSD、TGA、PNG 等各种格式。
2. 将最终的模型文件保存，一定要多做几个备份。
3. 要清空图层。
4. 大纲视图清空，根据项目要求更改模型的名字。
5. 将多余的材质球删除，材质根据项目要求更改名字。
6. 确保贴图路径为相对路径，如 sourceimages/file.psd。
7. 确定模型的坐标轴在网格的中心。
8. 将模型点的颜色修改为白色（本项目的要求）。
9. 项目文件中保留 scences 和 sourceimages 文件夹，其余全部删除，压缩打包提交。

项目 2 创建喷泉模型

项目目标

1. 游戏场景建模的基本技巧。
2. 旋转复制对整个造型的影响。

项目说明

创建一个游戏场景中的喷泉模型,主要利用旋转复制的方法来完成。难点在于对这种具有规律的特殊模型的分析以及复制前的基础模型部分的制作。本例的制作方法有很多,本书只是给出一种比较简单的解决方案。

本例是一个小喷泉的模型,面数要求有 400～500 个面,看着很简单,但是它的贴图要求却非常高,采用了四方连续无缝贴图,由于是特殊的贴图,因此要采用特殊的建模方法。在这个例子中,采用无缝贴图不仅能产生效果,而且还能够节省渲染的时间,学生普遍存在的问题就是到最后文件过大,渲染不动了,主要是没有进行模型优化及贴图优化。因为贴图是 256×256 像素的,所以考虑用四方连续的图案来进行贴图。

第一层做 30°的模型,然后进行旋转复制,第二层往上由于模型较小,所以做 36°的模型,然后进行旋转复制,这样最少就能节省出六个面。

作品完成效果如图 3-57 所示。

图 3-57

模型及布线图如图 3-58 所示。

152　三维建模技术

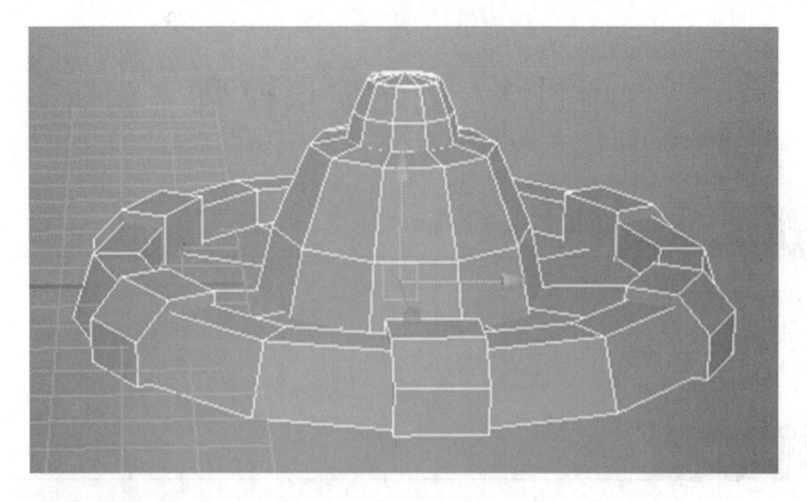

图 3-58

操作步骤提示

步骤 1　创建一个圆柱体，修改"轴向细分数"为 12。如图 3-59 所示。

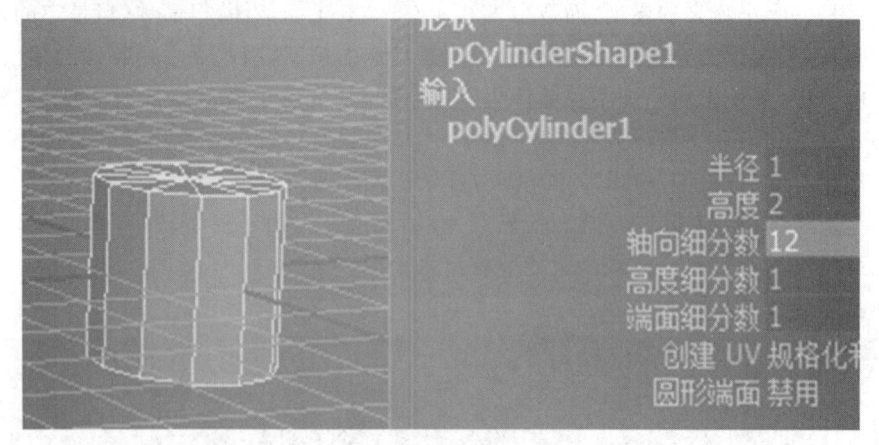

图 3-59

步骤 2　调整比例大小，制作出喷泉的底座造型。如图 3-60 所示。

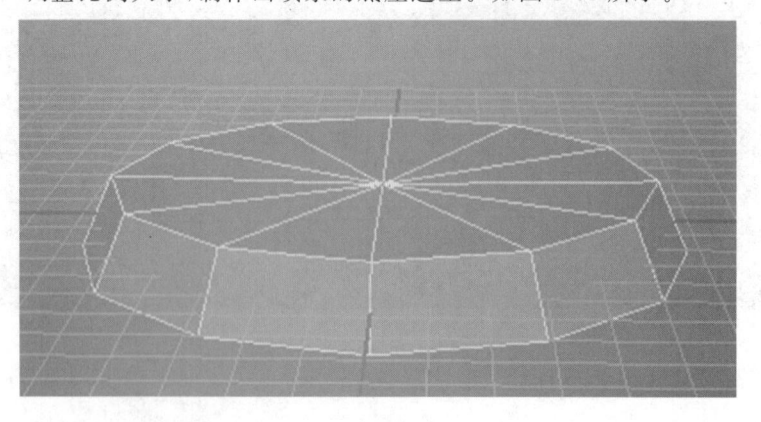

图 3-60

操作技巧：循环边的选择方法是，选中一条边，然后双击，即可选择与之相接的循环边，如图 3-61 所示。

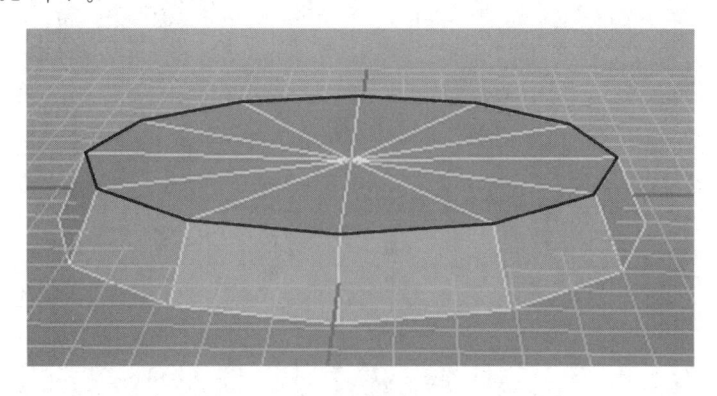

图 3-61

步骤 3 选中上面的所有面，执行两次"挤出"命令。如图 3-62、图 3-63 所示。

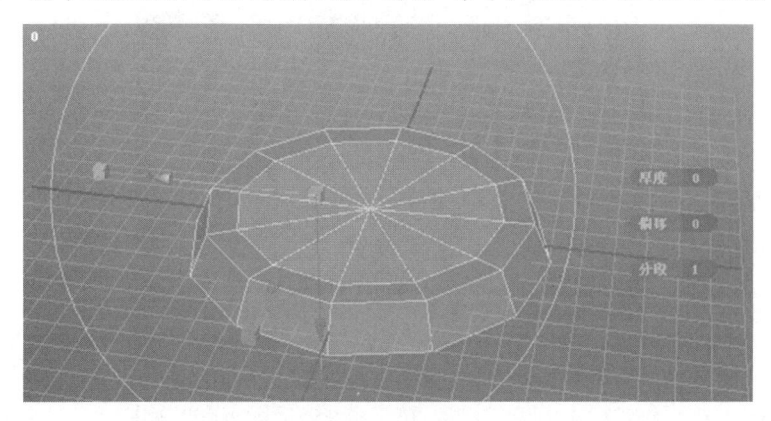

图 3-62

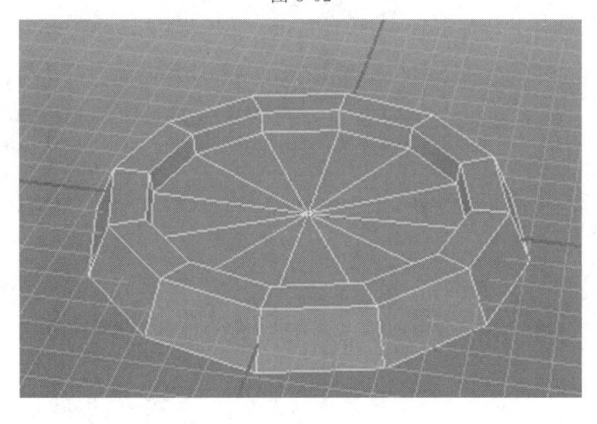

图 3-63

步骤 4 选中中间的面，执行"网格"→"提取"命令，勾选"分离提取的面"。如图 3-64、图 3-65 所示。

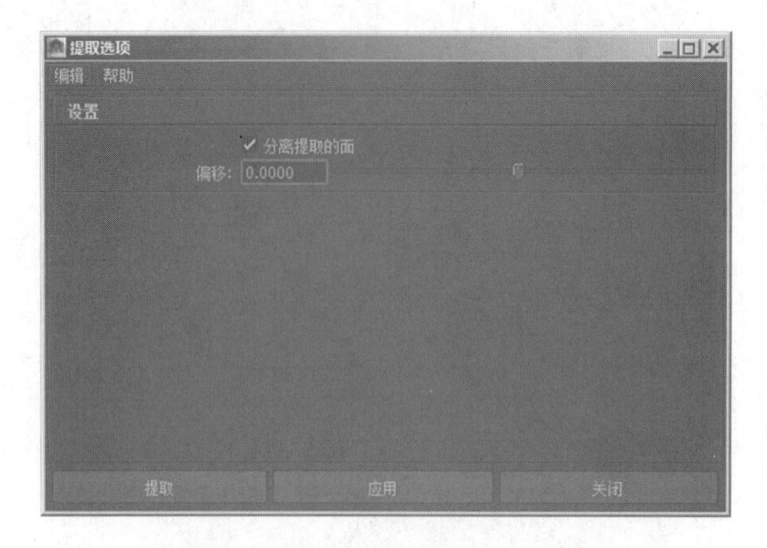

图 3-64

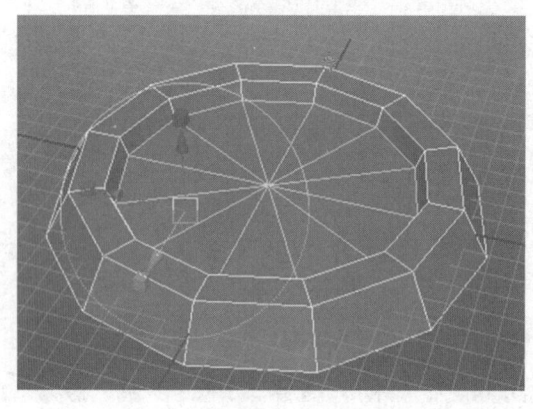

图 3-65

步骤 5 进入面选择模式,保留其中的一部分,其余的全部删除。如图 3-66 所示。

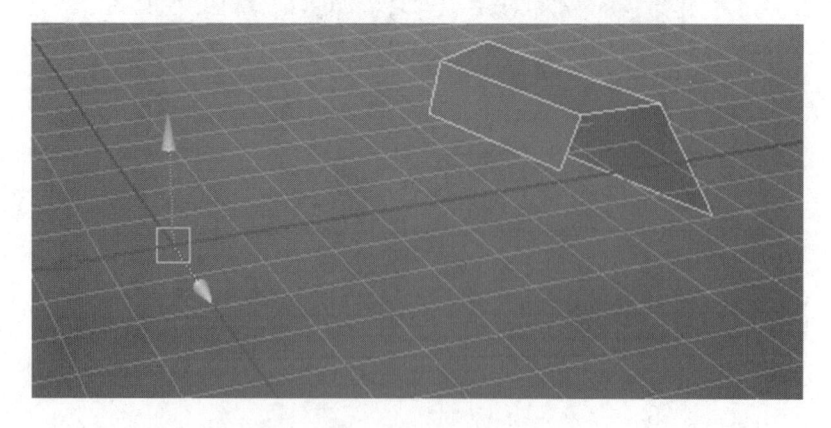

图 3-66

步骤 6 将这部分模型进行 UV 拆分,如图 3-67 所示。

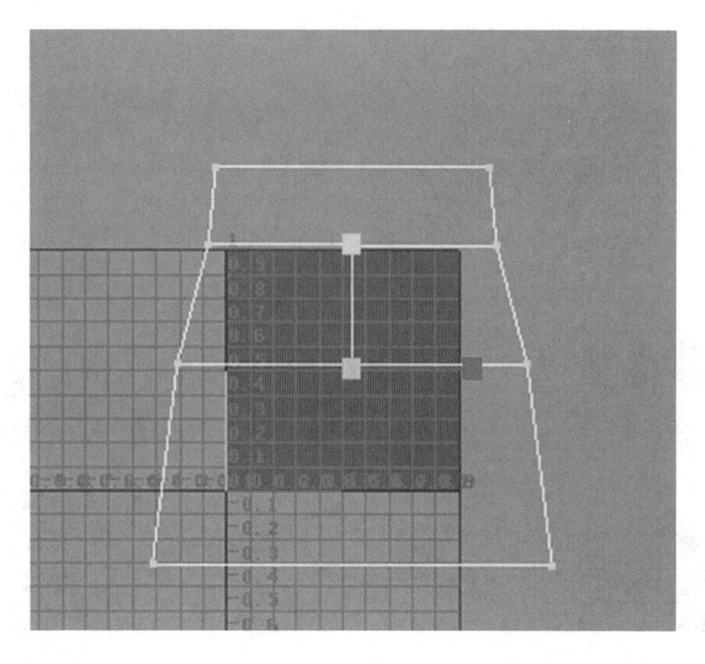

图 3-67

🐞 **提示**：本步骤看似简单，但是一定要注意，凡是需要复制的模型，都一定要分好 UV 以后再进行复制，否则后期所有的工作都要返工。

步骤 7 为模型赋予一个 Lambert 材质球，添加贴图，如图 3-68 所示。

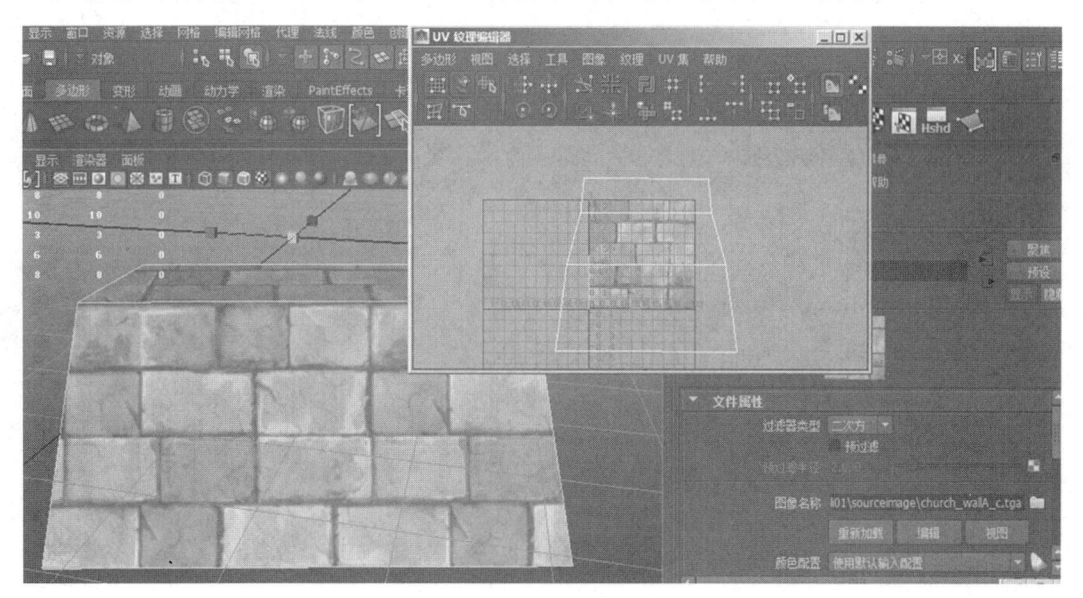

图 3-68

⚠ **注意**：UV 的大小与位置对贴图是会产生影响的，这里尽量调整上下为完整的砖，尽量不要产生中间切分，如图 3-69 所示即为 UV 的位置不合理。

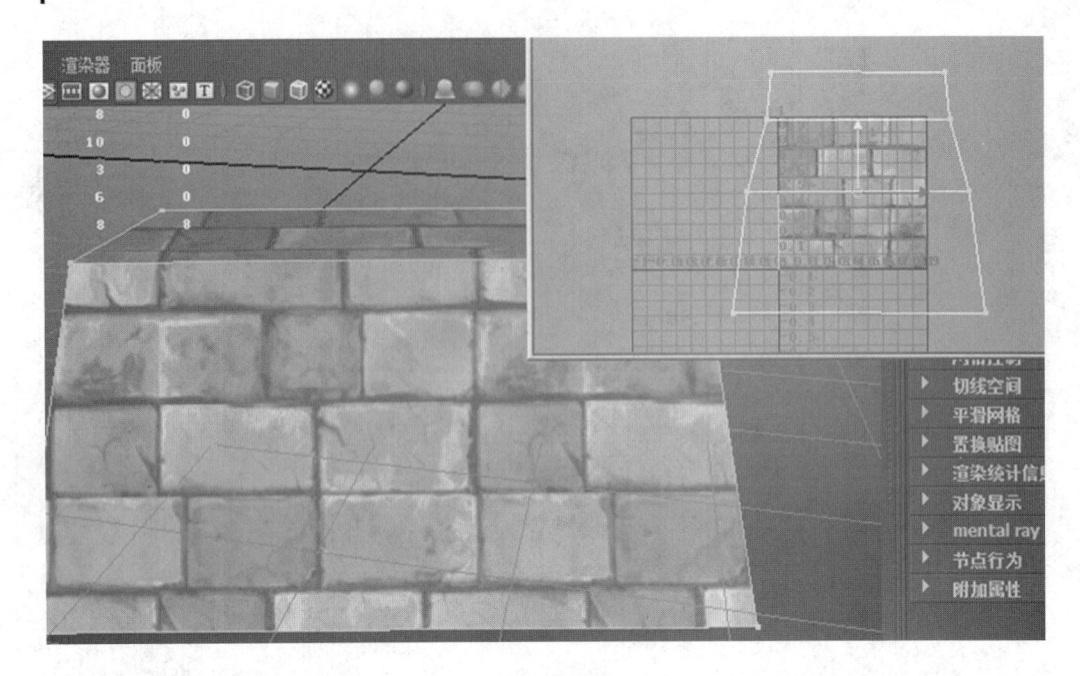

图 3-69

正常要求 UV 拆分后尽量处于第一象限中,本例 UV 超过了第一象限仍然是正确的原因是贴图是一个四方连续的贴图。

步骤 8 选择"编辑"→"特殊复制"后面的 ▢,利用特殊复制,复制出一圈的模型,如图 3-70 所示。

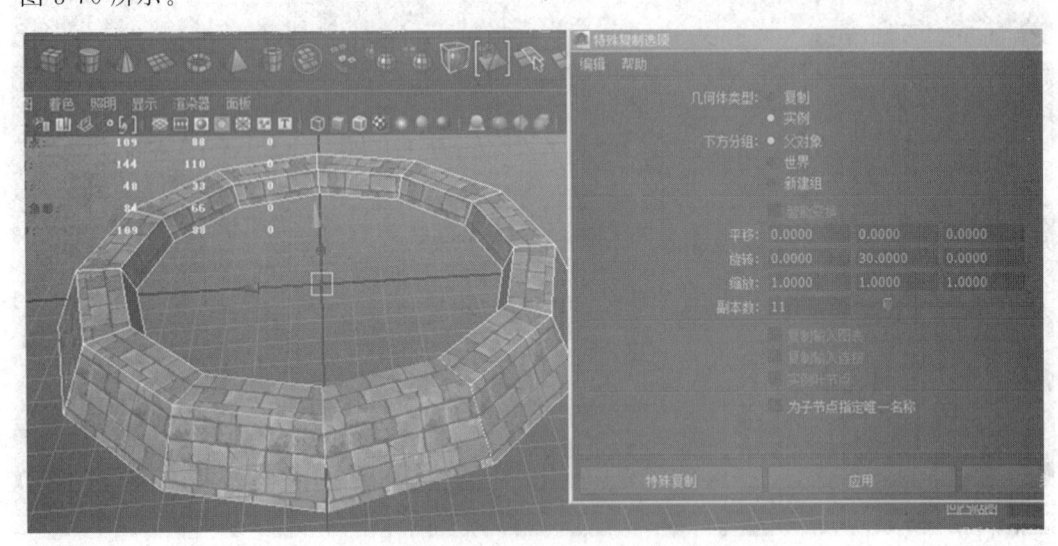

图 3-70

步骤 9 同理,处理出中间部分的模型,如图 3-71～图 3-74 所示。

图 3-71

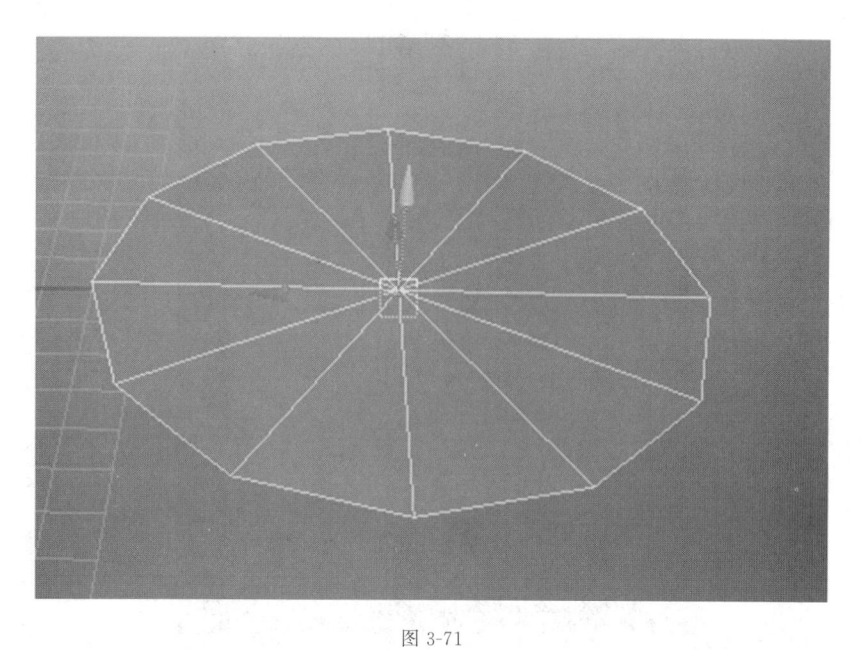

此模型为前面提取的面,尽量不要重新做,否则还要调整大小,那样会比较麻烦。

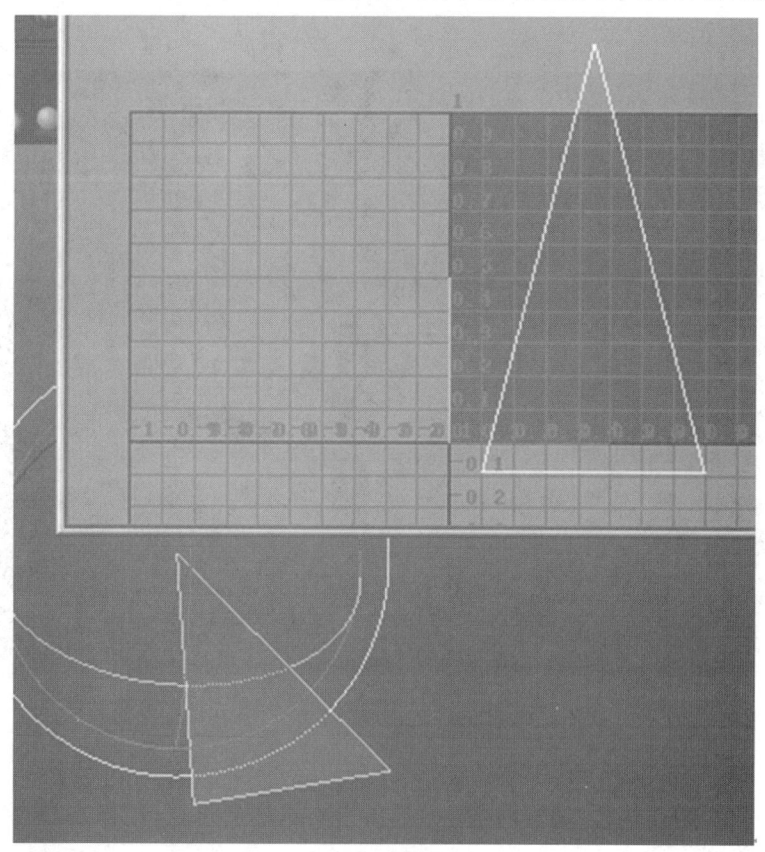

图 3-72

图 3-73

图 3-74

选中所有的模型,执行"编辑网格"→"合并"命令,然后再执行"修改"→"居中枢轴",如图 3-75 所示。

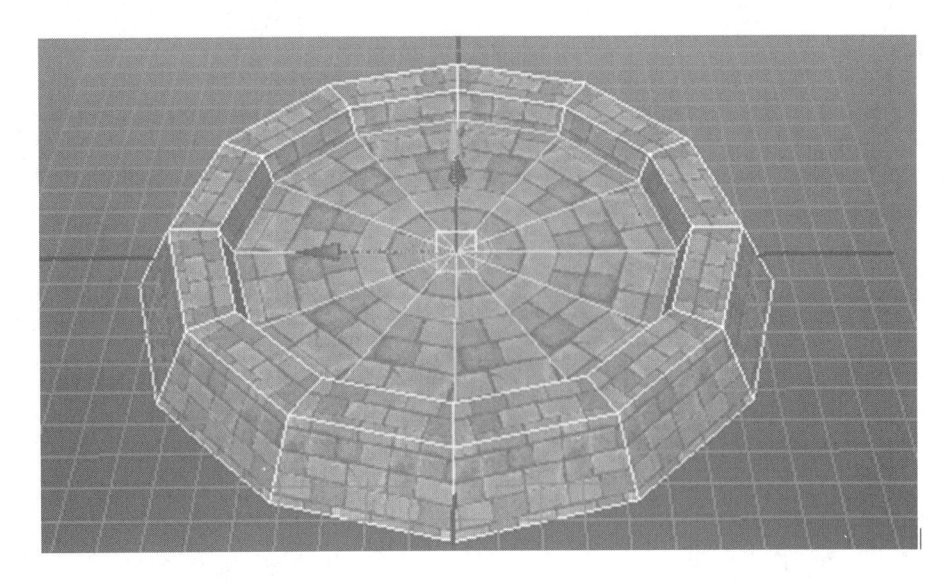

图 3-75

将底面移回到喷泉池中间。

步骤 10 同理制作出水面,如图 3-76 所示。

图 3-76

步骤 11 创建一个立方体,调整其大小和位置,如图 3-77 所示。

图 3-77

选中最外侧的边,执行"倒角边"命令,并修改其大小和位置。注意要将底部的面删除掉。如图 3-78 所示。

图 3-78

步骤 12 对模型进行 UV 拆分。注意两侧采用同样的贴图,所以 UV 需要重叠。如图 3-79~图 3-82 所示。

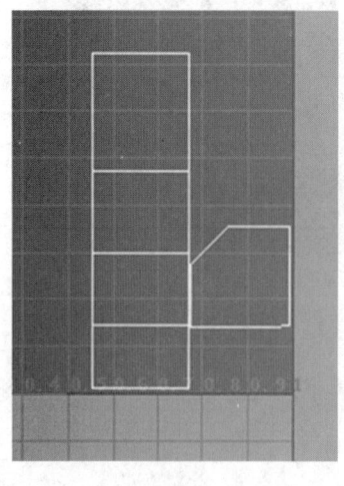

图 3-79

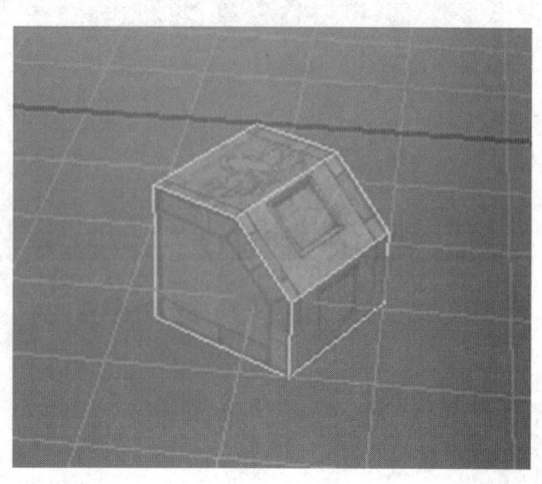

图 3-80

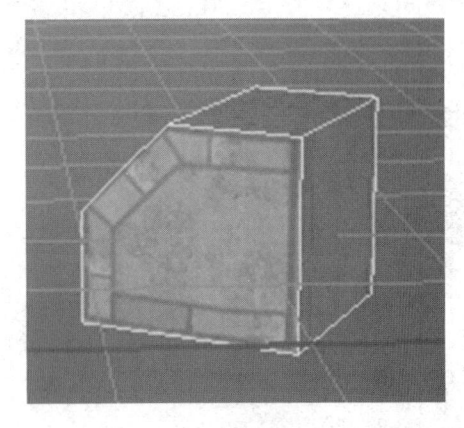

图 3-81　　　　　　　　　　　　　　　　图 3-82

步骤 13　利用特殊复制的方法复制出一圈的模型,如图 3-83 所示。

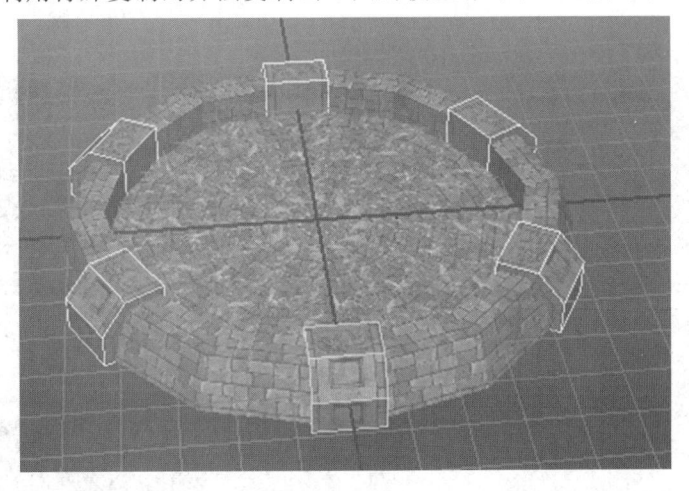

图 3-83

步骤 14　同理制作出模型的其余部分,造型结构相同的可以复制并调整大小,更换贴图,如图 3-84～图 3-88 所示。

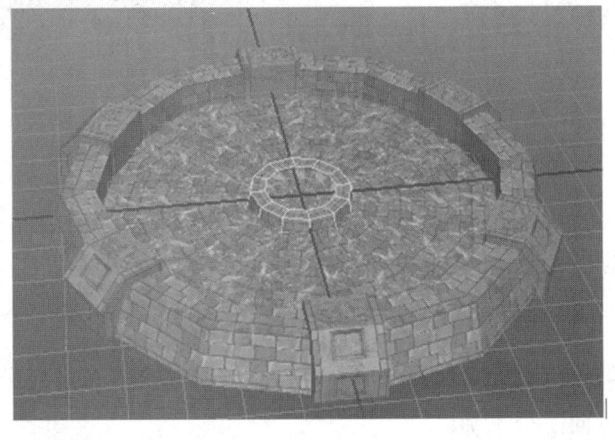

图 3-84

图 3-85    图 3-86

图 3-87    图 3-88

项目小结

一、场景模型提交前的检查

（1）删除废点、废面、废线、零面积 UV、多余材质球。

（2）删除多余的历史记录，模型坐标清零，检查枢轴点是否在世界坐标中心。

（3）检查法线方向是否正确。

(4)检查模型的面数(三角面)是否符合要求。

(5)保存模型的时候,按 4 键,用线框模式保存。

二、贴图的制作规范

(1)贴图的大小

例如 512×512、1024×1024 等,根据项目的要求来设置。

(2)贴图命名

贴图名称的开头应该是和项目名称相同或者相关的名称。

贴图名称的最后一部分描述贴图的类型,字符应该有以下几种:Diffuse(C)颜色贴图、Specutlar color(S)高光贴图,Normal(N)法线贴图。

例如:Gun_C(枪_颜色贴图)

Gun_S(枪_高光贴图)

Gun_N(枪_法线贴图)

项目扩展

请根据本项目的内容制作一下如图 3-89～图 3-91 所示的模型。

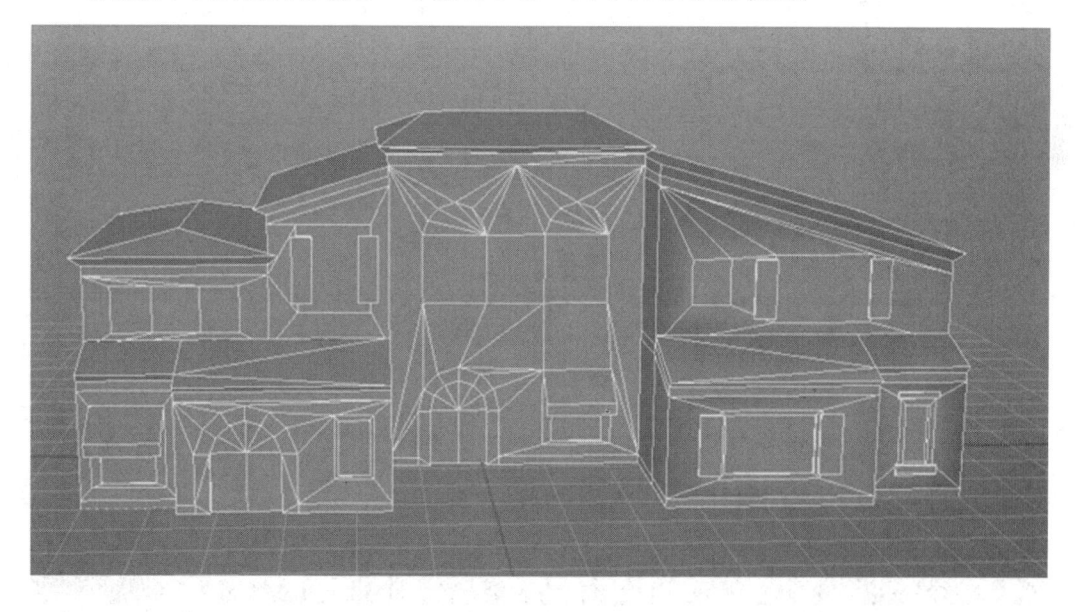

图 3-89 模型图

图 3-90　正面

图 3-91　背面

模块 4 卡通角色制作

教学目标

通过卡通角色的制作，系统地学习 Maya 中角色建模的方法，掌握角色建模中头部五官、肢体和身体的模型制作方法。

教学要求

知识要点	能力要求	关联知识
建模常用操作	掌握	多边形模块的设置 属性面板与通道盒设置 工具栏与工具架的应用 物体级别切换 视图切换
主要菜单	掌握	"编辑"菜单 "网格"菜单 "编辑网格"菜单 创建 UV 编辑 UV
重点快捷键的应用	掌握	Shift+鼠标右键应用 W、E、R、Z、D、空格键应用 Ctrl+D 键应用 Ctrl+Shift+D 键应用 Ctrl+A 键应用
动漫角色建模技术	掌握	模型概括 头部及五官建模方法 身体及四肢建模 动漫角色头部 UV UV 贴图绘制与应用

基本知识必备

一、角色建模知识介绍

❶ 角色建模基础知识

动画角色大体分三类：写实类、卡通类和超现实类。卡通角色一直是动画片中的主角，卡通角色的模型又成为角色表现的前提和基础，所以卡通角色模型的制作，是整个动画片的制作重点之一。要创建良好的角色模型，应具备造型艺术修养、文学修养、电影艺术修养及合作素质。如图 4-1 所示。

图 4-1

❷ 男性英雄人物的性别特征

在创作英雄时,最常使用的基础形状是方形,方形通常用来表现可以依赖或者坚实可靠的人物角色,或者是一些力大无比的角色人物。突出颈、肩部的肌肉,用宽阔的肩膀、大块的胸肌、紧绷的腹肌来凸现胸骨,四肢主要突出肱二头肌和肱三头肌,以及硕大的大腿肌肉,如图4-2所示。

一个强壮的英雄人物通常都具有明亮的双眼、坚挺的鼻子、有力的下巴、浓浓的眉毛、棱角分明并且夸张的脸部骨骼结构。而如果面部的线条很直并且很硬,有夸张的粗眉毛、消瘦的下巴和参差不齐的鼻子,这样的面部反而在塑造一个反面的角色。

在动画角色创作当中,英雄通常会穿着相对紧身的衣服,来体现健硕的身材。在设计英雄角色的服饰时,要注意服饰与角色身体结构之间的关系,体现他们独立的特性,如图4-3所示。

图 4-2

图 4-3

英雄的动作一般都会以一种伸展和充满张力的形式去表现,或者在紧张的情况下表现得很从容自信。

❸ 女性的性别特征

女性的胸部要翘起,腰部要细,臀部要宽,肩膀与颈部小巧,这样的曲线会很完美,当然更重要的是腿部的长度与身体的关系,如图4-4所示。

图 4-4

女性头部的特点:棱角柔和;下巴窄小而不尖锐;颈部细而柔韧。重点刻画角色的眼睛部位,轻巧的鼻子和饱满的双唇等特点。面部表情时刻要保持柔和而软弱,绘制侧面的时候一定要注意鼻子上翘,这样会显现出更多女性特有的柔美,如图 4-5 所示。

图 4-5

❹ 肥胖角色的形体比例控制

肥胖角色的头部很大,脖子粗短,整个身体的比例在四个半头左右,有时可以用一个形状来统一表现。

角色形体以圆形为基础,很多脂肪的肥胖脸颊,小眼睛以及结实的身体形态,四肢不宜太过修长。尽可能地把角色的面部设计得温柔一些,所选图形也以圆形为基准。如图 4-6 所示。

图 4-6

二、卡通角色的制作方案

角色建模可以采用两种方案：

第一种方案：整体建模，以基础的原始物体为起始物体，增加点、边、面，然后在增加的点、边、面基础上进行形体的塑造，完成角色的建模。

第二种方案：局部建模，将构成角色模型的各个部分分别制作出来，然后拼接在一起。

不同的人有不同的操作习惯，在具体建模过程中可以采用自己习惯的操作方式。本项目的卡通角色建模采用局部建模方案。

三、三维角色建模的制作规范

1. 在角色模型制作前首先要设置好项目文件夹，并保存一份 Maya 文件。

2. 角色建模的 Maya 文件只能以英语或汉语拼音来命名，且文件夹名不可以以数字开头。

3. 在角色模型的布线上要尽量避免三角面的出现，如果关节处有三角面将不便于动画的调节，且如果三角面在 UV 的边界上也不便于 UV 的划分。

4. 模型的布线要尽量符合人体肌肉的走向及结构特点，这样便于表情动画及运动动画的调节。

5. 模型的制作要"惜线如金"，每一条线都有其存在的意义。不要有废点、废面的存在，要在可以达到所需效果的前提下尽可能减少模型的面数。

6. 在角色的关节处至少要有三条线段，因为只有一定的线段数才可以做出关节的弯曲活动。

7. 在模型制作的结尾，要对模型的布线进行调节，要对不合理及多余的线进行整理或删除。

项目　卡通护士模型建模

项目目标

1. 多边形建模技术。
2. 卡通角色建模流程及局部分解建模方法。
3. 模型的概括与表达。

项目说明

采用多边形建模方法，通过五官、肢体及服装的模型制作，创建一个卡通护士角色，简单应用 UV 展开与 UV 贴图。卡通角色造型比较简单，容易把握大体形态，制作的思路

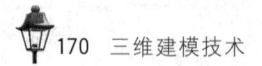

及常用方法与高级人体相同,对以后创建更复杂的角色模型大有帮助。制作参考图如图 4-7 所示。

图 4-7

项目要求:

1. 模型采用四边形面,结构合理,布线规范。
2. 突出女性角色的性别特征。

制作思路:

① 创建项目

首先在 Maya 中创建一个项目文件夹,命名为"xiaohushi",存放于工作硬盘根目录下。项目文件夹的使用十分便于文件的管理,可保证文件贴图、脚本、动画流数据不丢失,特别是在团队工作中具有更大的意义。

② 创建模型

采用局部建模方案,在总体设计上将角色模型概括为头部、躯干、手臂、手、腿部和脚这六个部分。然后再拼接成完整的人物模型,并进行简单的 UV 映射和贴图处理。

任务 1　导入参考图

任务说明

角色建模中难度较大的是头部的建模，要求对头部构造有一定的了解，初学者可以导入参考图。参考图一般需要有顶视图、侧视图，最好在 Photoshop 中做一下半透明处理，然后再导入到相应的视图中。

操作步骤提示

步骤 1　在 Maya 应用视图窗口执行"文件"→"项目窗口"→"新建"，创建一个项目文件夹，命名为"xiaohushi"，再执行"文件"→"设置项目"，将新创建的 xiaohushi 项目文件夹设置为默认的当前项目。

步骤 2　执行"文件"→"新建场景"，在项目中创建一个新的场景，然后将参考图导入到这个场景中，导入参考图的方法有两种：

方法一是应用菜单命令"视图"→"图像平面"→"导入图像"，如图 4-8 所示。

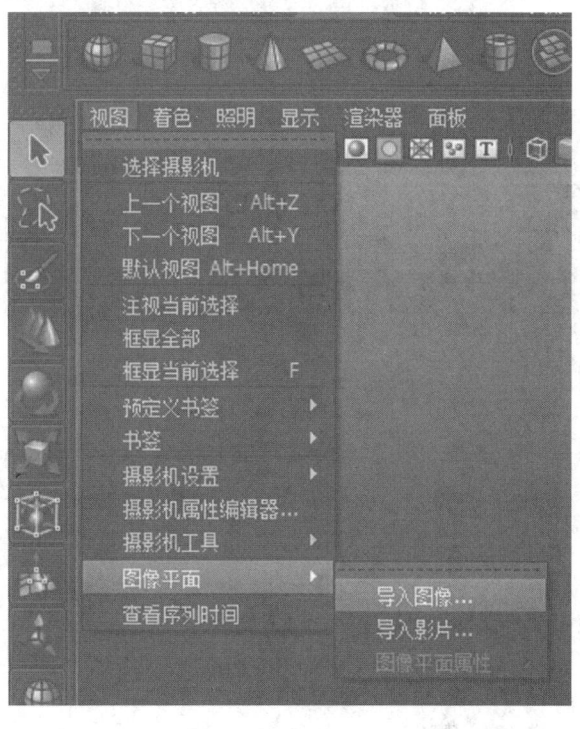

图 4-8

方法二是应用"视图"→"选择摄影机"菜单，如图 4-9 所示，然后按下 Ctrl＋A 键，打开摄影机属性面板，在"环境"选项卡中单击"图像平面"后面的"创建"按钮，如图 4-10 所示，打开 imagePlanShape1 的属性编辑器，单击"图像名称"后面的按钮，添加参考图，如图 4-11 所示。

图 4-9

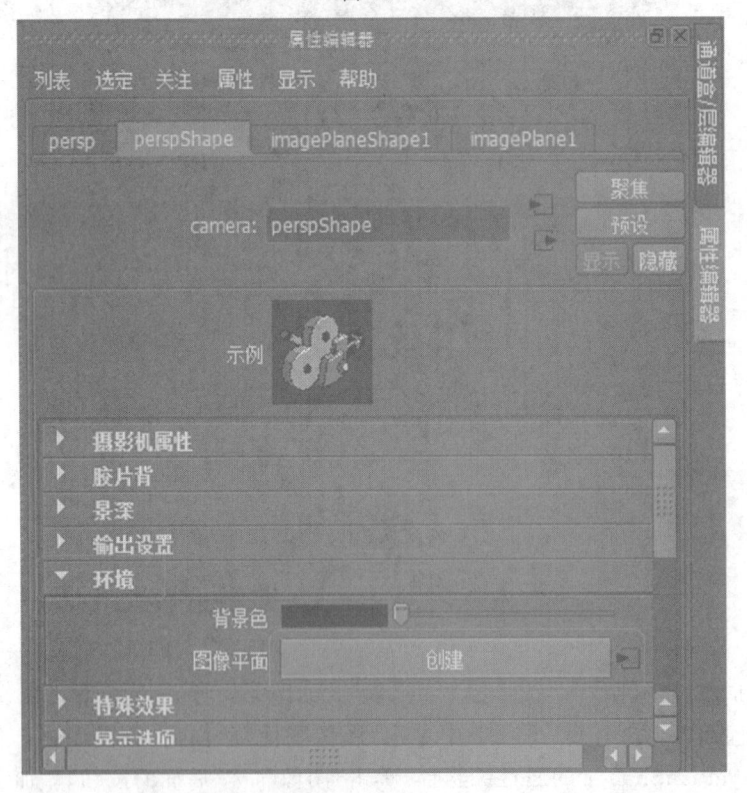

图 4-10

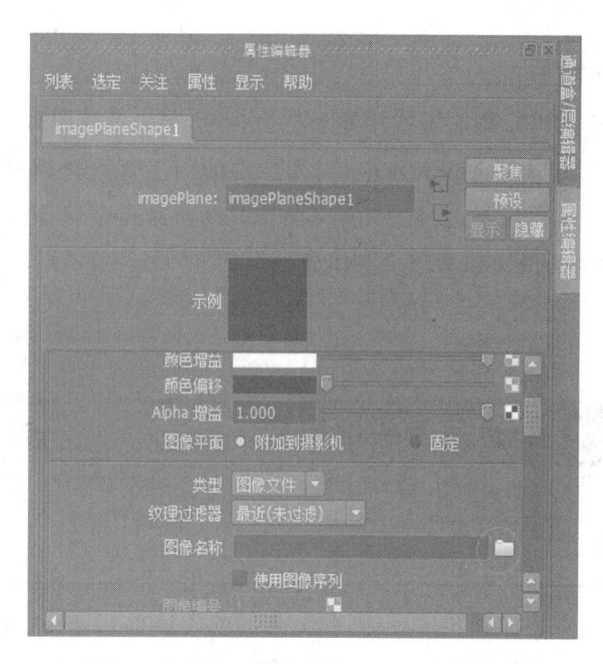

图 4-11

导入参考图之后，如果没有移动过摄影机，图像将会放置在坐标中心，操作不太方便，通常要把参考图放到坐标平面的后方或一侧，单击选中参考图平面，按 Ctrl+A 键打开其属性编辑器面板，在属性编辑器中找到"放置附加选项"→"图像中心"，通过改变 X、Y、Z 属性值调整映射平面位置。如图 4-12 所示。

调整图像中心的操作也可以在"通道盒/层编辑器"中完成。

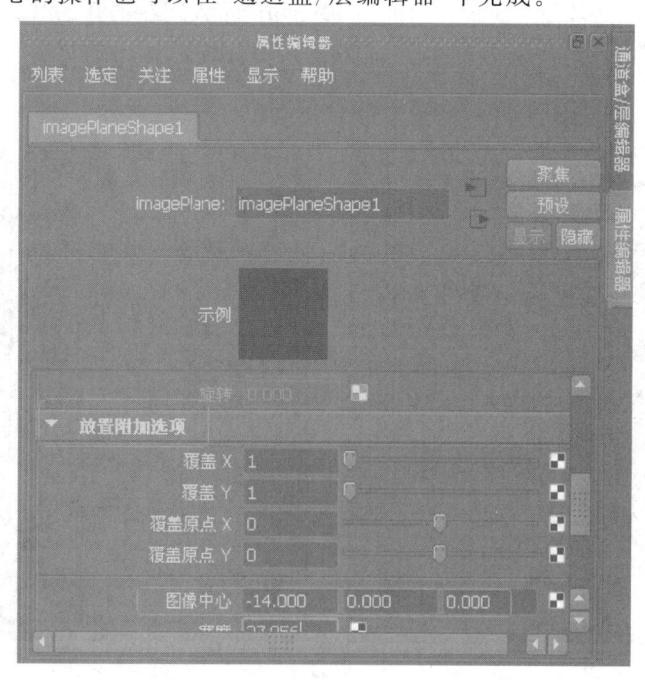

图 4-12

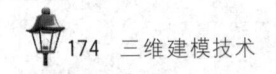

理论知识指导

角色模型的制作均以二维原画或相片素材为参考,导入参考图对角色建模非常重要。

如果使用的参考图带有 Alpha 通道,则图像中的白色背景会透明显示,观察起来比较方便。参考图没有事先做透明处理的情况下,可以通过设定属性面板的"图像平面属性"→"Alpha 增益"使图像在视窗中半透明显示。

任务2 卡通角色头部建模

任务说明

头部建模从最基本的椭圆开始,先创建出头部的大体形状,然后逐步深入,依次刻画出眼睛、鼻子、嘴巴和耳朵的轮廓,再进一步细化五官完成头部建模。

操作步骤提示

步骤1 按下 F3 键,将模块设定栏设置为"多边形",单击"多边形"工具架的"球工具"按钮,创建一个多边形球体,按下数字键 5,实体显示模型,同时按下 Ctrl+A 键打开多边形球体的"通道盒/层编辑器"面板,在"通道"中单击"输入",在展开的"输入"面板中,将"轴向细分数"和"高度细分数"都设置为 8,即将多边形球体的片段数设置为 8×8,如图 4-13 所示。

图 4-13

步骤 2 使用缩放工具(按下 R 键或者单击"缩放工具" ），在横轴和纵轴上调整，使它接近于头的大体形状。如图 4-14 所示。

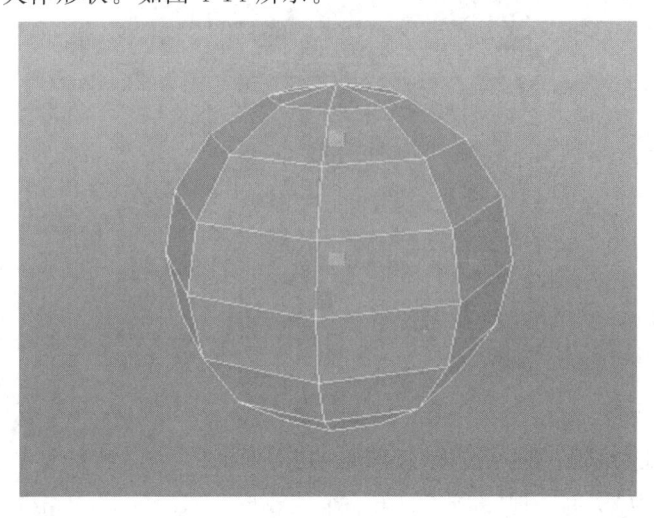

图 4-14

步骤 3 先单击状态栏的 选择"组级别"，再单击 选择"面级别"，如图 4-15 所示。在前视图中，选择一半的面删除，如图 4-16 所示。

图 4-15

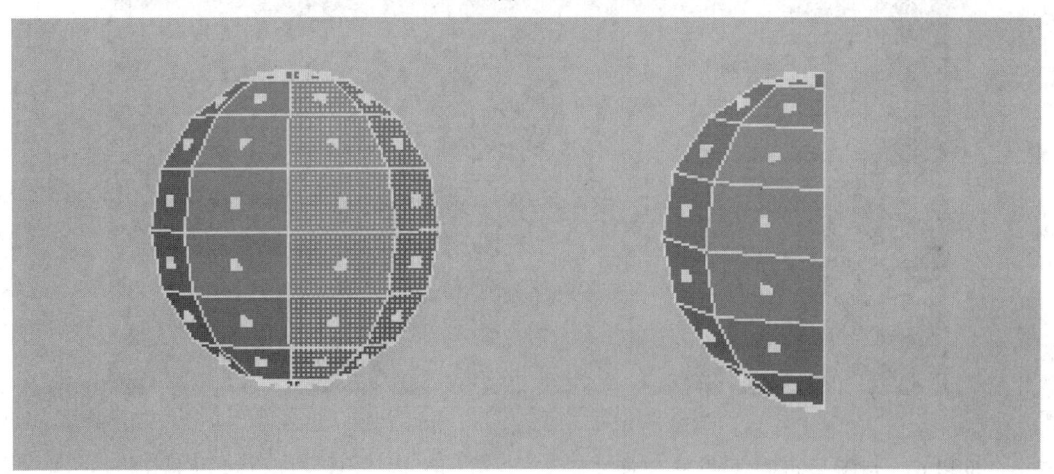

图 4-16

步骤 4 再单击状态栏的 进入"物体级"状态，单击"选择工具" ，选择剩下的一半球体，如图 4-17 所示。

176　三维建模技术

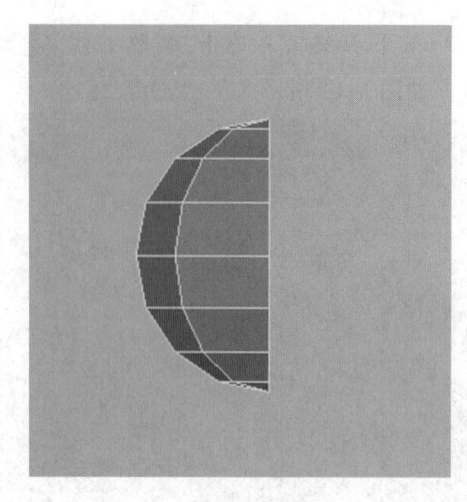

图 4-17

步骤 5　单击"编辑"菜单，选择"特殊复制"后面的 □，在"特殊复制选项"窗口中，更改"几何体类型"为"实例"，把"缩放"的第一个值改成"−1.0000"，单击"应用"按钮完成关联复制，如图 4-18 所示。做完关联复制后在一侧移动一个点或面，另一侧也会随着改变，可以验证一下效果。

图 4-18

步骤 6　判断是否需要调整变换中心，方法如下：按下 W 键（也可以是 E 键或者 R 键），如果物体的变换中心不在物体上，如图 4-19 所示，则需要调整，按住 D 键不放，就会显示变换中心 ◇，如图 4-20 所示，按住 V 键的同时用鼠标将变换中心拖到到物体上即可，如图 4-21 所示。

图 4-19

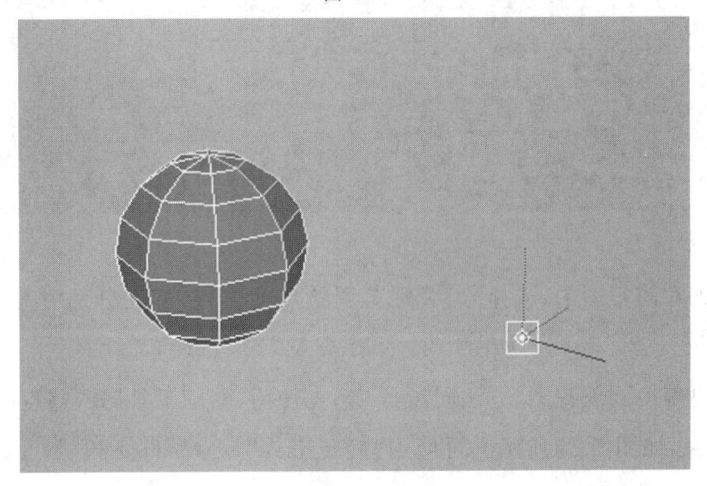

图 4-20

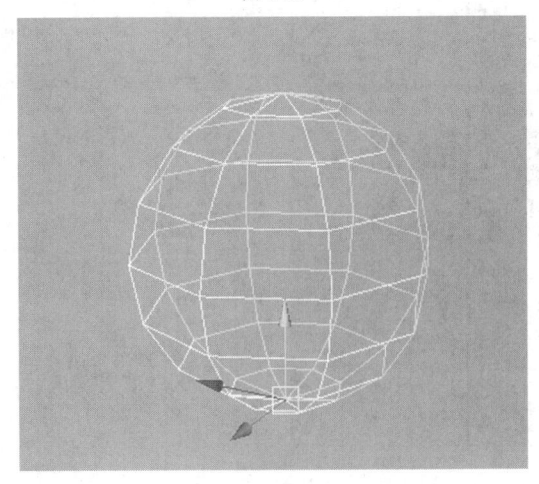

图 4-21

步骤 7　按住空格键不放,同时按下鼠标中键,会弹出 Maya 悬浮菜单,将光标指向中间的"Maya",会出现 Maya 四视图的名称,使光标移到"前视图",切换到前视图,如图4-22所示。或者先按下空格键切换到四视图,再单击"前视图"完成切换,依个人习惯而定。

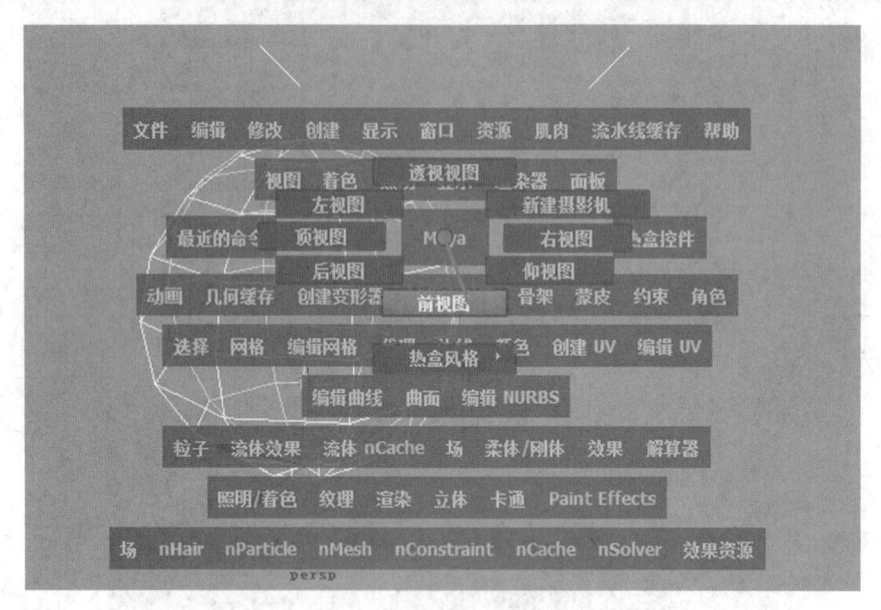

图 4-22

步骤 8　先在前视图中,选择"点级别",调整点的位置,使之分别对应额头、眉毛、眼睛、鼻子、嘴、下巴、脖子等处。如图 4-23 所示。

步骤 9　再切换到侧视图(方法同步骤 7),先使用"移动工具",调整点的位置,把侧面的轮廓勾勒出来,如图 4-24 所示。再使用"旋转工具",把嘴部、下巴、脖子三排点进行旋转,使模型符合头部的结构。如图 4-25 所示。

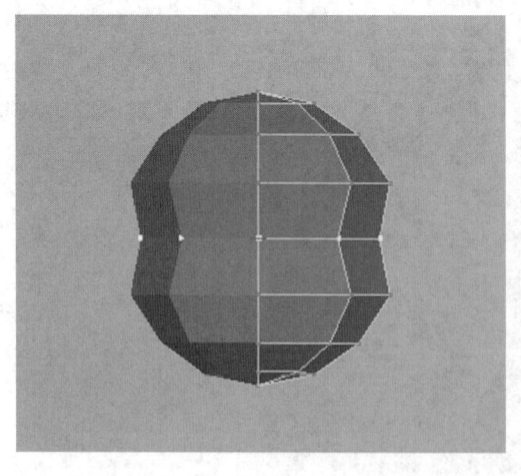

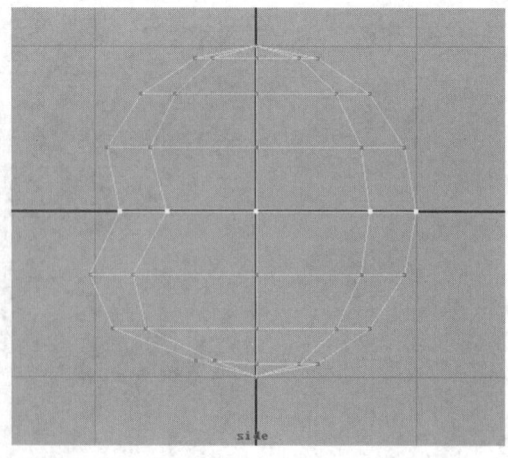

图 4-23　　　　　　　　　　　　　　　图 4-24

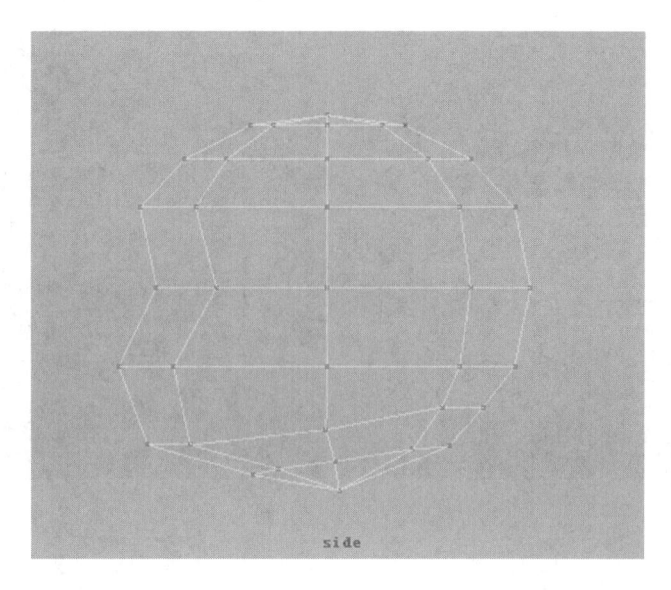

图 4-25

步骤 10 进入"面级别",选中脖子最下面的所有三角面,按 Delete 键删除,如图 4-26 所示。然后进入"边级别",将光标指向脖子最下面的边,双击选中循环边,单击工具架中的"多边形",选择多边形工具架中的"挤出"工具 ,向下挤压,将脖子挤压出来,如图 4-27 所示。

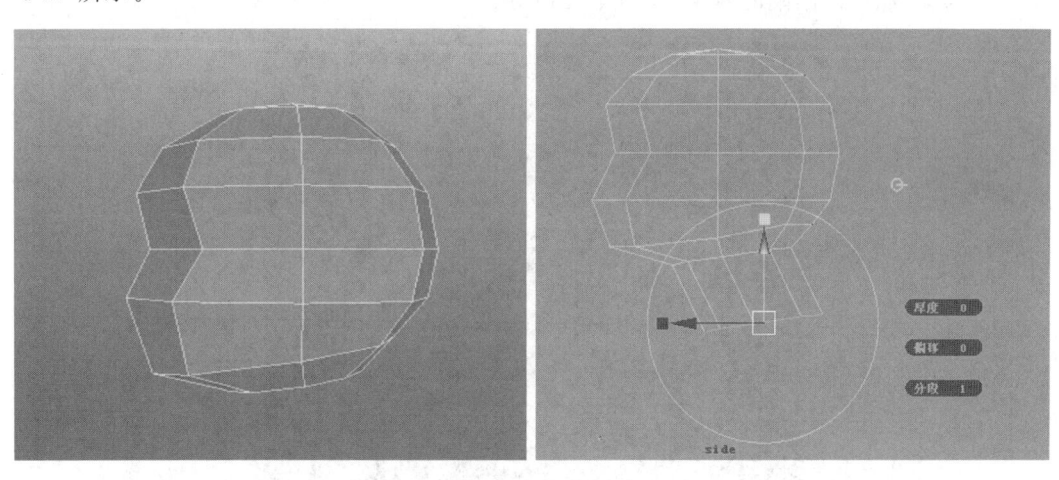

图 4-26　　　　　　　　图 4-27

步骤 11 在"边级别"下,选中头顶的所有边,再利用 Ctrl 键+单击减选中轴线上的四条边,然后将头顶上除了中轴线之外的边删除,操作后的结果如图 4-28 所示。

步骤 12 保持在"边级别"下,使用菜单项"编辑网格"→"插入循环边"命令,当光标变成白色箭头时,在要插入循环边的位置拖动,在鼻梁的两边各添加一条循环线,效果如图 4-29 所示。

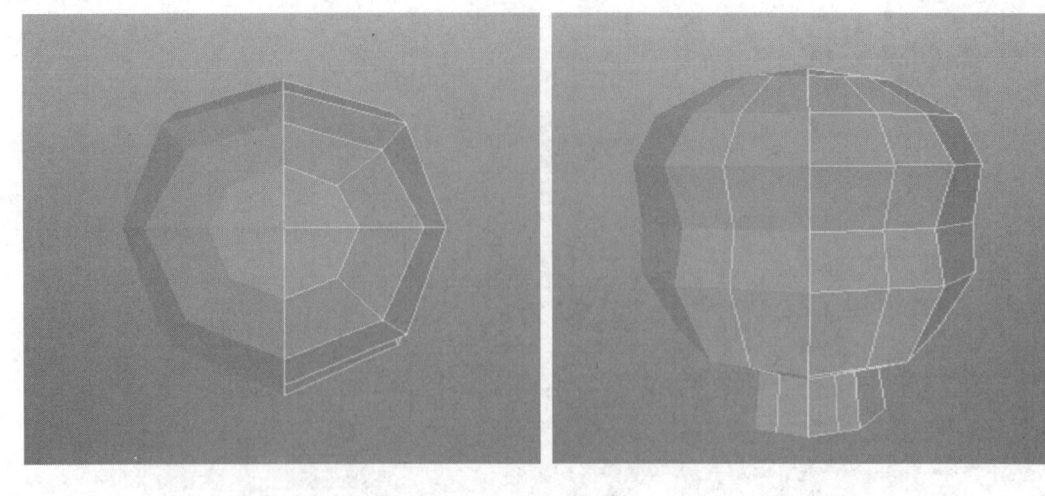

图 4-28

图 4-29

步骤 13 切换到对象模式，先选中模型，再按住 Shift＋鼠标右键不放，在弹出的悬浮菜单中将光标拖动到"分割"，如图 4-30 所示，再在"分割"的子悬浮菜单中选择"分割多边形工具"，如图 4-31 所示，沿着嘴部的线向上单击，顺时针执行分割多边形操作，获得一圈分割线，按 Enter 键结束分割，将眼窝的结构绘制出来。选择眼窝中间的线段，向模型中心方向移动，制造出凹陷的效果，如图 4-32 所示。

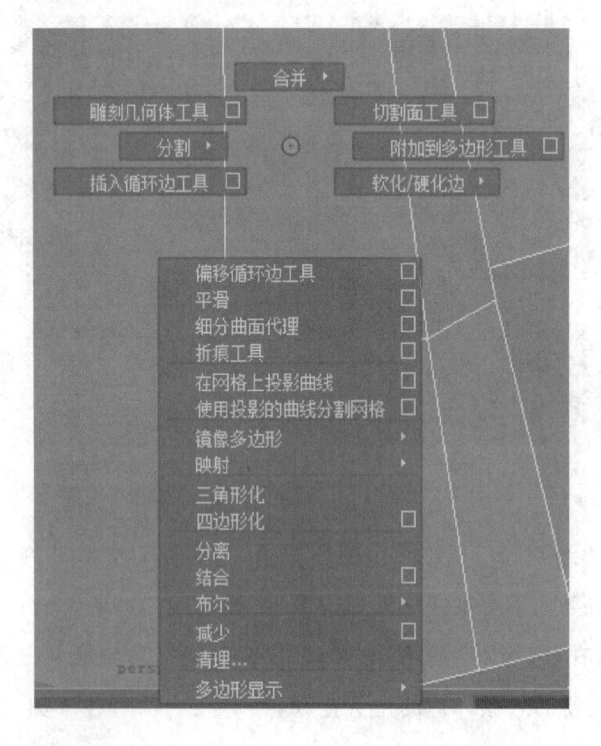

图 4-30

模块 4　卡通角色制作　　181

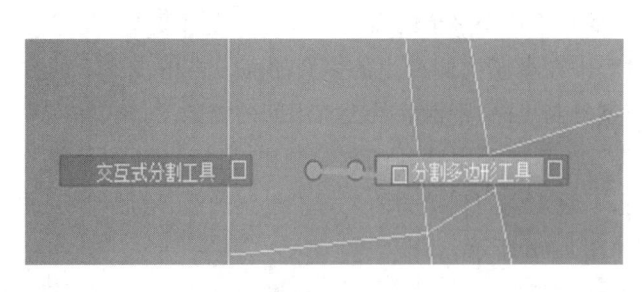

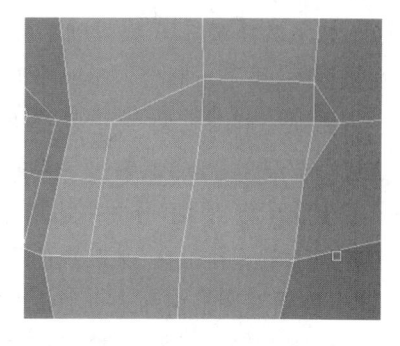

图 4-31

图 4-32

分割多边形的操作也可以使用多边形菜单:"编辑网格"→"划分多边形工具"来实现。

有些初学者会先切换到"面级别",单击要切割的一个面,然后用"编辑网格"→"切割面工具"添加眼窝线。这种方法只能选中一个面,切割一个面,效率很低,而且存在容易在切割处形成多个点的弊端,需要再进行点的"合并"操作,过程过于烦琐,不利于后期处理,所以不建议使用。"添加分段"是代替多边形切割工具的一个操作方法。

步骤 14　沿着眼窝内部再绘制出一圈线,将眼睛的形状绘制出来。然后切换到"线级别"下,将眼睛内部的线删除,使眼睛独立出来,如图 4-33 所示。

步骤 15　隐藏背面:执行"显示"→"多边形"→"背面消隐",隐藏所有背向摄影机的点、线、面,避免对背面产生误操作。需要恢复时执行"显示"→"多边形"→"重置显示"即可。

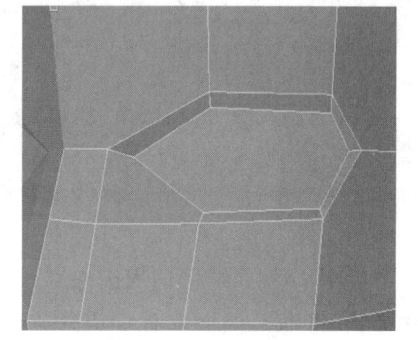

图 4-33

步骤 16　按 F11 键进入"面级别",选择鼻子部分的平面,单击多边形工具架中的"挤出"工具,将选中的面先向外挤出一定高度,然后按下 E 键,调用"旋转工具",将选中的面沿 X 轴向内部旋转,使鼻梁具有一定的斜度。再进入"点级别",按下 W 键调用"移动工具",单击选中并移动点到适当的位置,调整出鼻子的大致形状,如图 4-34 所示。

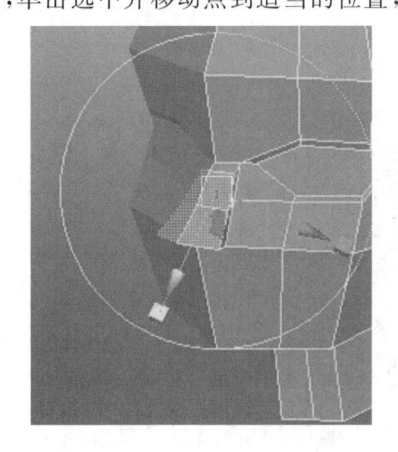

图 4-34

按下数字键 3，可以看到平滑后的模型效果，会发现鼻子中间有一条缝隙，这是因为在挤压时，鼻子中间会多出一个面，需要删除这个多余的面。

删除一侧的模型，并删除挤压过程中在鼻子内侧产生的多余的面。再用步骤 5 的方法进行关联复制，重新将另一半的模型复制出来，平滑后就没有中间的缝隙了。

步骤 17　使用"分割多边形工具"，在鼻梁及眼睛外围再绘制出一圈线，增加鼻翼及眼部的细节。在眼角、上眼皮的中间，下眼皮中间到嘴角的位置上继续加线，增加细节，进入"点级别"，调整新加入点的位置，如图 4-35 所示。

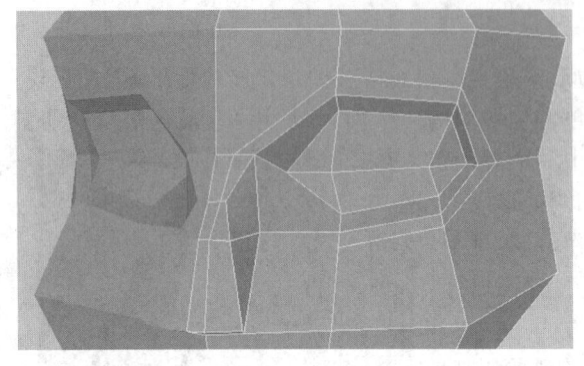

图 4-35

步骤 18　在嘴部的周围绘制一圈线，做出嘴部的形状，将嘴部里面靠近中点的点向内移动，做出嘴部向内凹陷的效果，如图 4-36 所示。

步骤 19　在嘴部的内侧和外侧各绘制一圈线，如图 4-37 所示。外侧线用于绘制嘴唇部分的轮廓，内部线用于挤出嘴部内部结构。

步骤 20　进入"边级别"，将嘴部最内侧的线删除，使嘴的最内侧形成一个平面。再进入"面级别"，选择内侧的面，使用"挤出"工具，向内侧挤压，最后删除因挤压形成的多余的面，做出嘴的内部造型。

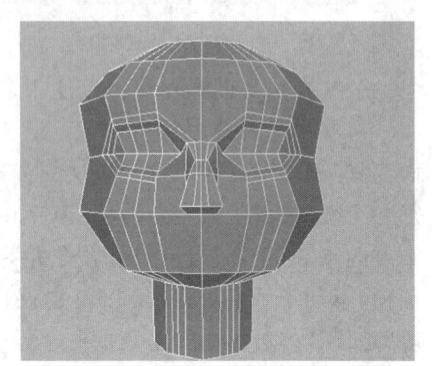

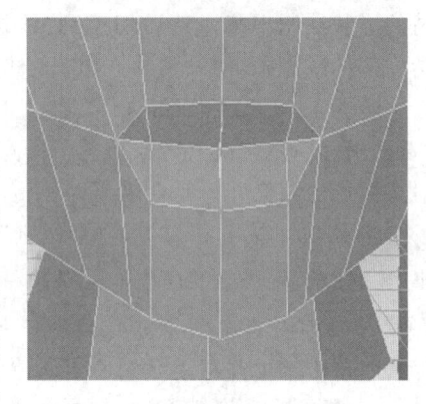

图 4-36

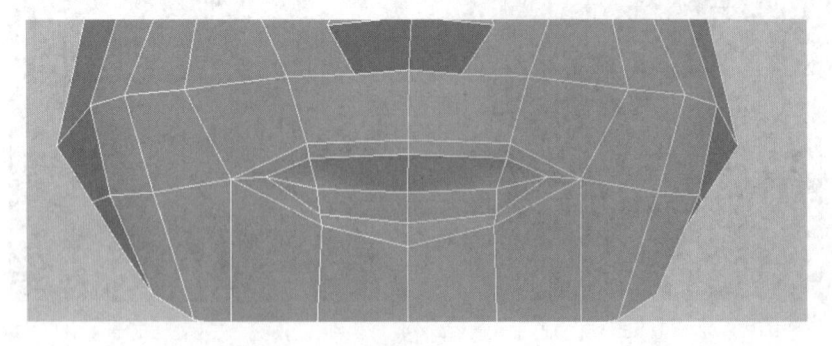

图 4-37

步骤 21　在头的侧面划分出来两个面,再进入"面级别",选择这两个面,使用"挤出"工具,挤压出一个简单的耳朵,然后进入"点级别",移动点的位置,调整耳朵的大致形状,如图 4-38 所示。

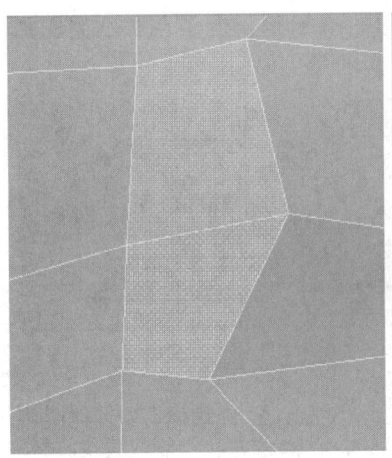

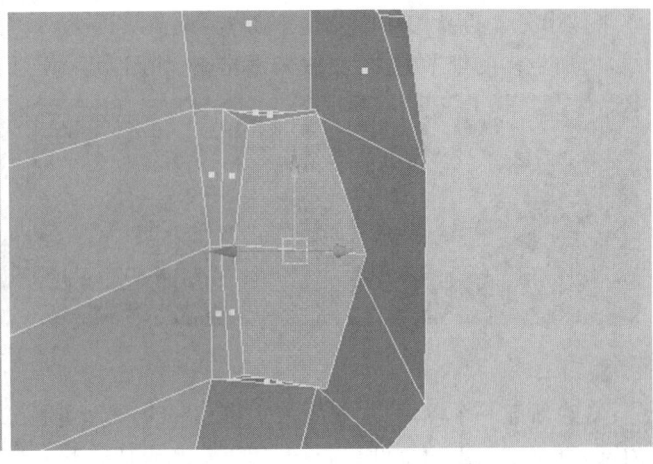

图 4-38

理论知识指导

卡通角色的五官刻画不同于写实类头部建模,不必过于追求逼真,但基本结构和原理相同。头部建模是卡通角色建模中最复杂的部分,从轮廓上看,比较适合从球体开始构建模型。因为人的头部是中轴线对称的,因此可以在建立头部大体轮廓后,应用关联复制进行五官的镜像编辑。

在创建过程中要注意两点,一是尽量不要形成三角面,在肌肉活动区不要形成五边点,三角面和五边点会对头部表情动画的制作形成障碍;二是要保持眼部、口部和颈部制作进度的相对一致,便于结构的调整和整体的把握。眼部、口部和颈部结构加入的线需为环状,环状线符合眼部肌肉结构,有利于表情动画的制作。

任务 3　五官的细化

任务说明

按照布线的需要,对眼睛、鼻子、嘴巴及耳朵进行五官细节的添加,并制作眼球和头发。

操作步骤提示

步骤 1　眼睛的细化。

(1)进入"面级别",选中眼睛的面,选择"挤出"工具,先向外挤压出来一点,并缩小一点,做出眼眶。继续进行第二次挤压,这次向内一点,越过头部的表面,并缩小一点。再进行第三次挤压,这次向内多一些,并放大,形成眼窝,如图4-39所示。在眼眶内侧增加一圈线,并将这一圈线稍稍往内移动一些,其中上眼皮部分的移动稍大一些,把眼窝的陷入效果做出来。再从内侧眼角往下加线,到鼻翼部分,如图4-40所示。继续在眼眶周围加线,增加更多的细节,把两个眼角做出来,如图4-41所示。

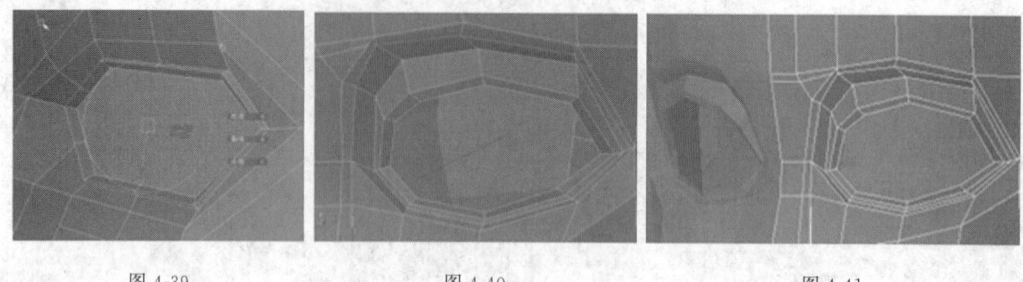

图 4-39　　　　　　　　图 4-40　　　　　　　　图 4-41

（2）新建一个图层,在新图层中创建一个和真实眼球大小差不多的球体,移动到眼眶内部,再调整眼眶内部的控制点,使眼眶和眼球匹配。为了避免在调节眼眶控制点时作用到眼球上,将图层设置为"R",选中眼球并调整,如图4-42所示。

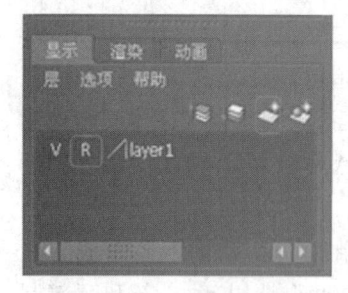

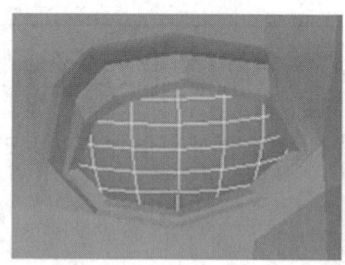

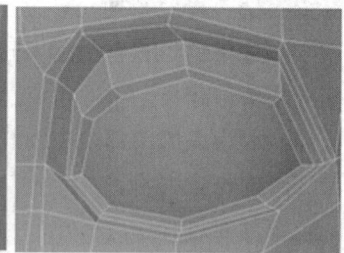

图 4-42

步骤 2　嘴部细化。

从鼻子底部至脖子上方画一条线,增加嘴部细节,再沿着嘴部外围画一圈线,进入"点级别",将下巴的结构调整出来,如图4-43所示,继续在嘴部外围加线,以增加控制点。进入"点级别",按照嘴部的结构进行调整,同时把上下嘴唇的边缘向内移动一些,增加嘴唇的立体感,如图4-44所示。

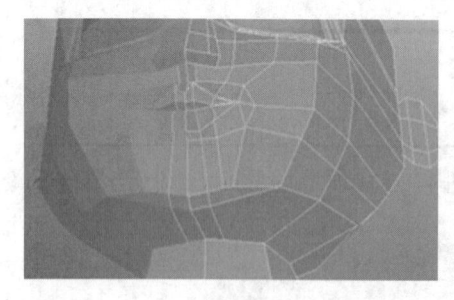

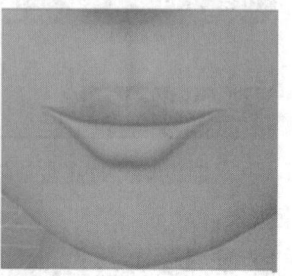

图 4-43　　　　　　　　　　　　　　图 4-44

步骤 3 鼻子的细化。

进入"面级别",选择鼻底的面,使用"挤出"工具,先对面进行缩放,再调整一下点的位置,使其形状与鼻孔相似,如图 4-45 所示,然后进行第二次挤压,只要挤压一点,最后进行第三次挤压,这时将面彻底挤压进去,如图 4-46 所示。

使用"分割多边形工具",从鼻底上方至下巴绘制一圈线,再在鼻孔周围加一些线,如图 4-47 所示。进入"点级别",使用"移动工具",调整点的位置,做出鼻子的形状,如图 4-48 所示。

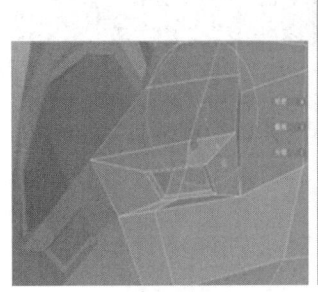

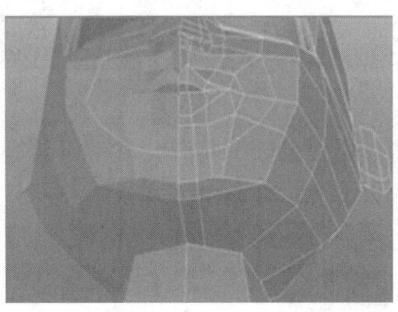

图 4-45

图 4-46　　　　图 4-47　　　　图 4-48

步骤 4 耳朵的制作。

进入"面级别",选择耳朵中间的两个面,进行三次挤压,制作出耳朵,然后在"点级别"调整点的位置,做出耳朵的形状,如图 4-49 所示。

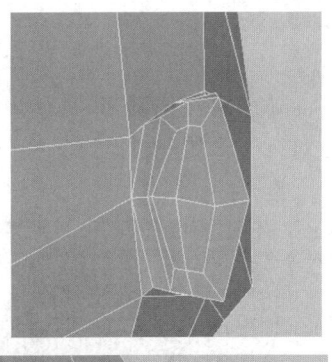

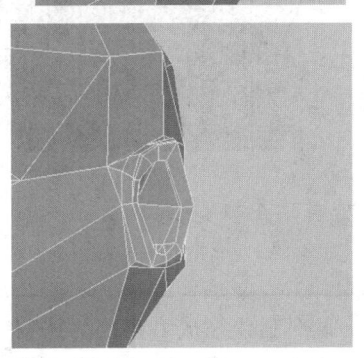

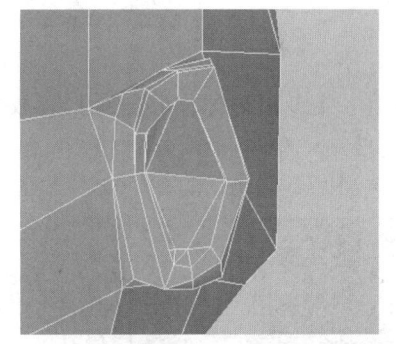

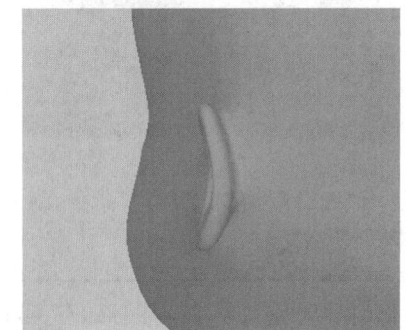

图 4-49

步骤 5 头发的制作。

(1) 使用"分割多边形工具",从鬓角到耳后画出一条线,勾勒出头发的界限;进入"面级别",选择头发所在部位的面,选择"编辑网格"→"复制面工具"命令,复制出头发部分的面,使用"缩放工具"调整复制出的面,使其放大一些;然后进入"边级别",使用"挤出"工具,将边缘的边向内挤压,过程如图 4-50 所示。

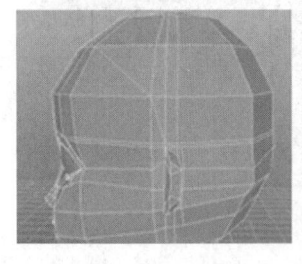

图 4-50

(2) 新建一个多边形圆环,使用"旋转工具"和"移动工具",将其放置到耳后的合适位置,作为圆形发髻,如图 4-51 所示。

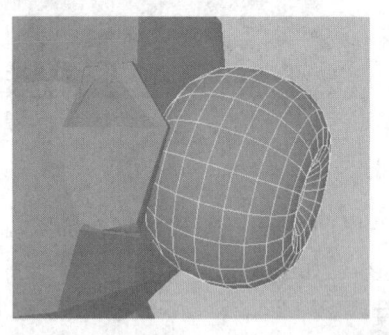

图 4-51

(3) 新建一个多边形球体,先使用"缩放工具"将其压扁成椭圆形,再使用"创建变形器"→"非线性"→"弯曲"命令,调整曲率,得到一片刘海。将其复制得到五片,放置到合适的位置,过程如图 4-52 所示。

图 4-52

(4) 使用"编辑网格"→"合并"命令,将刘海和发髻结合到头部。

理论知识指导

在眼部制作时应及早加入眼球做参考,以避免眼部制作完成后出现无法完全包裹眼球的问题。丰富五官细节时,每添加一条线都要及时进行调整,在调整好整条线的结构后才可进行下一条线的添加。上嘴唇要比下嘴唇向前突出,这样方才符合人体结构、美观、自然。

任务 4　卡通角色身体建模

任务说明

卡通小护士的身体主要分成三部分:躯干、四肢、服装。下面我们从躯干开始制作,然后再从躯干挤出四肢,最后制作裙子和鞋。

一个角色的躯干是标准的中心线对称模型,当制作一个对称对象时,可以采用对称编辑,同时编辑对象的两侧。

操作步骤提示

步骤 1　设定对称轴。

双击工具栏上的"移动工具",打开"工具设置"面板。

在"工具设置"面板的"反射设置"区域勾选"反射"选项,并设定"反射轴"为 X,如图 4-53 所示。

图 4-53

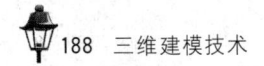

该工具可以寻找规定轴上的相似组件,点(F9)、线(F10)、面(F11)等都可以,成为当前选择组件的对称组件,被对称的部分将被黄色高亮显示,如图 4-54 所示。旋转工具和缩放工具也有该选项。

步骤 2 躯干部分的建模

(1)新建一个球体,设置片段数为 8×8(与头部建模时相同)。注意不要调整 X 轴坐标值,要保持模型的 X 轴在世界坐标的中心线上,这样模型才能左右对称。

图 4-54

(2)拖曳立方体的节点,按 F9 键显示球体节点(进入"点级别"),分别在前视图和侧视图中,通过移动、缩放调整点的位置,使其分别对应肩部、胸部、腰部和臀部,如图 4-55 所示。

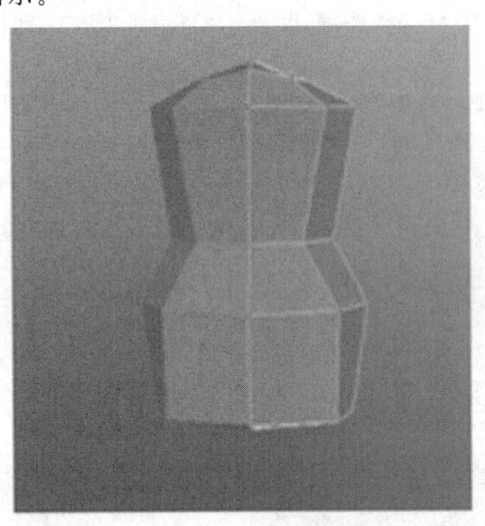

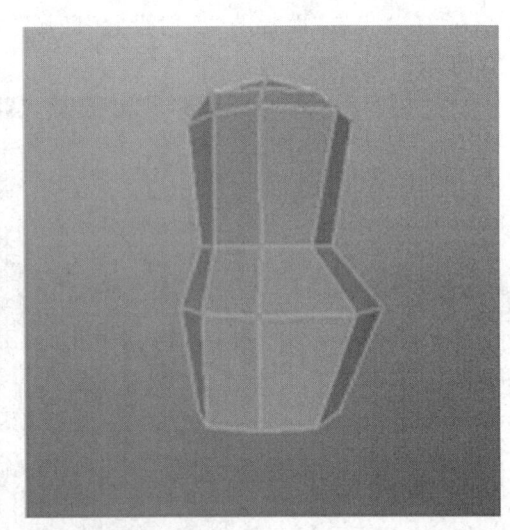

图 4-55

(3)按 F11 键显示躯干的面(进入"面级别"),选择最上面的所有面删除,选择上面的边,使用"挤出"工具,向上挤出脖子,使脖子成为一个开放的开口。移动脖子部分的节点,确保脖子根部的节点跟随肩膀肌肉部分的线条,如图 4-56 所示。

(4)躯干的镜像操作:在"面级别"下,选择并删除躯干右侧的所有面,然后回到物体级,单击选择剩下的半边躯干,选择主菜单的"编辑"→"特殊复制"后面的 ▢。设置几何体类型为"实例",缩放 X 值为"-1"。

(5)执行"显示"→"多边形"→"背面消隐",隐藏背面。

(6)执行"编辑网格"→"插入循环边工具",在胸部的横向和纵向各增加两条线,先用"编辑网格"→"偏移循环边工具"拖动调整循环边的位置,再按 F9 键显示控制点,调整控制点到适当位置,做出胸部大体轮廓,如图 4-57 所示。

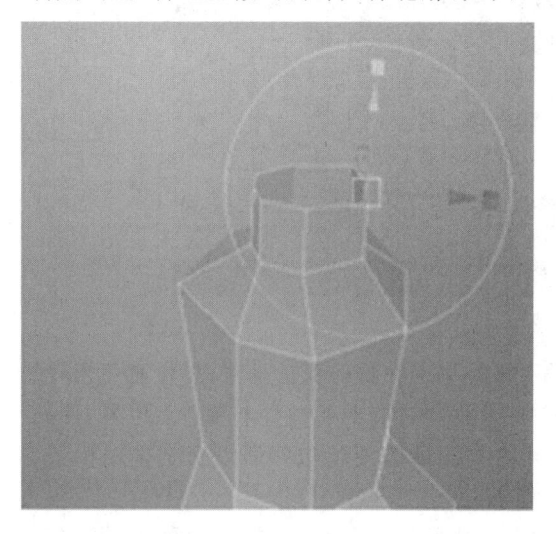

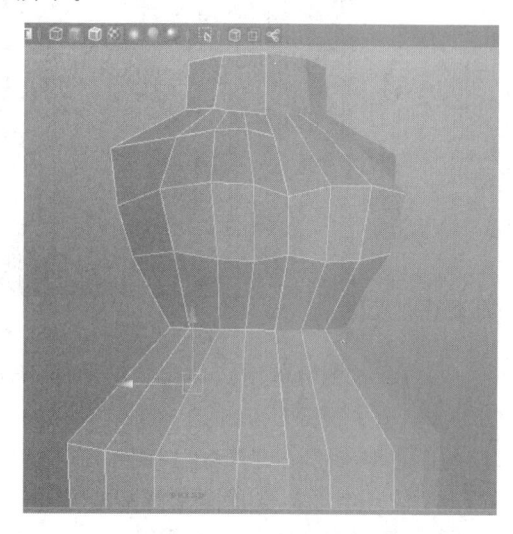

图 4-56

图 4-57

按数字键 3 查看平滑效果,再按下 1 键回到原来的模型继续工作。

步骤 3 腿部的建模

(1)制作骨盆区域

先在躯干的底部添加一圈循环线,然后将从中心向外构成三角区域的线段选中,按 Delete 键将边和残留的多余点删除,如图 4-58 所示。

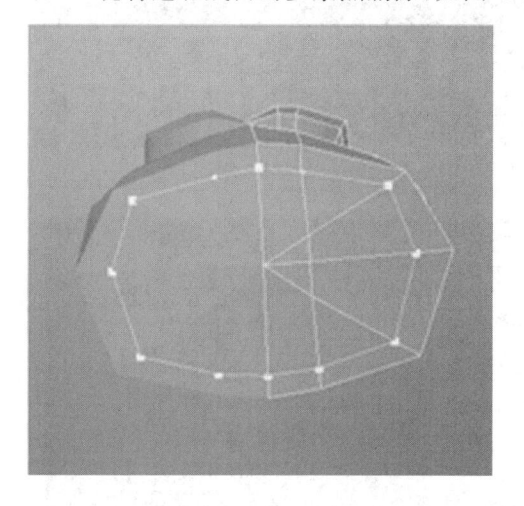

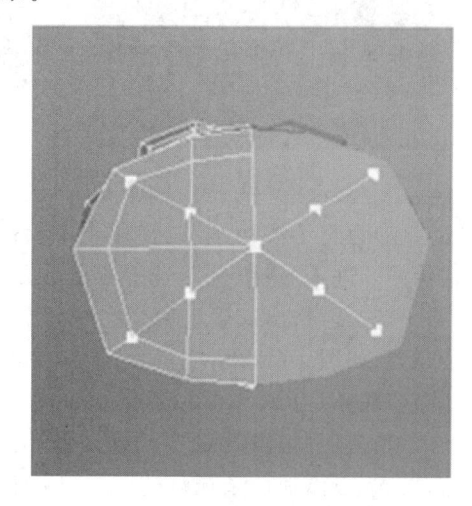

图 4-58

(2)将底面调整成如图 4-59 所示造型。选中构成腿部形状的所有面,向下挤压六次,分别是膝盖上部、膝盖、膝盖下部、小腿的中间、脚踝和脚掌,如图 4-60 所示。

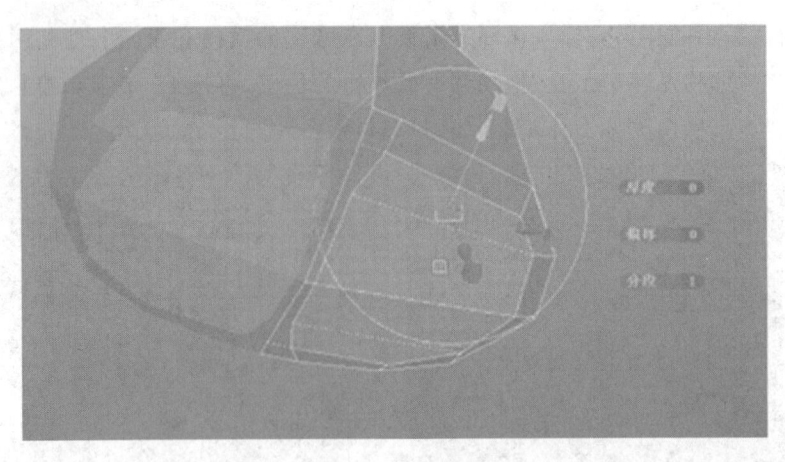

图 4-59 胯部造型

（3）调整腿部的节点契合腿的形状，确保环状的节点和腿部保持垂直，尽量避免扭转。

（4）选中腰部环状面向下挤出，做成裙摆，挤出的同时要不断调整末端节点位置，使裙摆的形态与参考图更符合，如图 4-61 所示。注意挤出时需要将选择器设置到全球模式，单击小的环绕图标选择操作器。

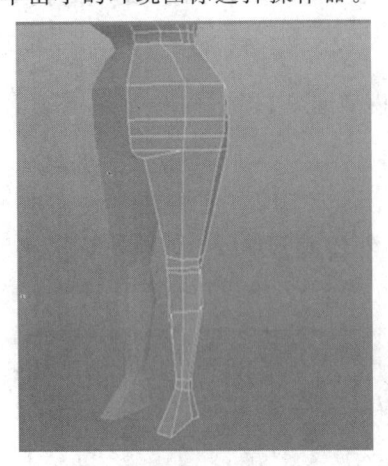

图 4-60

图 4-61

（5）为躯干添加细节，在躯干上绘制出衣服的边缘线。进入"边级别"，选择衣服领子的边，使用"挤出"工具，挤出衣领，并使用"移动工具"调整点的位置，如图 4-62 所示。

步骤 4 手臂和手的建模

（1）使用"编辑网格"→"插入循环边"命令，在肩部的下方添加两条循环边，按 F11 键进入"面级别"，选择身体侧方的两个面，在多边形工具架上单击"挤出"工具，向外做三次挤出，做出胳膊的大体形状。按 F10 键进入"边级别"，再按下 R 键激活

图 4-62 绘制衣领

"缩放工具",将靠近手部的循环边缩放一些。

(2) 使用多边形菜单的"编辑网格"→"切割面"命令,将手部最边上的面切割成八个面,如图 4-63 所示,按 F11 键进入"面级别",选择切割出来的面,向外挤出五根手指,边挤出边做挤出面的旋转及缩放调整,最后按 F9 键再进入"点级别",使用"移动工具"调整手型。最后,选中如图 4-64 所示的循环线,向外挤出并放大,形成手套的敞口。

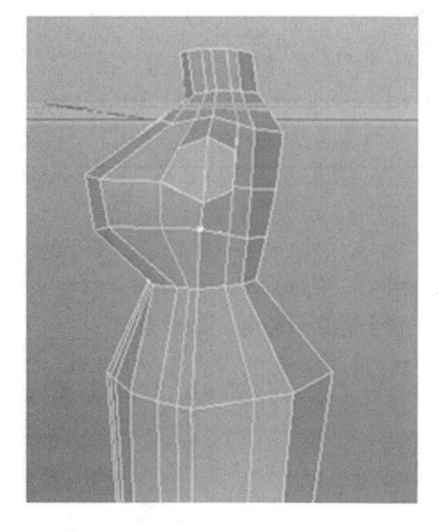

图 4-63

(3) 制作鞋子。

选中裤腿下方的面,向下挤出形成鞋跟,然后向前挤出三次形成卡通角色的鞋子。旋转倾斜,然后将鞋跟挤压成又细又长的高跟,选择"编辑网格"→"交互式切割工具"增加细节并调整,做出高跟鞋模型,如图 4-65 所示。

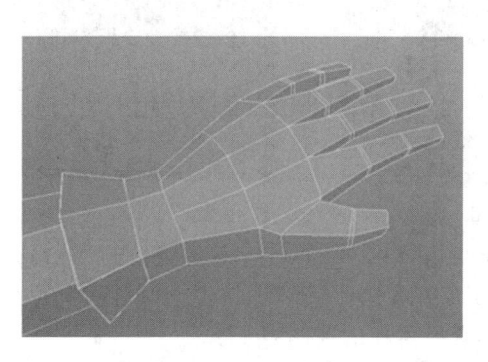

图 4-64 　　　　　　　　　　　图 4-65

理论知识指导

在卡通小护士身体的制作上既要符合人体的结构特点,又必须有适当的改变和夸张来体现卡通人物特色。布线仍然要遵循连贯、循环、均匀得当的原则。在衣服的结构上要注意圆滑,不要有过强的棱角出现。

任务5 角色模型拼接整理

任务说明

完成头部和身体的结合,合并连接时的对应点,将头部和身体连接起来,并优化模型布线。

操作步骤提示

步骤1 消除三角形面及多余的点。

在三维模型制作时,一般要应用四边形面,所以需要将添加细节时切割产生的一些三角形的面删除,在不能删除的情况下,要尽量少用。另外,对于一些多余的控制点也要进行删除,优化模型的拓扑结构。图4-66显示的是需要删除的三角面和多余的控制点。

对于多余的控制点,只要先按下F9键显示控制点,然后选中要删除的控制点,按Delete键删除就可以了。

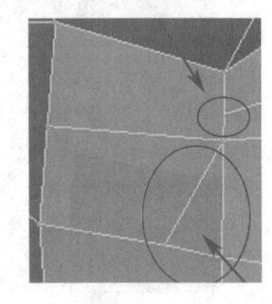

图4-66

三角面的删除可以采用以下方法:

在三角面的一侧添加一条边,创建出一个新的三角面,与原来的三角面组成一个四边形,删除四边形中间的边。过程如图4-67所示。

图4-67

有时如果我们直接用Delete键删除一些边,也会产生新的多余的控制点,如图6-68所示,在这种情况下,我们先选中要删除的边,然后执行"编辑网格"→"删除边/顶点",如图4-69所示,这样就将点和边一起删除,不会产生新的控制点了。

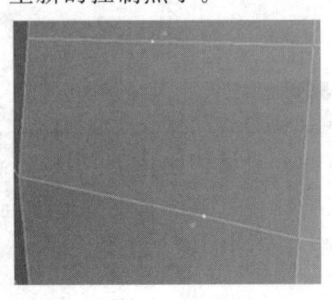

图4-68

图 4-69 "删除边/顶点"菜单

步骤 2 头部模型与身体的拼接。

在"物体级别"下,选择头部的两半,使用"编辑网格"→"合并"命令,将其结合。进入"点级别",使用"编辑网格"→"合并顶点工具",将二者重合处的点结合。

用同样的方法将身体的两部分结合。最后,将头和身体结合,并将脖子上重合的点合并,如图 4-70 所示。

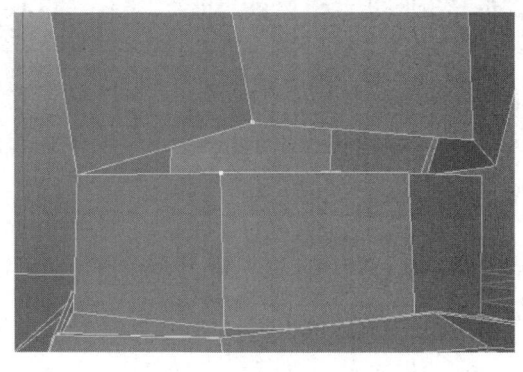

图 4-70

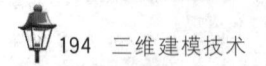

理论知识指导

模型的整理主要是去除建模过程中产生的冗余点、线、面，一些不可避免的三角面和五边点要避开边界。

任务6　UV展开与UV贴图

任务说明

对模型进行的各个部分进行UV展开并在Photoshop中绘制贴图，最后在Maya中应用UV贴图。

操作步骤提示

步骤1　进入"面级别"，选择脸部的面，执行"创建UV"→"圆柱形映射"，可以看到头部的正前方出现一个只有一半的环形控制器，如图4-71所示，用鼠标按住环形控制器的红色控制点，向头部后方拖动，使环形控制器完全环绕头部模型，如图4-72所示。

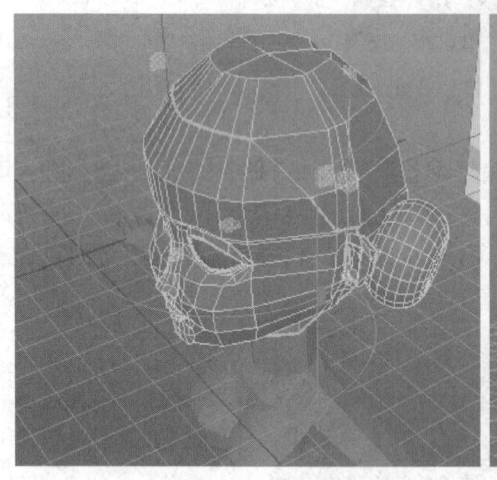

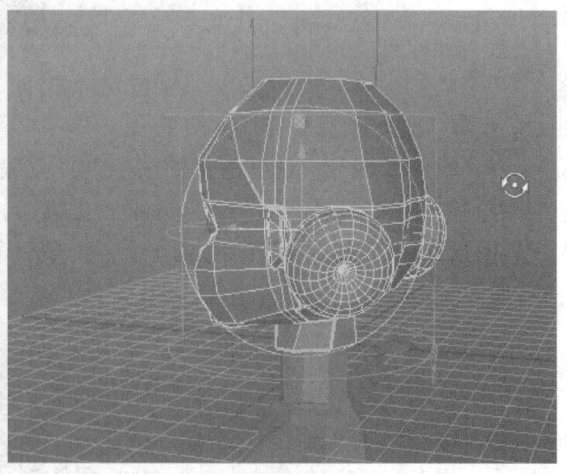

图4-71

图4-72

步骤2　打开"窗口"→"UV纹理编辑器"，可以看到现在的贴图坐标，在视图中找到环形控制器下的红色十字，单击一下红色十字，坐标中间会出现操纵控制器，通过移动和缩放，使贴图坐标清晰，如图4-73所示。

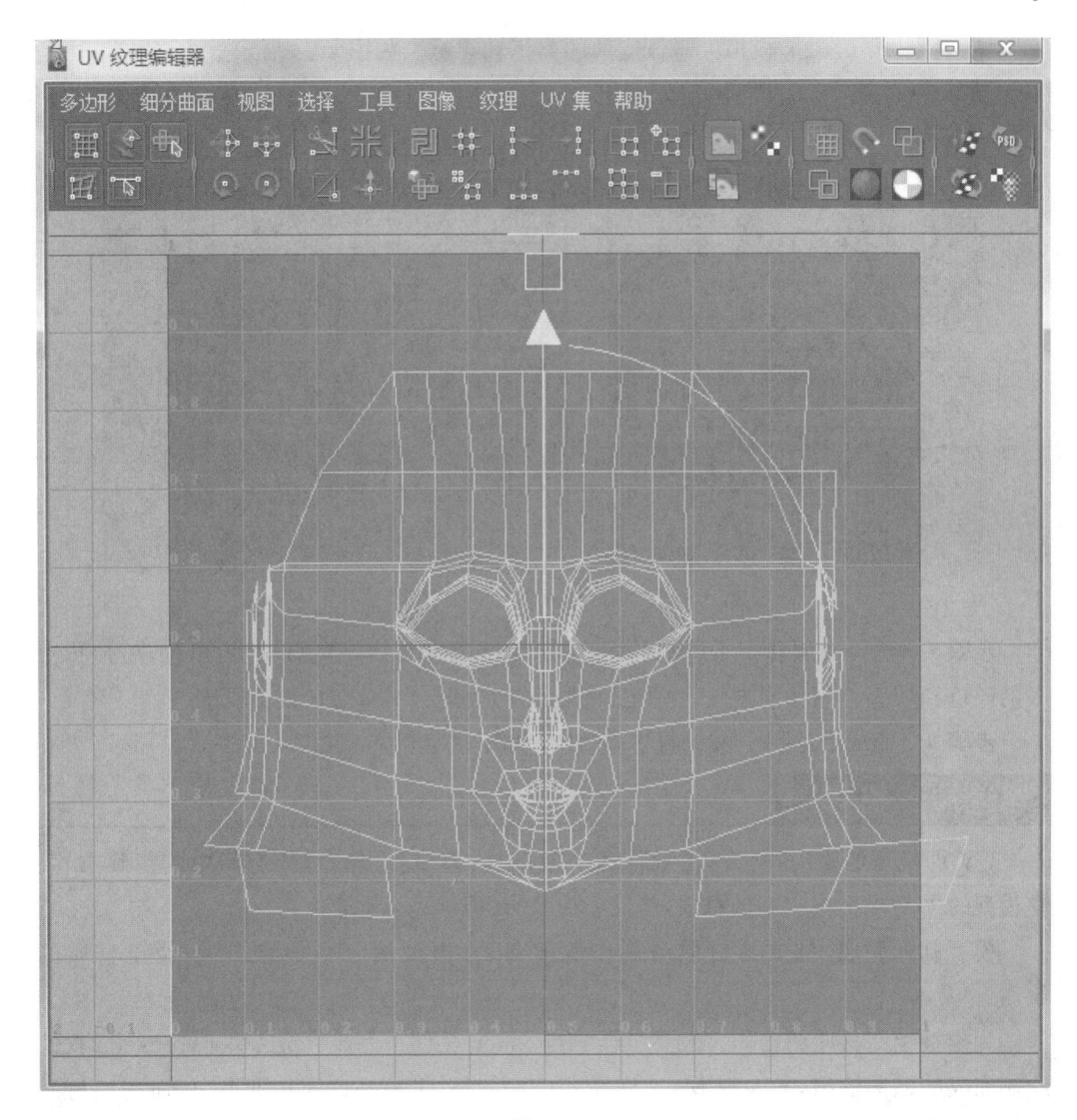

图 4-73

步骤 3 在 UV 纹理编辑器中,使用"多边形"→"UV 快照"命令,将贴图坐标导出。

步骤 4 在 Photoshop 中导入贴图坐标,绘制贴图。

步骤 5 回到 Maya 中,选择脸部的面,新建一个 Lambert 材质,单击 Color 属性后的贴图按钮,将绘制好的贴图以文件的形式添加。

步骤 6 按照以上方法为整个模型添加贴图。

步骤 7 选择腿部模型的面,为其指定 Blinn,设置材质参考颜色为:H:19、S:0.3、V:0.85。

在 Blinn 材质的属性面板中打开"镜面反射着色"卷轴栏,设置高光属性如下:

"偏心率"为 0.180;

"镜面反射衰减"为 0.150;

"反射率"为 0.020,模拟人身体皮肤的肉色和质感。如图 4-74 所示。

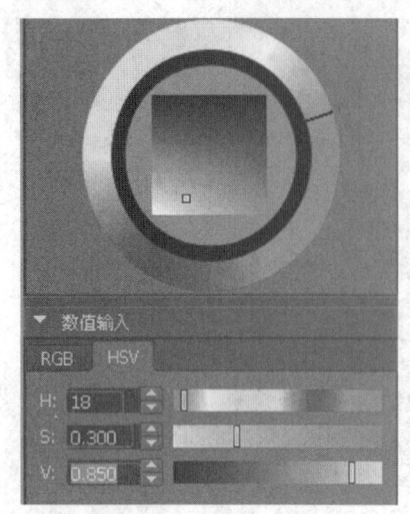

图 4-74

步骤 8 选择衣服和帽子所在的面,指定 Lambert 材质,颜色设置为白色,模拟护士服的颜色和质感。用相同方法,为手套和头发指定材质,编辑颜色模拟质感。

步骤 9 完成卡通护士模型的整体制作,见图 4-7。

理论知识指导

UV 即模型的横向和竖向位置信息坐标,记录模型各点在世界空间中的精确位置。在模型的 UV 坐标内绘制的材质,与模型的结构、位置完全吻合。

模型制作完成,便要为材质的制作做准备,将模型的 UV 信息展平,便于材质的绘制。

为模型绘制材质的工作一般要结合 Photoshop 软件来完成。最终将 Photoshop 软件绘制完成的贴图输出,导入到 Maya 赋予模型,并进一步在 Maya 中调节,从而完成材质的制作。

项目小结

卡通护士模型的建模过程,体现了动漫角色中卡通人物建模的基本过程,与结构极为精确的写实类人物建模相比,布线简洁,具有高度的概括性,可以通过夸张表现角色特点,突出角色的可爱。循环、连贯、均匀是所有角色建模都要遵循的布线原则,建模过程中要避免三角面的出现并合理布置五边点的位置。

模块 5 人物头部建模

教学目标

通过对写实人物头部结构的分析,理清头部建模的方法,理解头部布线的优劣,然后通过头部模型的具体制作过程,以及头部 UV 和材质的编辑的学习,更好地理解人物头部制作的流程和所需的技术,并且在学习之后能够研发出符合自己习惯的新流程、新方法。

教学要求

知识要点	能力要求	关联知识
人物头部结构分析	掌握	人体结构
Maya 头部建模方法分析	掌握	角色建模的方法
Maya 头部模型布线分析	掌握	头部肌肉结构
Maya 工程目录设置	掌握	养成建模的好习惯
Maya 视图参考图设置	掌握	导入参考图的方法
头部建模具体步骤	掌握	多边形建模常用命令快捷方式 多边形模块下"网格"菜单常用命令 多边形模块下"编辑网格"菜单常用命令 多边形模块下"网格工具"菜单常用命令
人物头部 UV 及材质编辑	掌握	人物头部 UV 创建步骤 人物头部 UV 编辑技巧 UV 贴图的导入、导出操作 UV 贴图绘制方法

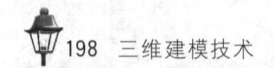

基本知识必备

头部建模是角色建模的基础,要顺利地进行人物头部建模,首先需要掌握人物的头部结构,其次就是综合布线,一定要学习在用较少面的情况下,表示出头部模型的基础结构,否则到后期,点、线、面很多的情况下,再去调节造型,就会非常困难。在实际工作中,人物头部建模不是必需的工作,一般都会从基础进行修改,这样能提高工作效率,但是对于初学者,头部建模以及综合布线还是必须要掌握的,要真正完全掌握则需要大量的练习和不断的实践。

项目1　人物头部建模理论基础

项目目标

1. 人物头部建模的基础理论。
2. 人物头部建模的基本布线方法。

项目说明

建立可信的人脸,是每一位三维艺术家的最终目标之一。但是要获得真实和自然的作品需要每一步都做到最好,包括资料的收集、模型的规划、纹理的绘制和最后的渲染等。因此,在人物头部建模前,我们先要对人物头部结构做一个全面的分析,将五官结构细化,初步了解人物头部的拓扑结构,从而找出人物头部建模的方法并优化布线,为下一步进行实际建模打好理论基础。

任务1　人物头部结构分析

任务说明

在建模之前一定要对所创建的模型进行仔细分析,人物头部建模最主要的就是结构造型与布线,初学者一定要把这些知识分析清楚然后再进行建模。

具体内容分析

一、头部比例结构

头部结构复杂,肌肉穿插多,况且人的面部又是各不相同的,在角色建模中最不容易把握的就是头部建模了。首先要了解头部的比例结构。

1. 头部的主要骨点，如图 5-1 所示。

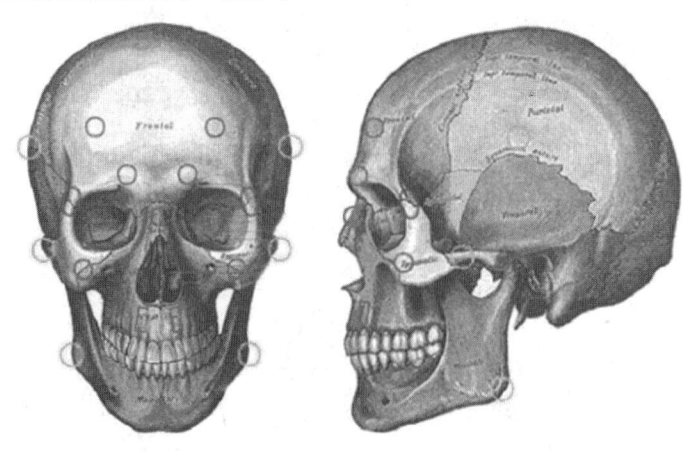

图 5-1

颞线：两侧顶结节的连线是头部最宽的长度。对一些长角的动物来讲，顶结节是生长角的地方。

额结节：眼眶的上缘，各有一个隆起，男性眉弓十分突出，女性较弱。

颧骨：颧骨颊面即为颧骨的外侧面，它是构成颧部的基础。颧骨在外形上呈菱形。颧骨颊面具有明显的个性特征。头部左、右颧骨颊面的连线长度，构成了面部最宽处。颧骨颊面下缘的最低位置，处在耳垂至鼻底连线的近于中点处。

颏结节、颏隆突：在下颌骨的最前端，有两个突起转折点，称为"颏结节"，在两个颏结节之间有个三角状隆起，称为"颏隆突"。

2. 分析头部的肌肉。

头部肌肉分为两个部分：一部分是用于活动嘴部的咀嚼肌，如咬肌、颞肌、颊肌。颧骨下面的空间由咬肌、颊肌填充，颧弓上面的空间由颞肌填充。另一部分是面部表情肌，由一些很薄的皮肌和五官结合在一起，如图 5-2 所示。

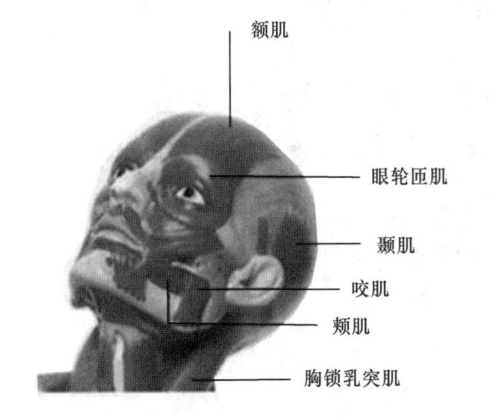

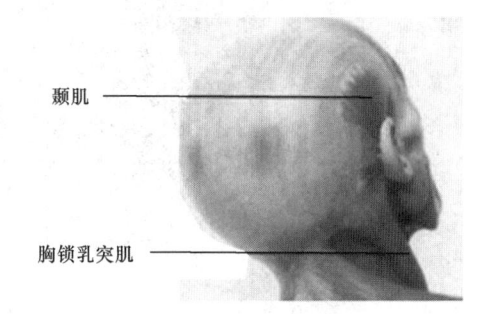

图 5-2

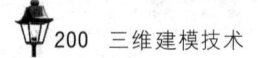

3.如图 5-3 所示,在绘画造型过程中,我们可以用块、面的方式分析头部的结构和关系。

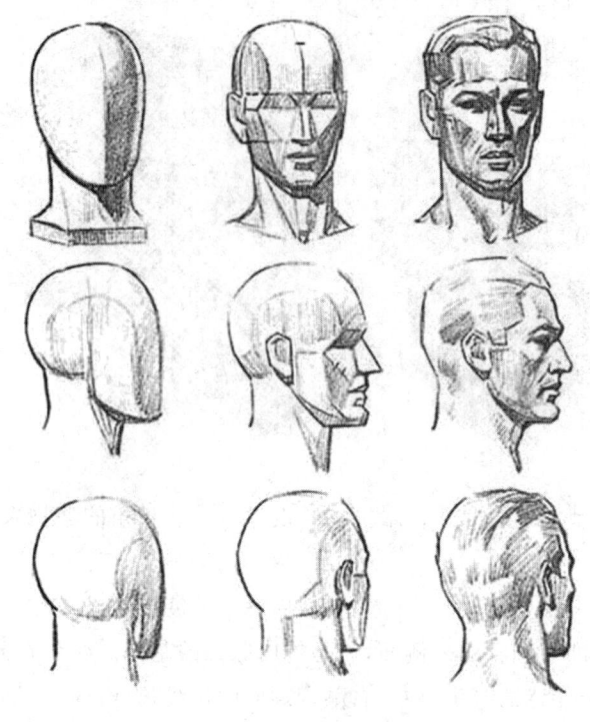

图 5-3

二、头部五官的特征

不要把五官当成是孤立的物体,我们在造型时要时刻注意五官在头部的正确位置和体面的转折穿插关系。

❶ 眼

眼的外形由眼眶、眼球、眼睑三个部分组成。

眼睛的结构基本上是一个塞在眼眶内的球体,眼皮覆盖在这个球上。上眼皮的最高点大约在眼睛宽度的 1/3 处,下眼皮最低点大约在 2/3 处。从侧面看,上眼皮与下眼皮呈一定坡度。如图 5-4 所示。

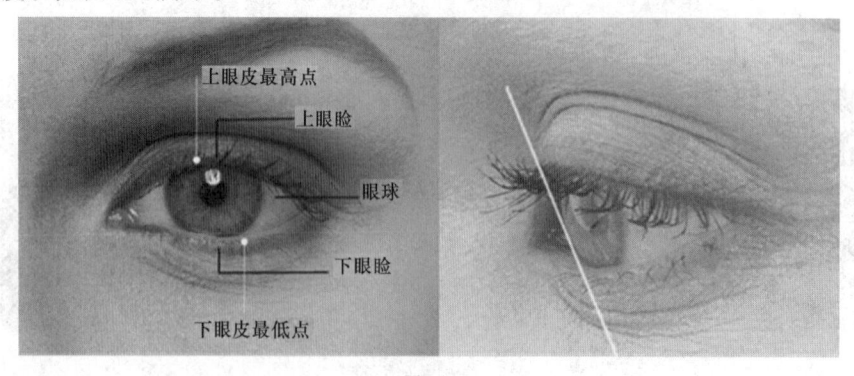

图 5-4

❷ 鼻

鼻部位于面部中央,长度为面部的1/3,宽度为两眼的距离。鼻长等于两鼻宽。鼻部在面部是最突出的器官,立体感很强。鼻部的结构可分为鼻根、鼻梁、鼻背、鼻尖、鼻翼、鼻孔、鼻底,如图 5-5 所示。

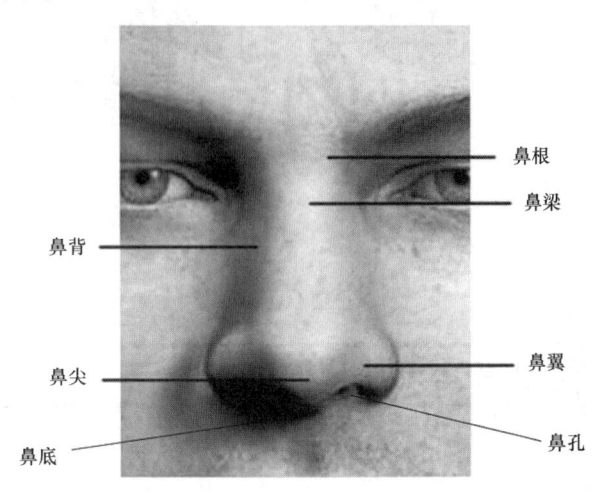

图 5-5

❸ 嘴巴

嘴巴依附在下颌齿槽的半圆柱体上。齿槽的弯曲程度直接影响嘴唇的弯曲度。女性与儿童的唇较丰满。嘴巴主要结构有上唇、下唇、鼻唇沟、人中、上唇结节、颏唇沟。如图 5-6 所示。

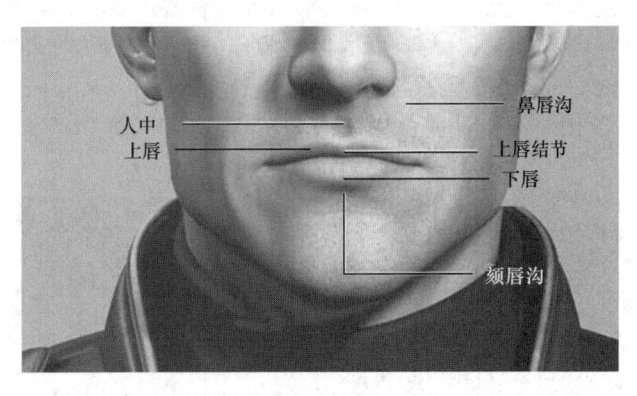

图 5-6

❹ 耳

耳孔位于头侧1/2处。耳的长度与鼻相等,其宽度为长度的1/2,主要的结构有耳轮、耳屏、耳垂,这三者合称为耳郭。如图 5-7 所示。

耳轮

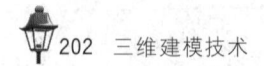

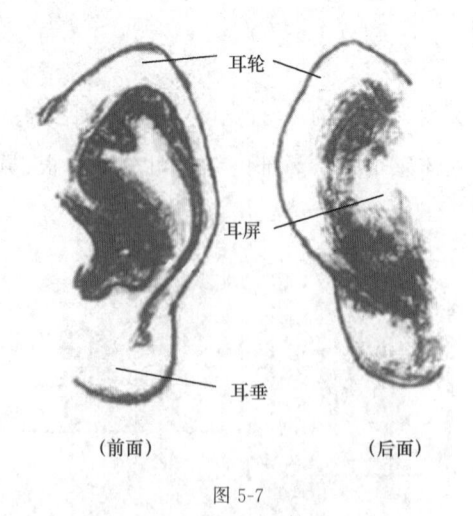

耳屏

耳垂

（前面）　　　　　（后面）

图 5-7

任务 2　人物头部建模方法分析

任务说明

通过前面几个模块的建模学习，我们可以总结出建模的常用方法有两种，一种是从局部到整体，另一种则是从整体到局部。

具体内容分析

一、从局部到整体建模法

从局部到整体建模可以比较轻松地从头部的各器官着手，将五官分开建模，然后连接在一起。但是这样很容易使五官脱离结构，忽略脸部的大结构和转折，以至于出现单看各个器官很漂亮，组合到一起却很难看的情况。

解决方法 1：可以用一个头骨的模型来做参考，像雕塑一样把脸部各个部分粘上去。如图 5-8 所示。

图 5-8

解决方法 2：如果有具体人物建模的需要，可以用导入平面参考图的方式，准确把握头部拓扑结构。如图 5-9 所示。

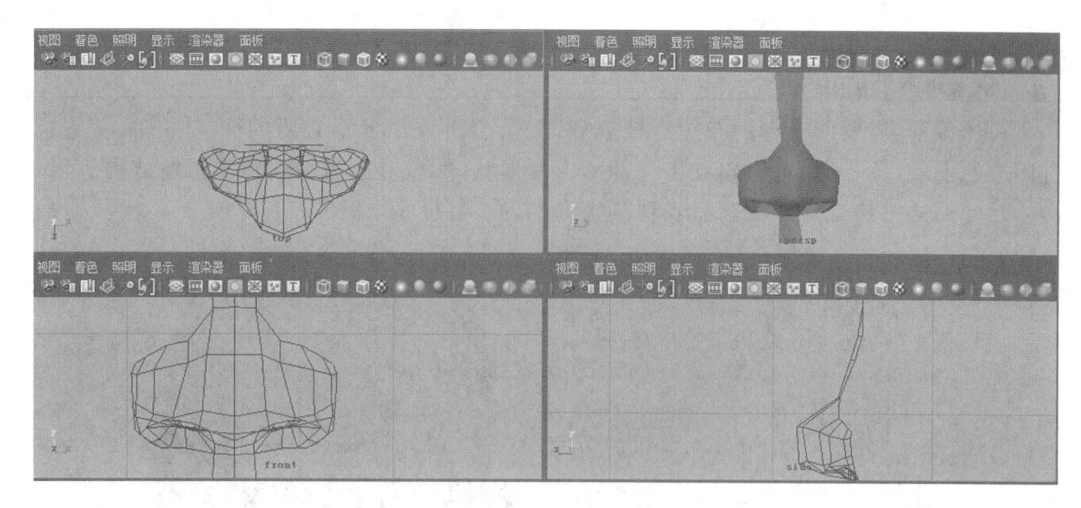

图 5-9

二、从整体到局部建模法

从整体到局部的建模方法能够始终把握头部的大结构,从一个简单的几何体开始,通过加线、加面,逐步刻画细节,如同雕刻或画素描。随着 Maya 软件的更新和改进,多边形的布线越来越灵活,这也是多边形建模的优势,目前人们更习惯于用这种方法来建模。如图 5-10 所示。

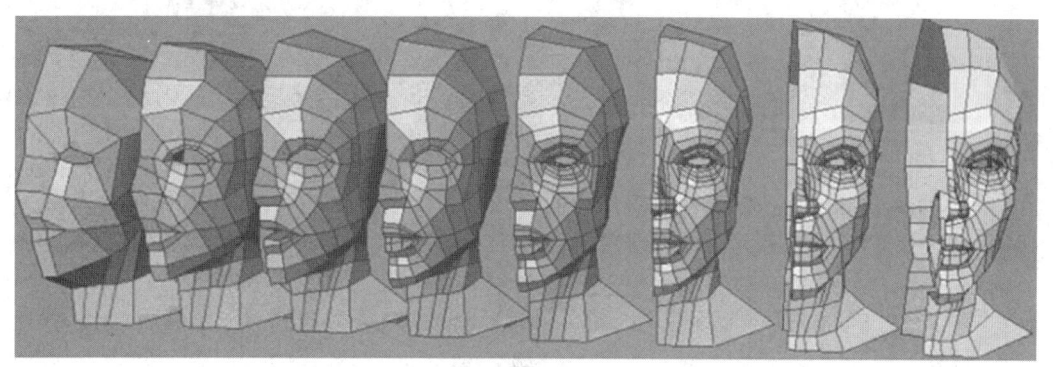

图 5-10

在本模块的项目 2 中将给出此方法详细的头部建模制作过程。

任务 3　人物头部布线分析

任务说明

在创建人物头部模型前,一定要对模型的布线进行规划,这样做是因为好的拓扑结构一方面决定了头部的主要特征,会使造型更准确一些,另一方面,良好的布线会为后期的表情动画打下一个坚实的基础。

布线分析过程

在建模前,需要对模型的布线进行规划,否则会出现很多不必要的面、三角面或是超过四边的面等。一开始可以勾勒出头部的主要形状,然后以边为基础制作拓扑结构。

好的拓扑结构也可以更容易表现真实自然的头部模型,如图 5-11 所示。

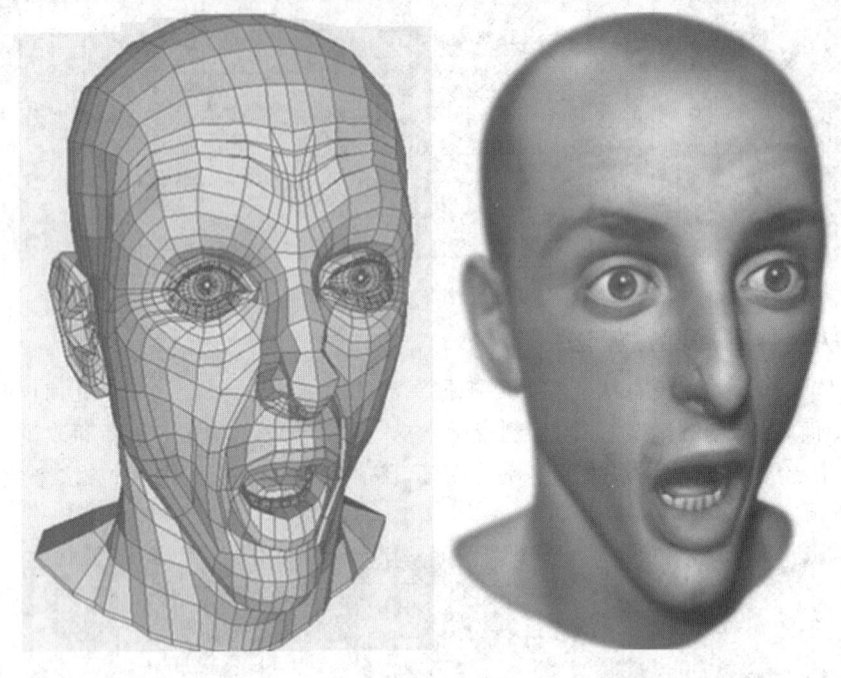

图 5-11

那么什么是好的拓扑?怎样判断拓扑的好坏?为了回答这些问题,需要先看看人物头部的解剖图,如图 5-12 所示。在任务 1 中我们已经了解了人物头部的形状、五官结构等。

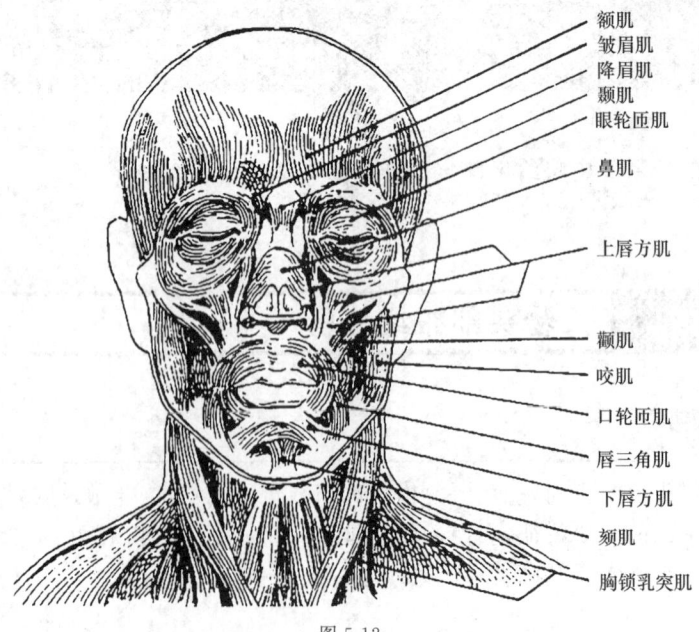

图 5-12

这些肌肉能够帮助我们确定头部形状或是表面的拓扑,应该尽量了解它们,它们是面部表情的主要来源。面部的肌肉在工作时,可以将它想象成一个海绵放在一个厚厚橡胶板的桌面上。当拉起一部分时,其表面会形成皱纹。如图 5-13 所示。

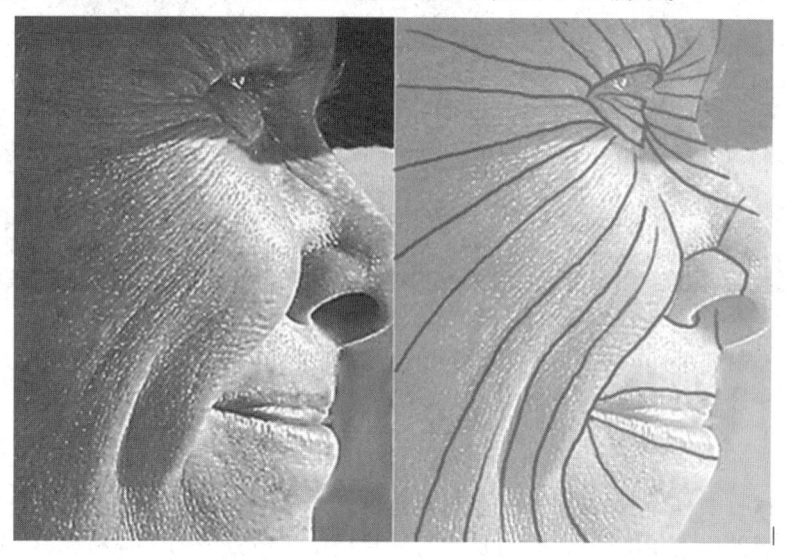

图 5-13

可知,形成拓扑的基础是面部的肌肉,这就需要设计员了解肌肉和面部解剖学。但是制作出来的三维模型不可能是完全真实的,如果试图去制作每块肌肉和每条皱纹,将导致建模工作进入"死胡同"。所以最好适当地夸张图片上的皱纹。

图 5-14 是一个对头部拓扑结构进行基本分析的例子,根据肌肉走向进行颜色分块。

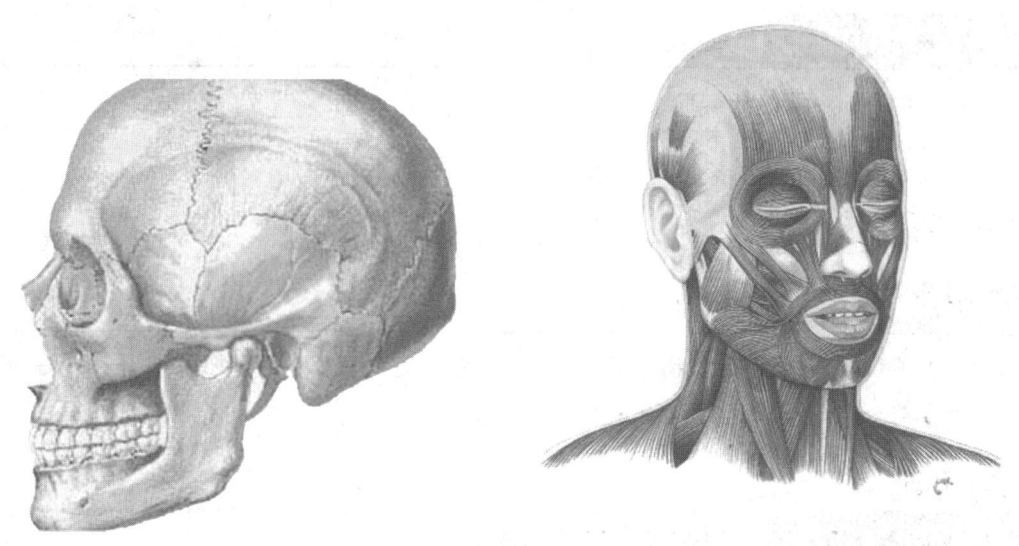

图 5-14

在解剖上,人类的面部结构 99% 是相似的,因此拓扑结构不会有非常大的区别,图 5-15 的布线可以作为很好的参考。

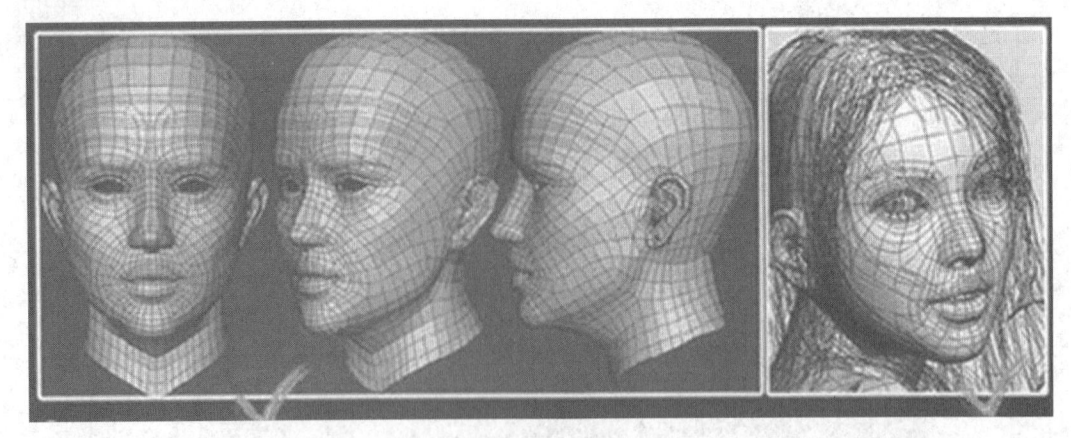

图 5-15

项目小结

通过本项目的学习,学习者可以对人物头部结构有初步的、直观的认识和了解,尤其是对人物头部的肌肉结构的分析,再加上实际建模中布线方法的了解和学习,为下一步在 Maya 中创建人物头部模型打下坚实的理论基础。

项目 2　创建人物头部模型

项目目标

1. 人物头部模型的基本布线规则。
2. 人物头部建模的基本方法。
3. 准确地把握人物头部模型结构的方法。
4. 人物头部模型的 UV 拆分方法。

项目说明

在本项目中,主要讲解人物头部建模的具体制作过程,探讨如何使用 Maya 工具一步步完成人物头部模型。

任务 1　建模前准备工作

任务说明

本例需要在建模前了解人物头部建模的基本方法及基本布线规则。

操作步骤说明

一、了解建模规则

在建模之前,我们首先了解一下建模规则。

(1)尽量使用少的面制作模型。

(2)尽量使用四边面,必要的时候也可以使用三角面,只要不影响动画即可。

(3)尽量避免使用五星形或多星形,实在无法避免就把它们放置在不容易看到的位置。

(4)四边面尽量保持丰满的正方形,减少菱形或细长的面。

(5)边最好不要横跨表面,要符合肌肉走向,如图 5-16 所示。

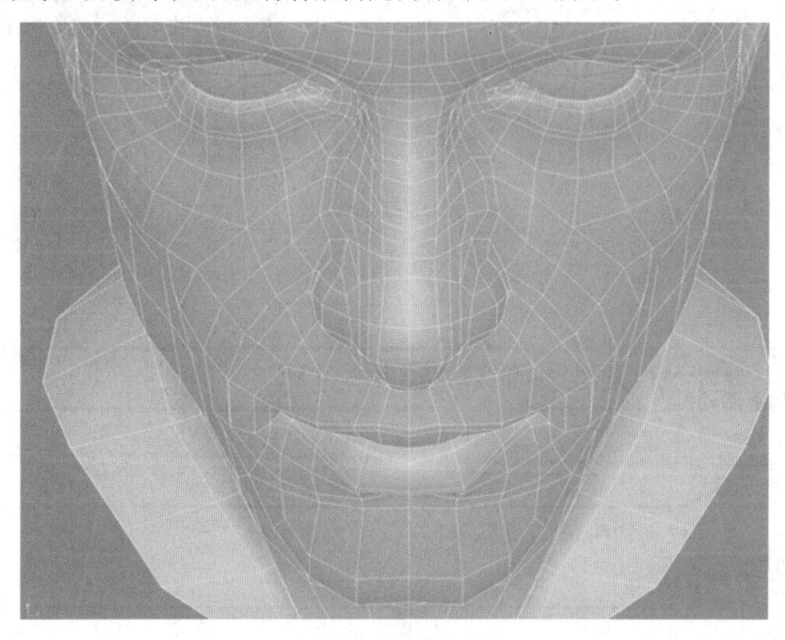

图 5-16

越多的边和面越能让模型真实,但是多的面会使模型很难编辑,比较合理的方法是制作两个级别的模型。将高级别的模型的细节生成法线和置换贴图赋予低级别的模型。

二、参考图片制作

在准备创建人物头部模型之前,一定要先获得好的图片或将绘制的概念图作为参考图。参考图对后期的建模有着非常重要的作用,参考图质量将直接影响模型的准确性。如果在这个过程中犯了错误,那么将来在建模的时候会遇到很多问题,比如模型从正面看,图片匹配得很好,但侧面却匹配得不好。这些错误将耗费大量的时间和精力去改正。

如果要使用真人的照片来做参考,照片的角度非常重要,还要考虑照相机的焦距。焦距越长,越接近参考模型的视角。然而从理论上说,因为视角的变化得到的照片总是和真人有区别的,将参考图片做成模型会比真人略胖,当然这个问题可以通过后期的修改来解决。还需要考虑图片上的光线,太亮或太暗的图片会隐藏很多细节,所以不能使用。

因为视角的差异,如果无法从照相机获得直接用于 Maya 的参考图片,那么应该在

Photoshop 软件中进一步修整图片,通过修改让图片匹配,如图 5-17 所示。

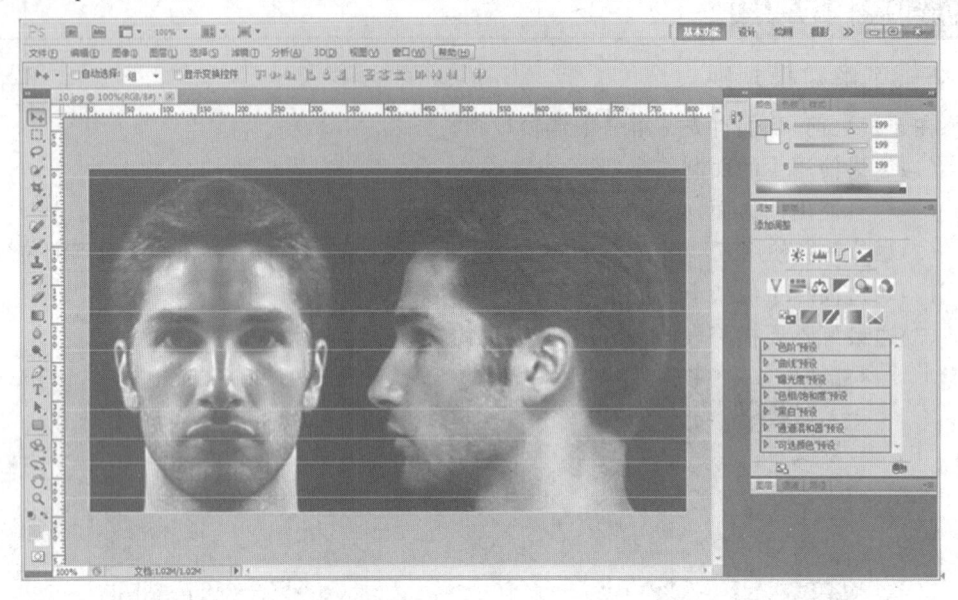

图 5-17

任务 2　人物头部建模制作过程

任务说明

本任务主要完成人物头部的模型制作。

操作步骤提示

步骤 1　打开 Maya,创建一个新的工程目录,如图 5-18 所示。

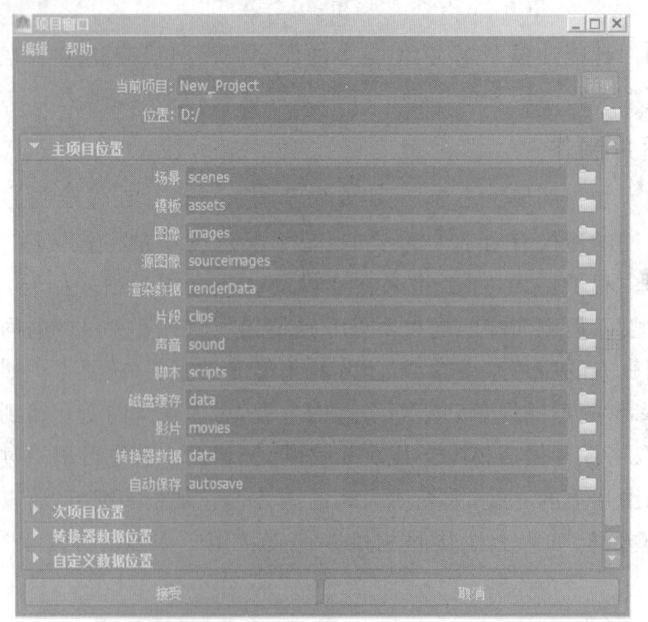

图 5-18

步骤 2 导入参考图——正、侧视图。

导入参考图的方法很多,本任务使用的是"视图"→"图像平面"→"导入图像"导入参考图的方法,如图 5-19 所示。

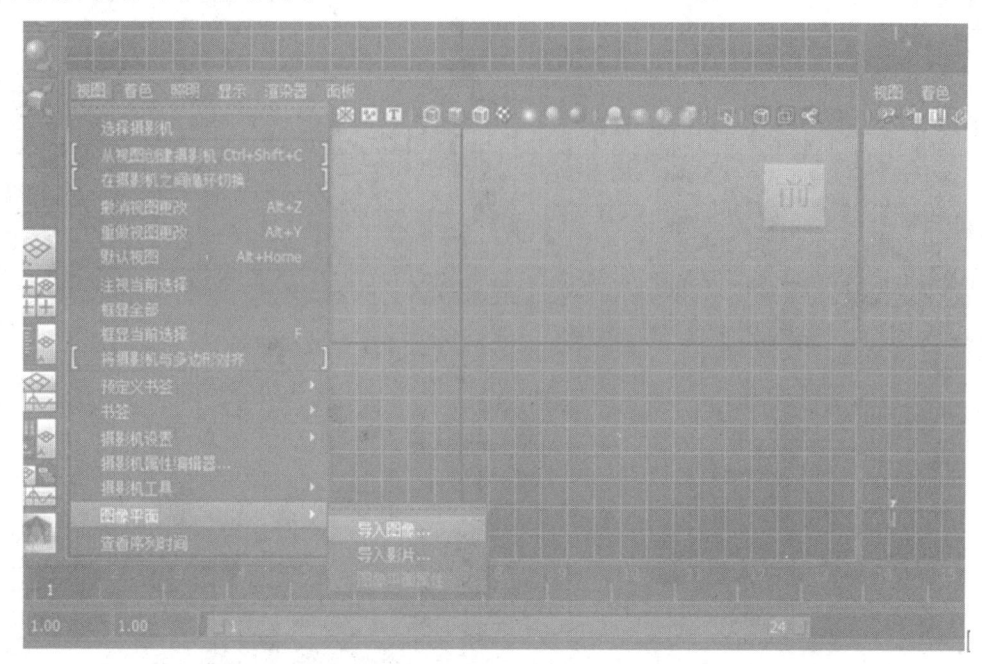

图 5-19

导入图像的场景显示效果如图 5-20 所示。

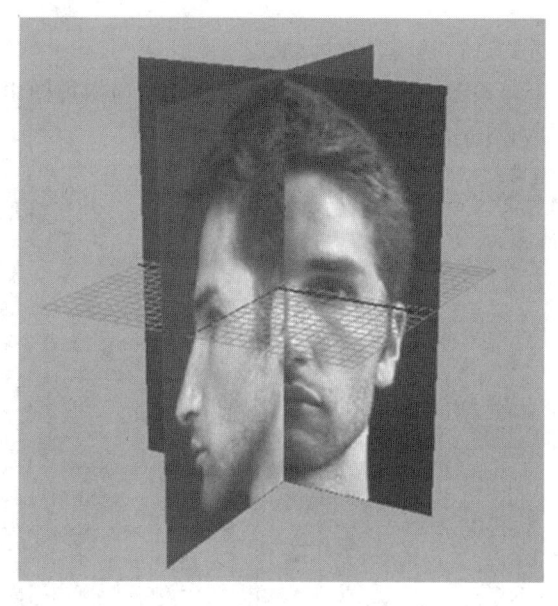

图 5-20

步骤 3 初始轮廓创建。

本任务采用项目 1 中提到的从整体到局部的建模方法。因此,一开始先要确定大概的头部轮廓。

起步时,可以有多种方式,这里给出三种方式:立方块(图5-21)、球体(图5-22)、"立方块"→"平滑"→"球体"(图5-23)。

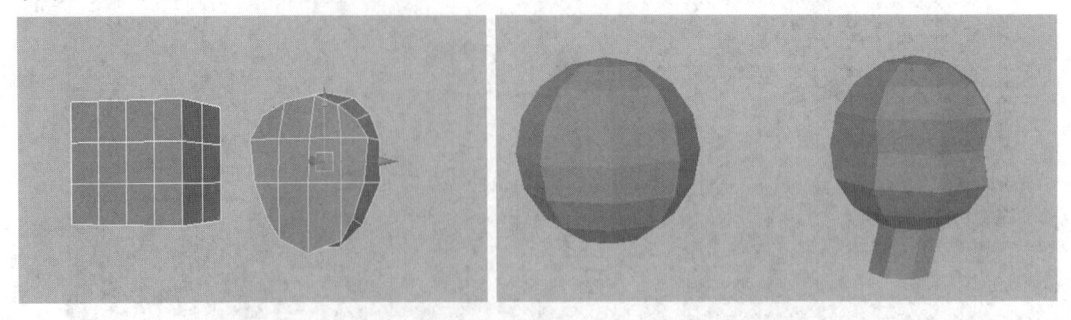

图5-21

图5-22

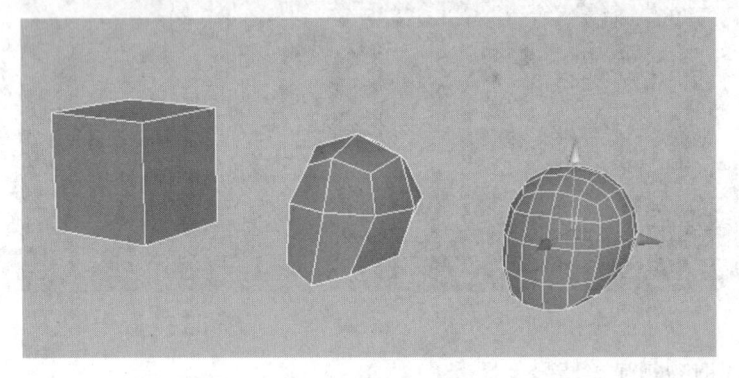

图5-23

本任务选择球体方式进行初始轮廓的创建。

(1)创建多边形球体,段数分别是12和8。在前视图和侧视图中调整形状,选择最小的面挤出,生成颈部。如图5-24所示。

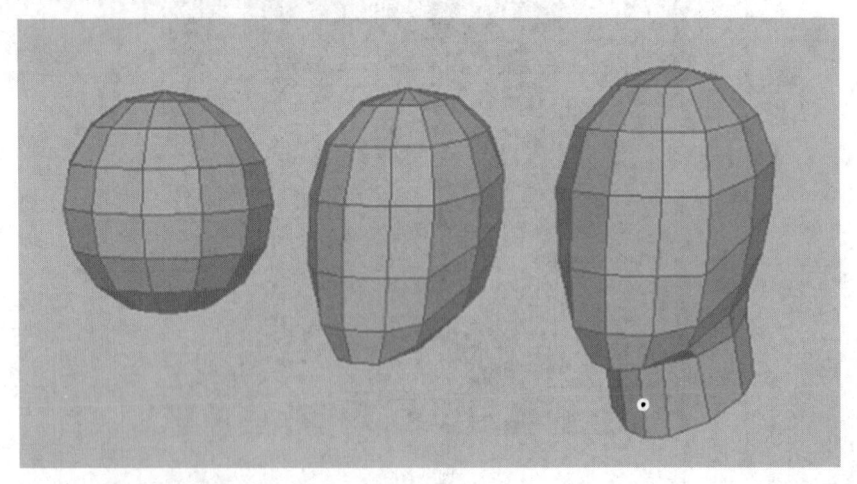

图5-24

(2)调整头部线条,修改多边点,形成四边面效果,方便后面造型,如图5-25所示。

图 5-25

(3)根据参考图,找准眼睛部位,通过"挤出"工具,形成眼窝初始效果。用同样的方法再生成嘴的初始状态。如图 5-26 所示。

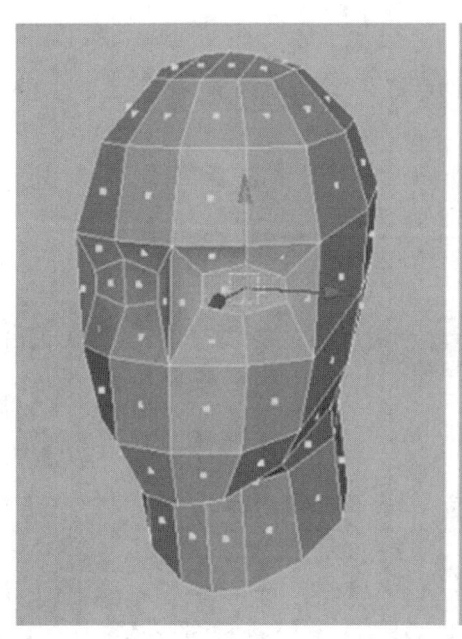

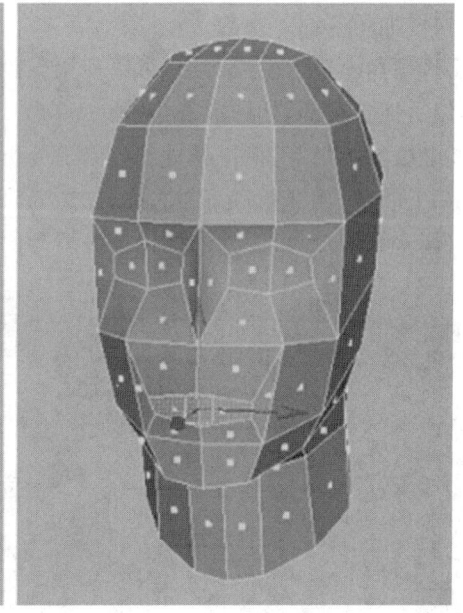

图 5-26

(4)通过"分割点"工具调整鼻子部分线条,然后选择中间的两个面挤出鼻子部分,调整其在脸部的位置。为了便于操作,同模块 4 的卡通角色建模相似,我们将头部删除一半,镜像复制另一半,这样只需要修改一半的模型,就能得到整体的效果。同时,为了查看最终平滑后的效果,我们可以按数字键 3 将模型切换到平滑状态。如图 5-27 所示,头部的初步轮廓就形成了。

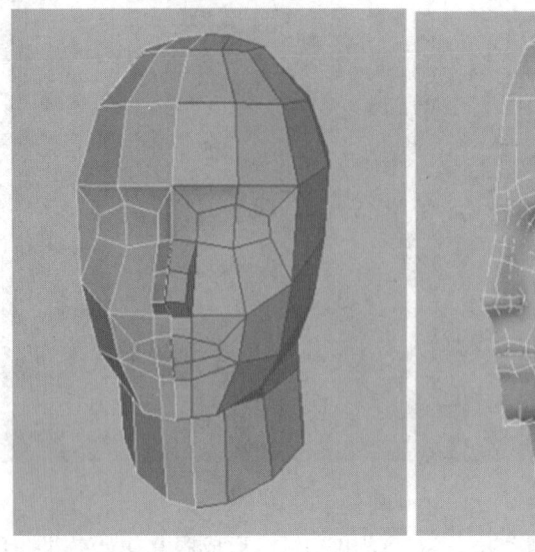

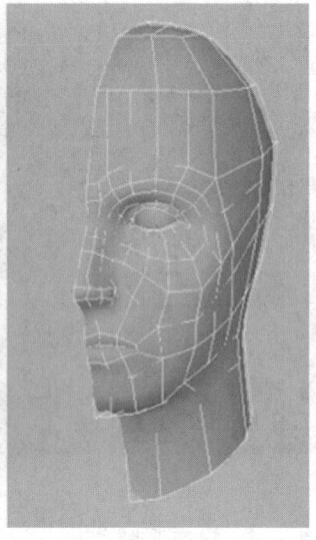

图 5-27

步骤 4 增加五官细节。

(1) 增加鼻部细节

① 将嘴角上边缘的线改道，可以使用分割点工具、合并点工具、删除点和边工具等来实现，然后连接鼻部，如图 5-28(a) 所示。

② 继续增加细节，使得鼻骨和鼻梁部分更贴近参考图片，在鼻部贯穿两条线，同时也为嘴部、下颌部、额部提供可靠布线，如图 5-28(b) 所示。

③ 调整和添加鼻部的线，要保证鼻唇沟的线与鼻翼上缘的线相连，如图 5-28(c) 所示。

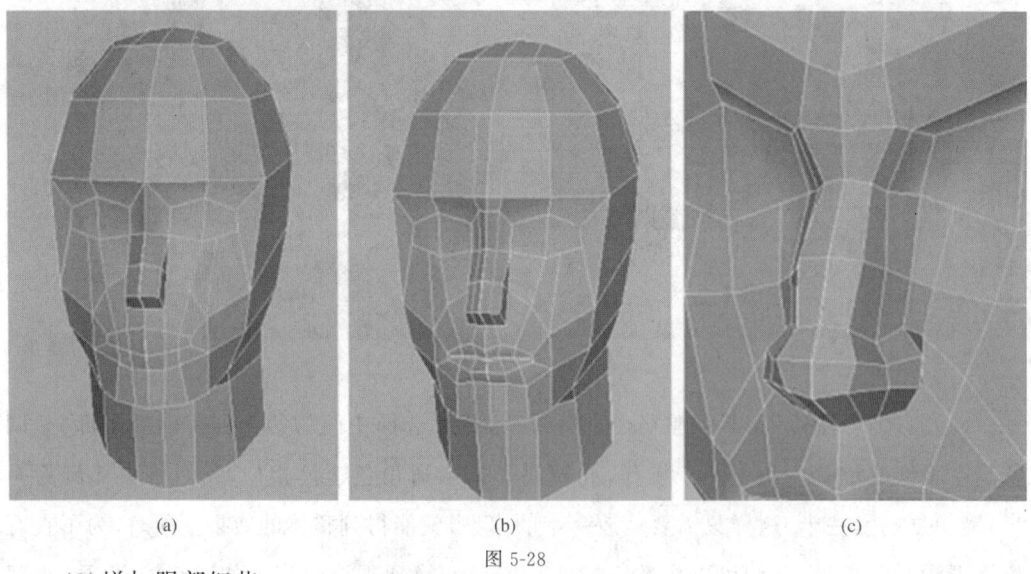

(a)　　　　　　　　(b)　　　　　　　　(c)

图 5-28

(2) 增加眼部细节

先生成一个球体，移动到眼窝处，然后通过加线和调整点制作眼部细节，注意眼眶的形状，眼部的线条必须呈放射状，放射状线条延伸至面部如颧骨等处进行塑形，因此线条不能太少。效果如图 5-29 所示。

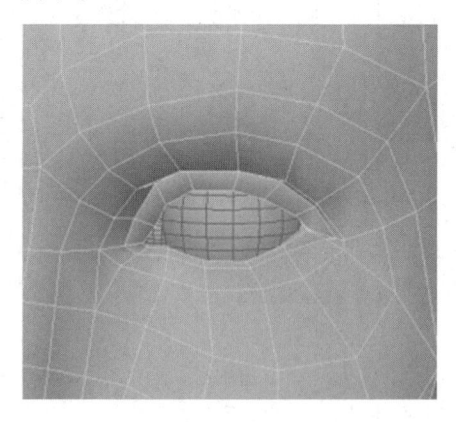

图 5-29

（3）增加嘴部细节

结合参考图，添加线塑造嘴部形状，选择中间的面往头内部挤出形成口腔。因为嘴部是之后表情动画中运动最多的地方，因此布线较多，必须确保布线的规范性，包括嘴唇内部的线条，避免做张嘴等动作时出现穿插现象。布线如图 5-30 所示。

（4）挤出耳朵

在挤出耳朵造型时，我们先回到整体，整理下脸部布线，根据参考图，注意每条线所在的位置，尤其在结构转折处要有足够的线，避免动画时出现棱角等不平滑现象。效果如图 5-31 所示。

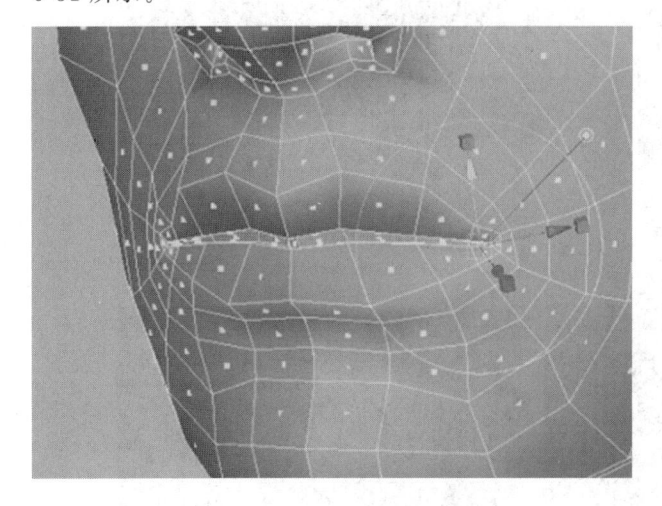

图 5-30 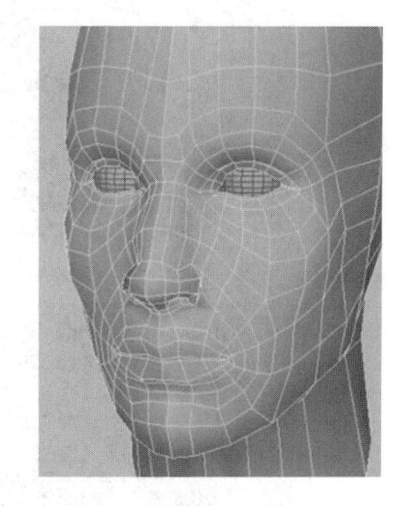   图 5-31

接着，在头部的侧面调整出一块面，和耳朵的形状相似，挤出两次，生成耳朵的体积。然后通过调整点形成耳朵轮廓效果，如图 5-32 所示。

(a)　　　　　　　　　　　(b)　　　　　　　　　　　(c)

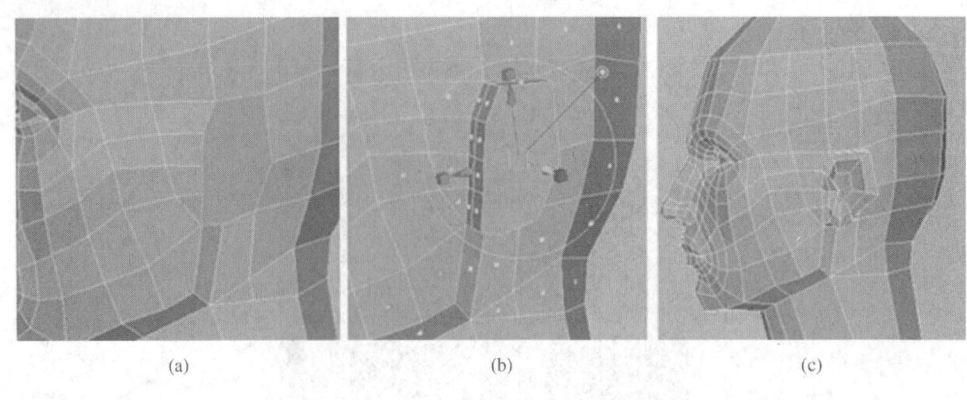

图 5-32

步骤 5　进一步深入刻画细节。

(1)脸部五官细节深入刻画

①加线,强调鼻部、眉弓、颧弓、下颌骨的骨点,如图 5-33(a)所示。

②嘴唇边缘增加两条线勾勒出唇形,如图 5-33(b)所示。

③眼皮因为后期要做眨眼等动作,在闭眼时要确保眼角上眼皮搭在下眼皮上,眼睛周边不受影响,因此要多加线,如图 5-33(c)所示。

④鼻翼部分继续添加线条,形成鼻洞等细节,如图 5-33(d)所示。

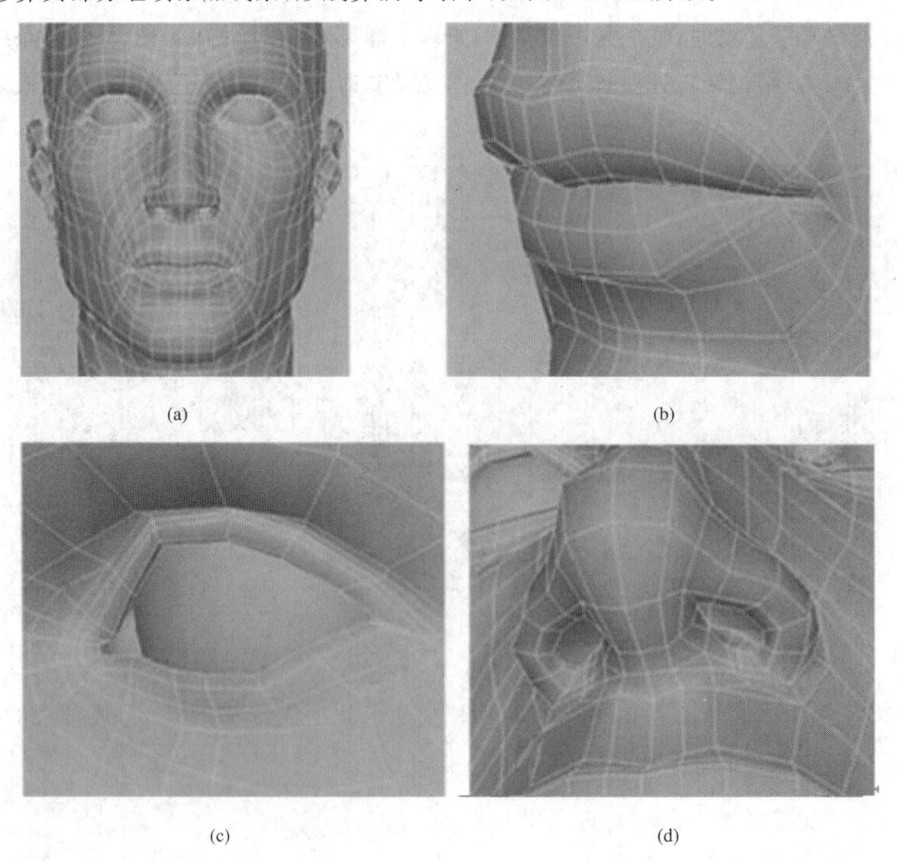

(a)　　　　　　　　　　　(b)

(c)　　　　　　　　　　　(d)

图 5-33

(2) 耳朵细节刻画

完善耳朵,通过调节点,形成耳轮、耳垂的形状,还有耳屏和三角耳蜗的造型也要体现出来,这样耳朵才能显得更真实。顺着耳朵往下,调整颈部线条,使布线符合胸锁乳突肌的走向,男士模型要突起喉结部分。如图 5-34 所示。

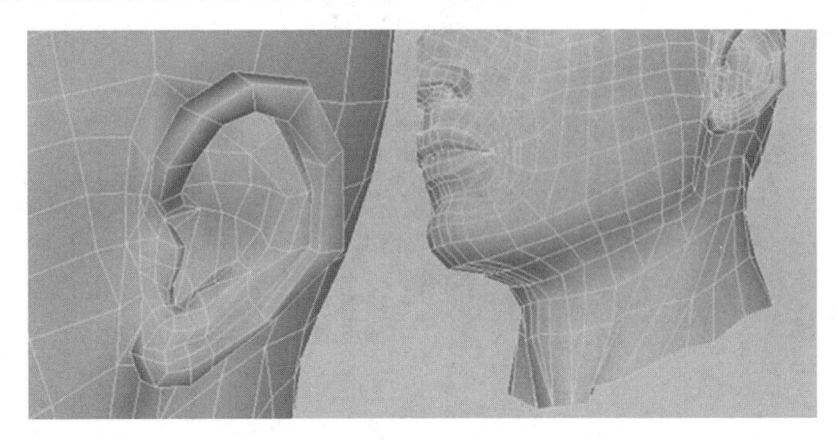

图 5-34

步骤 6 通过菜单"网格"→"雕刻几何体工具"进行轻微平滑操作,使模型看上去更精致。完成效果如图 5-35 所示。

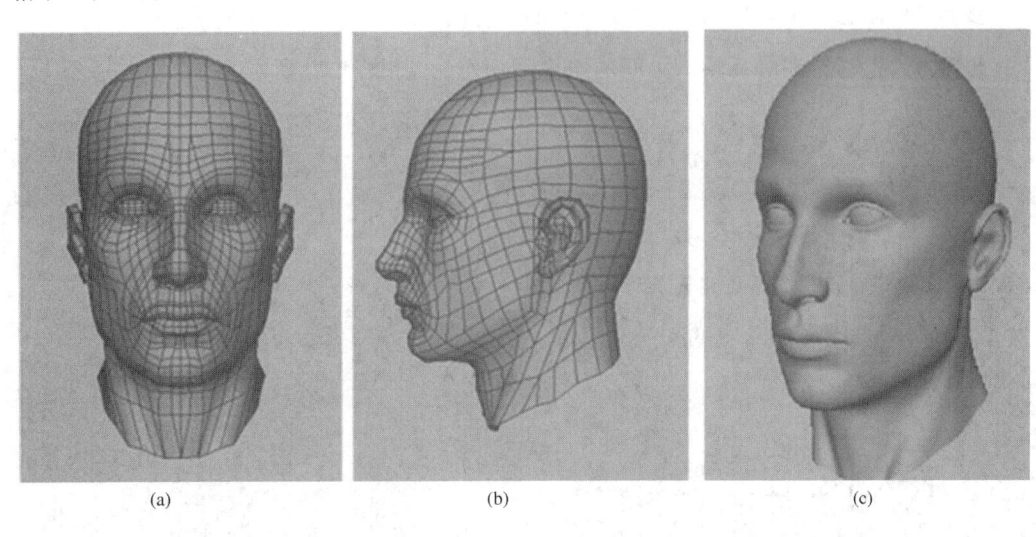

(a)　　　　　　　　　　(b)　　　　　　　　　　(c)

图 5-35

附加知识点

关于耳朵的制作过程,除了从头部直接挤出面进行调整外,还有一种可行的方法:单独制作耳朵,然后缝合到头部对应的耳朵部位。这样操作的好处是,更容易操控耳朵的形状。耳朵的图解如图 5-36 所示。

图 5-36

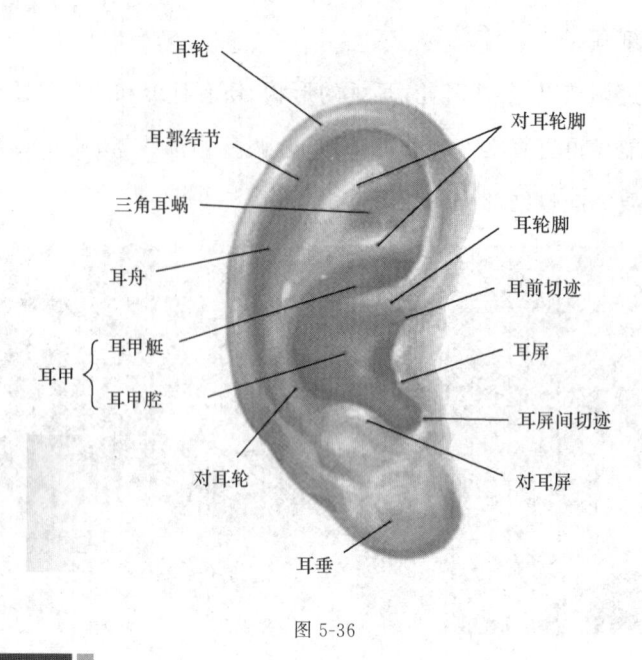

操作步骤提示

步骤 1 如图 5-37 所示，首先沿着耳轮挤出十个片断。

步骤 2 创建一个对耳轮，如图 5-38 所示。

步骤 3 把耳轮和对耳轮脚之间的空隙用面填满，如图 5-39 所示。

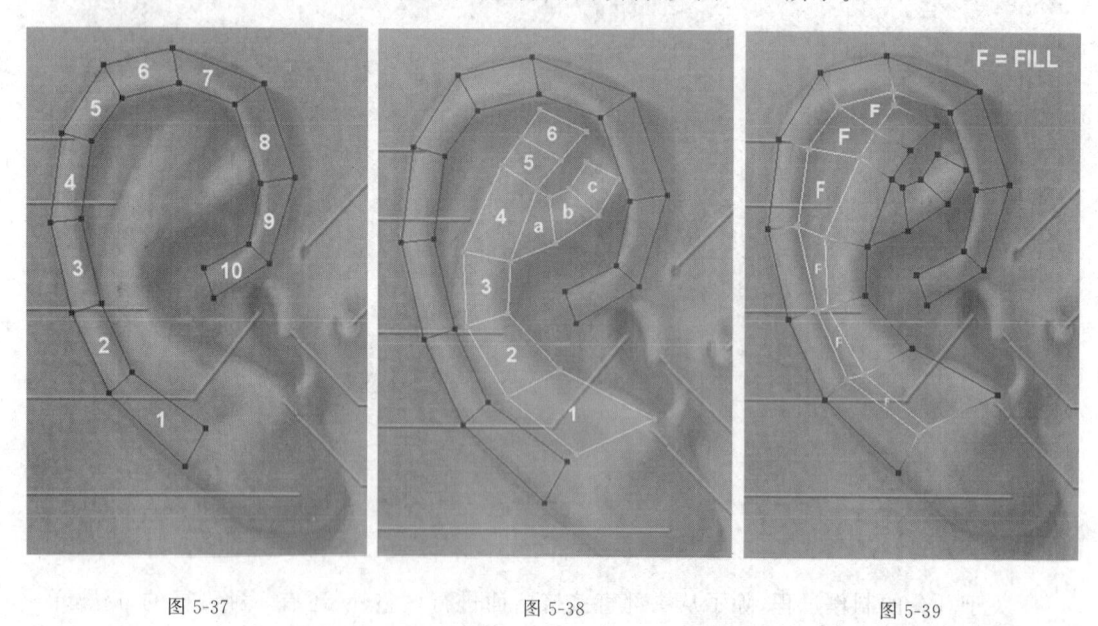

图 5-37　　　　　　图 5-38　　　　　　图 5-39

步骤 4 选择椭圆内部的三条边，然后挤出三个新的面，如图 5-40 所示。

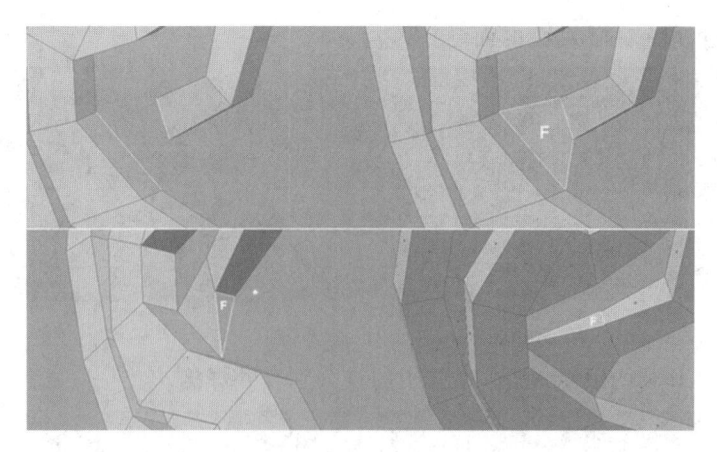

图 5-40

步骤 5 将新创建的面剪切出一道环边,如图 5-41 所示。

步骤 6 把图 5-42 所示的点移动到图示显示的位置。

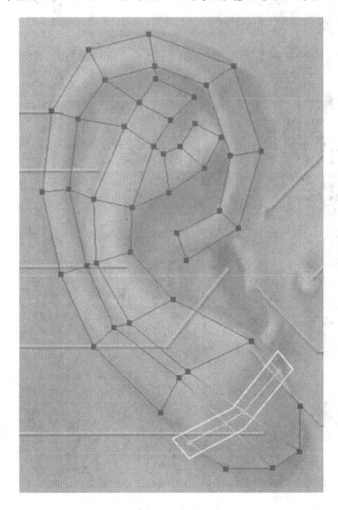

图 5-41 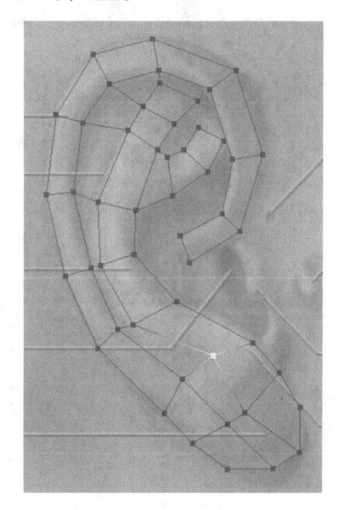 图 5-42

步骤 7 如图 5-43 所示,选择所示的面,然后按图示挤出,给它们增大厚度。

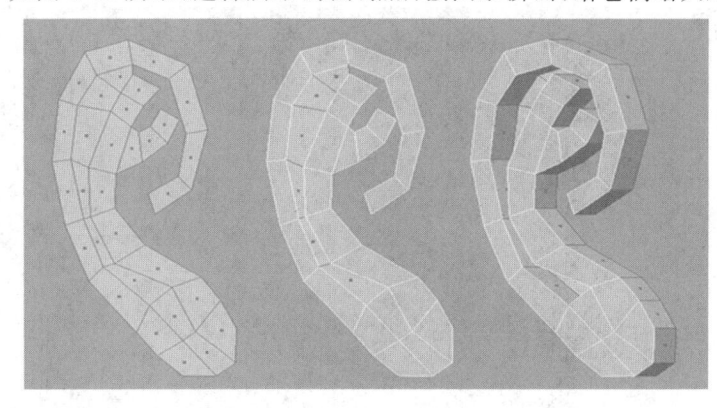

图 5-43

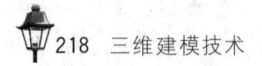

步骤 8　选择图 5-44 高亮的面,删除它。

图 5-44

步骤 9　在耳朵的顶端,把图 5-45 中的点分别合并焊接。

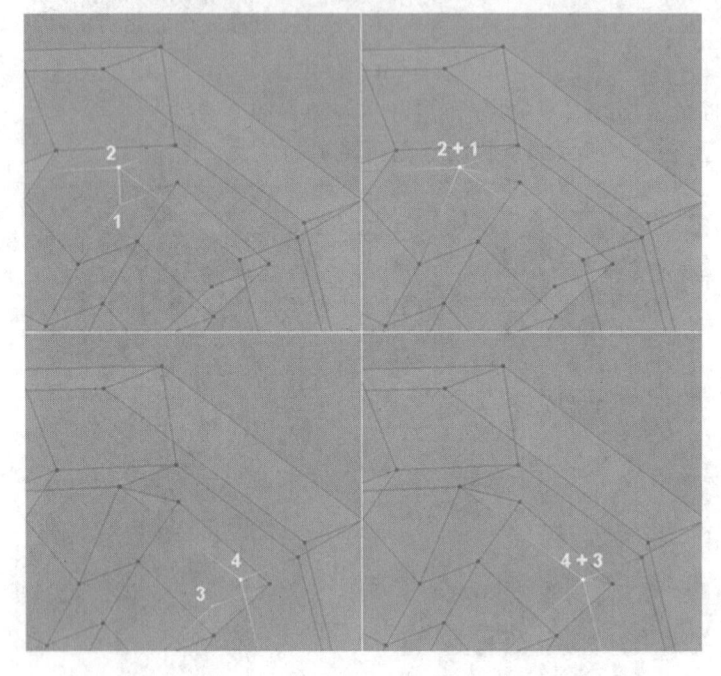

图 5-45

步骤 10　切出一条新的环边,重复之前对耳轮的操作,如图 5-46 所示。

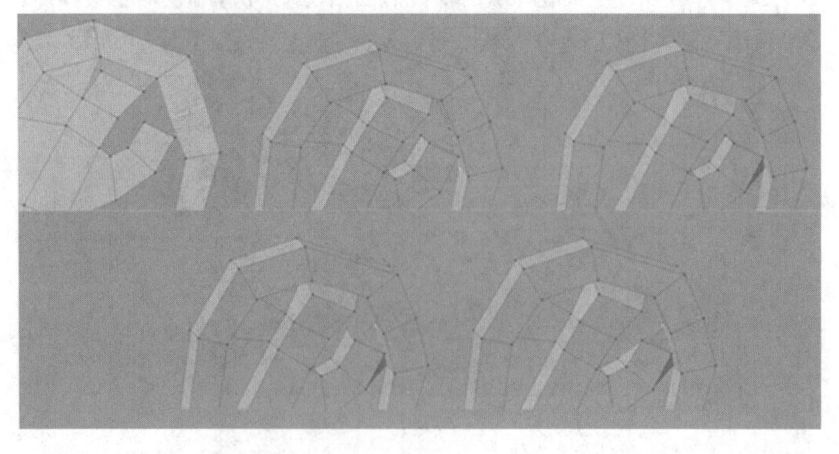

图 5-46

步骤 11 按照图 5-47 所示，重新移动点的位置。

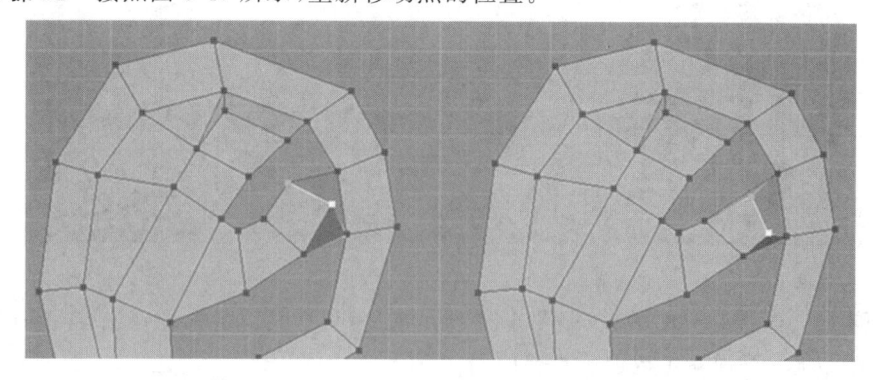

图 5-47

步骤 12 选择两条高亮的边，创建一个它们之间的新的面，在每一个侧面都生成新的面，如图 5-48 所示。

图 5-48

步骤 13 再填充两个面，来完成三角耳蜗，如图 5-49 所示。

图 5-49

步骤 14 再填充三个新的面，完成耳朵下半部分，如图 5-50 所示。

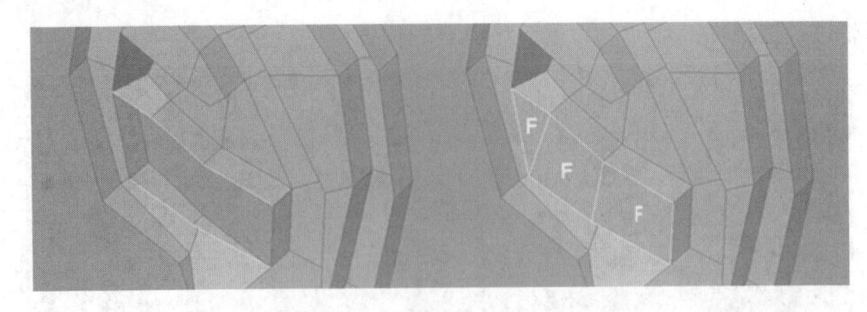

图 5-50

步骤 15 选择高亮的面，按照图 5-51 所示次序，依次挤出各个面，最后连上耳轮。之后不要忘了删除背面新生成但不需要的面。

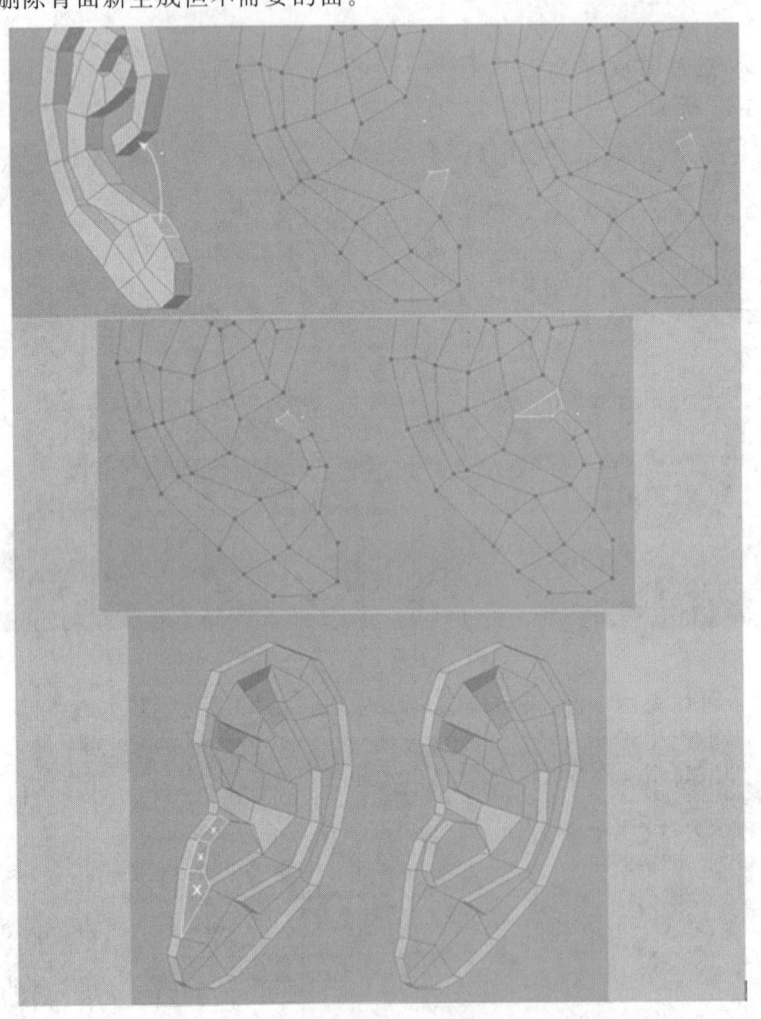

图 5-51

步骤 16 如图 5-52(a)所示，选择六个高亮的点，然后把它们朝内挤出，并缩小一点，如图 5-52(b)所示，接着挤出这个环，来创建耳管部分，如图 5-52(d)所示。

(a)　　　　　　　　　　(b)

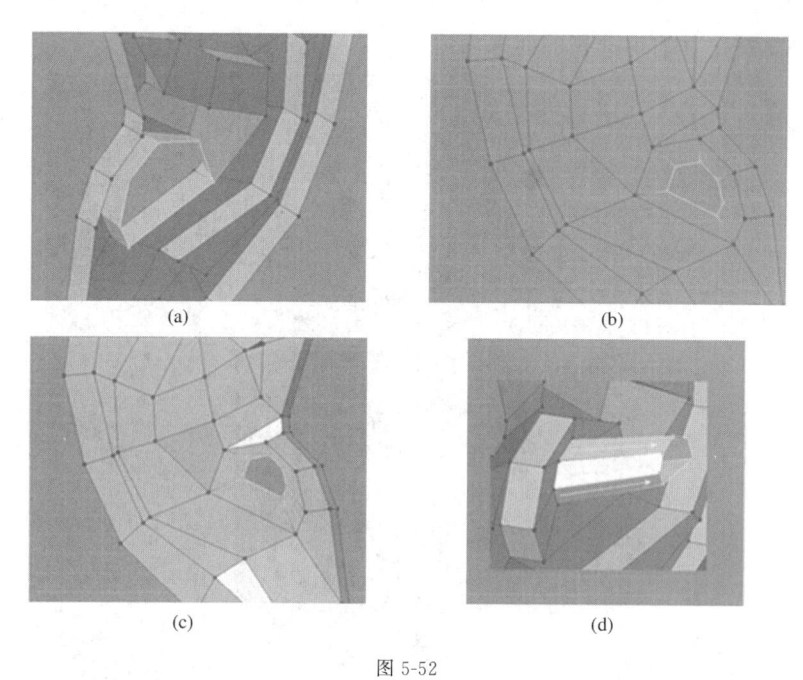

(c)　　　　　　　　　　(d)

图 5-52

步骤 17 按照图 5-53 来完成耳朵的形状。

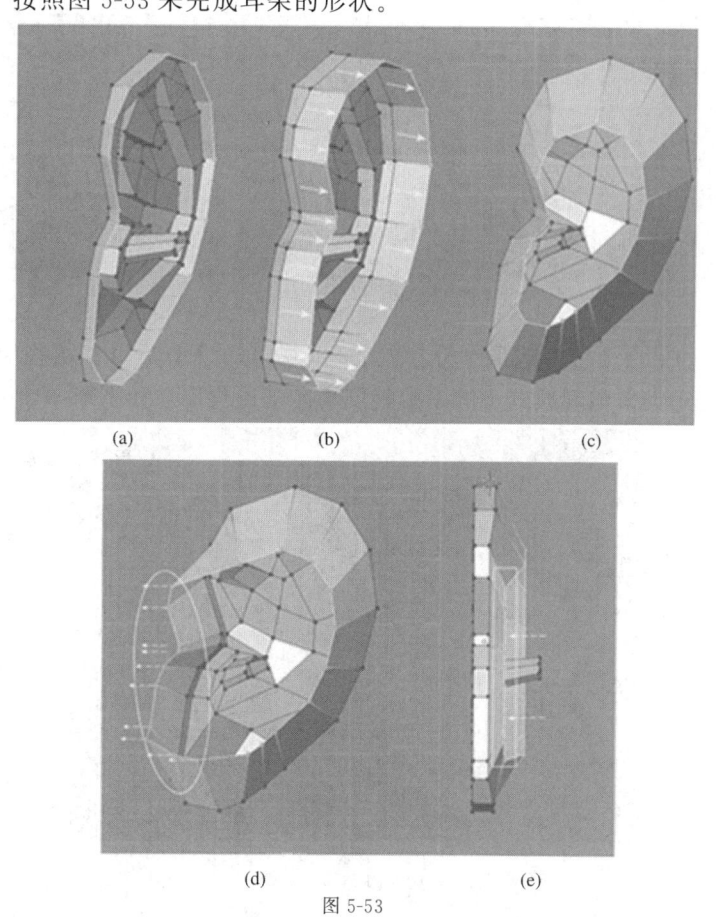

(a)　　　　(b)　　　　(c)

(d)　　　　(e)

图 5-53

步骤 18 挤出并缩小选择的面来创建耳屏结构，如图 5-54 所示。

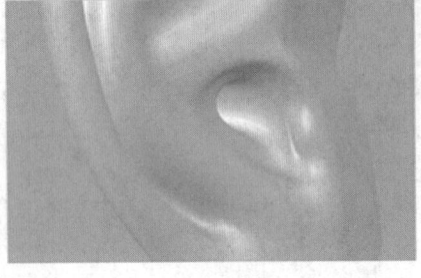

图 5-54

步骤 19 把选择的边朝外移动一点，制作耳垂的膨胀效果，如图 5-55 所示。

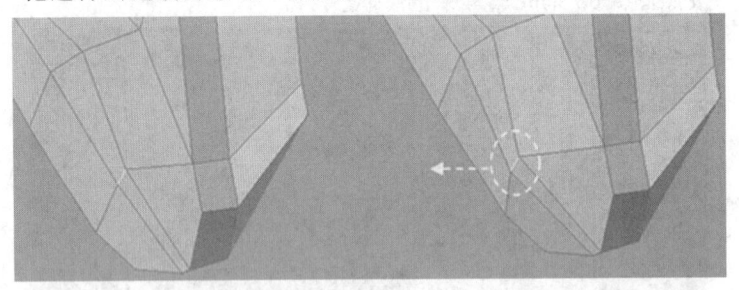

图 5-55

步骤 20 如果启动了多边形细分模式，可以观察到模型是否在某些地方太尖锐了，如果是，可以使用类似雕刻模式下的平滑笔刷功能来让模型柔和下来。如图 5-56 所示。

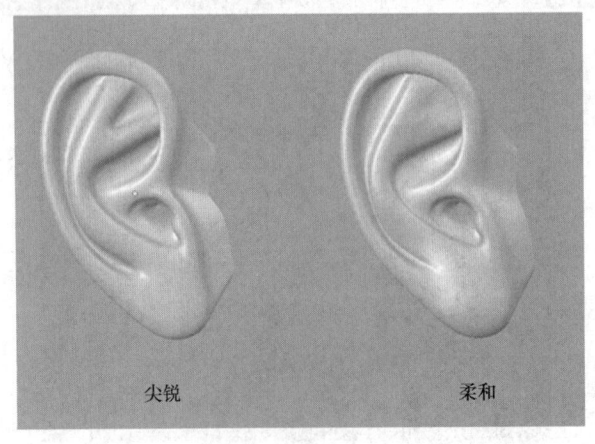

尖锐　　　　柔和

图 5-56

步骤 21 选择高亮的面并删除它们来创建放置耳朵的空间,如图 5-57 所示。

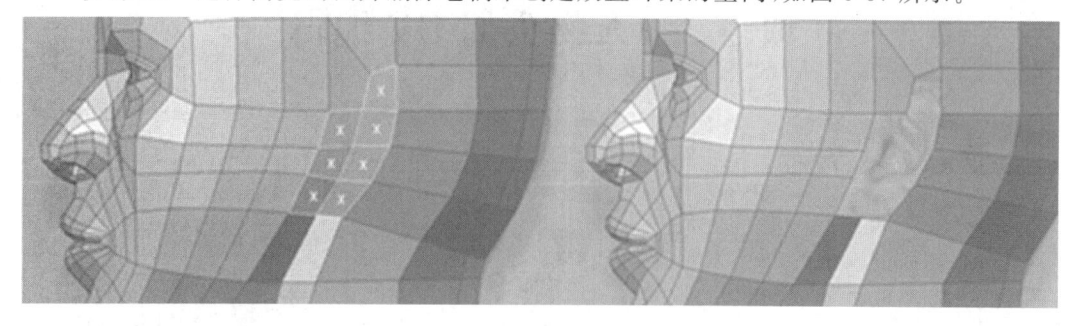

图 5-57

步骤 22 把耳朵放在头的侧面,同时,在前视图,稍微旋转一下它的 Z 轴,如图 5-58 所示。

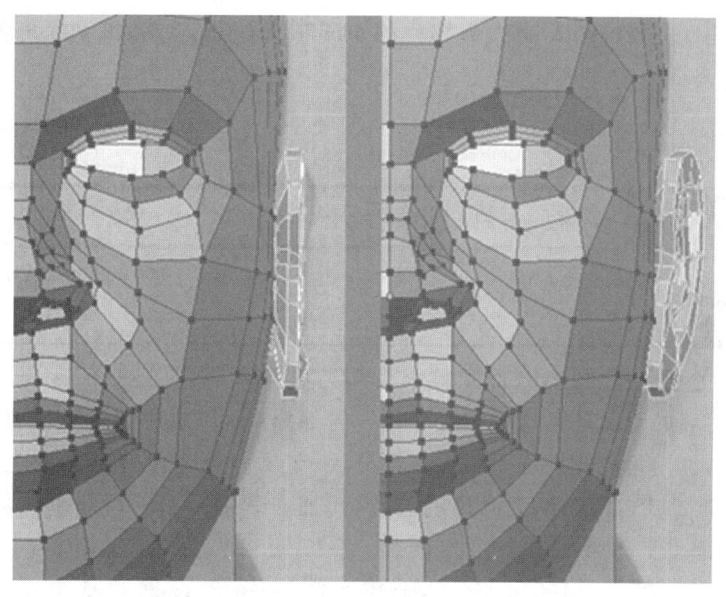

图 5-58

步骤 23 最后结合两个物体,然后通过合并点或桥接等工具,将耳朵与头部连接好。

项目小结

本项目主要讲解了人物头部模型的制作过程。通过项目 1 的理论知识的前导学习,在本项目的实际建模中能够充分根据肌肉走向进行模型布线,同时通过参考图片、建模详解,学习者不仅学会了人物头部建模的布线规律,同时也能像雕塑家一般创建出理想的人物头部模型。

项目 3　人物头部 UV 编辑

项目目标

1. 人物头部模型 UV 展开方法。
2. 人物头部模型的 UV 编辑。
3. 人物头部模型的贴图制作方法。

项目说明

在本项目中，主要讲解人物头部建模的 UV 展开过程，理解和掌握角色头部的 UV 编辑和贴图制作步骤。

任务 1　人物头部 UV 展开

任务说明

头部 UV 的划分需要注意，首先整个头部类似球体，不划分 UV 就会出现贴图拉伸等问题，但是面部的正面是不希望布置分割线的部分。面部是贴图绘制非常重要的部分，没有任何遮挡，也是角色效果的重要表现部分，一定要尽可能保持 UV 的完整，因此头部 UV 分割线的布置基本都在不太明显的位置，比如在后脑开始进行分割线的标记。最终完成的人物头部 UV 效果如图 5-59 所示。

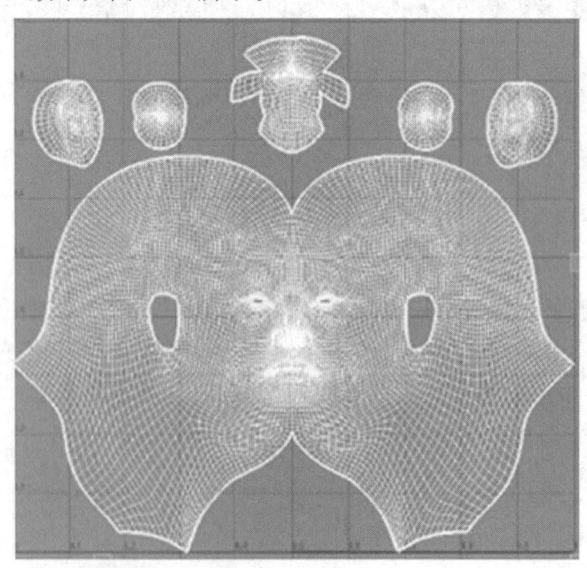

图 5-59

操作步骤提示

步骤 1　在头部后脑勺选择一条线作为 UV 分割线,展开 UV,如图 5-60 所示。

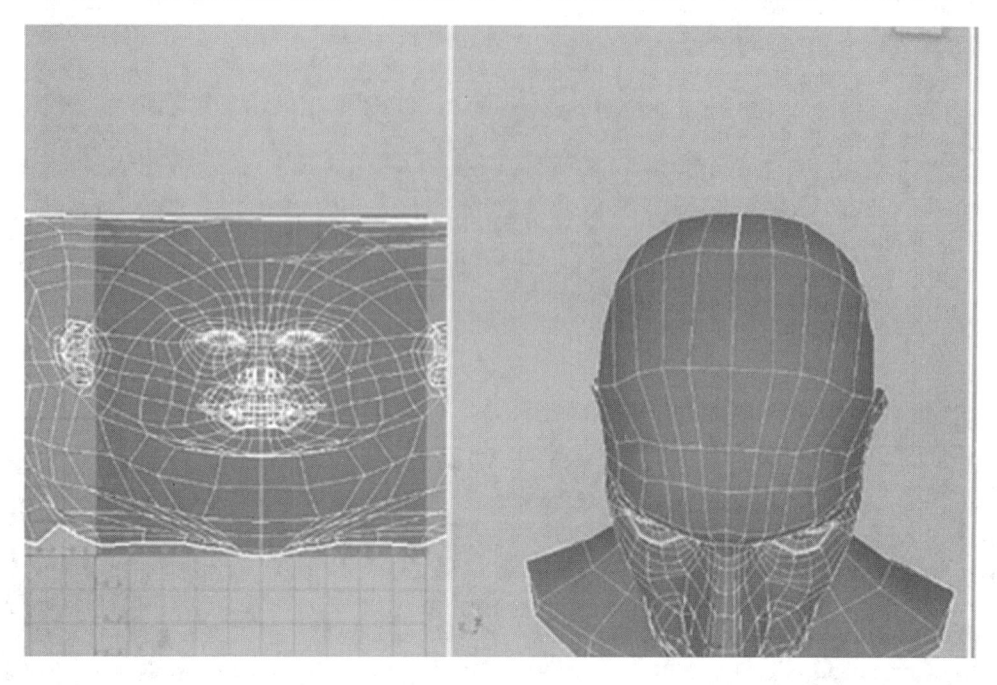

图 5-60

步骤 2　选中 UV,进行松弛操作,直到出现相对满意的效果。如图 5-61 所示。

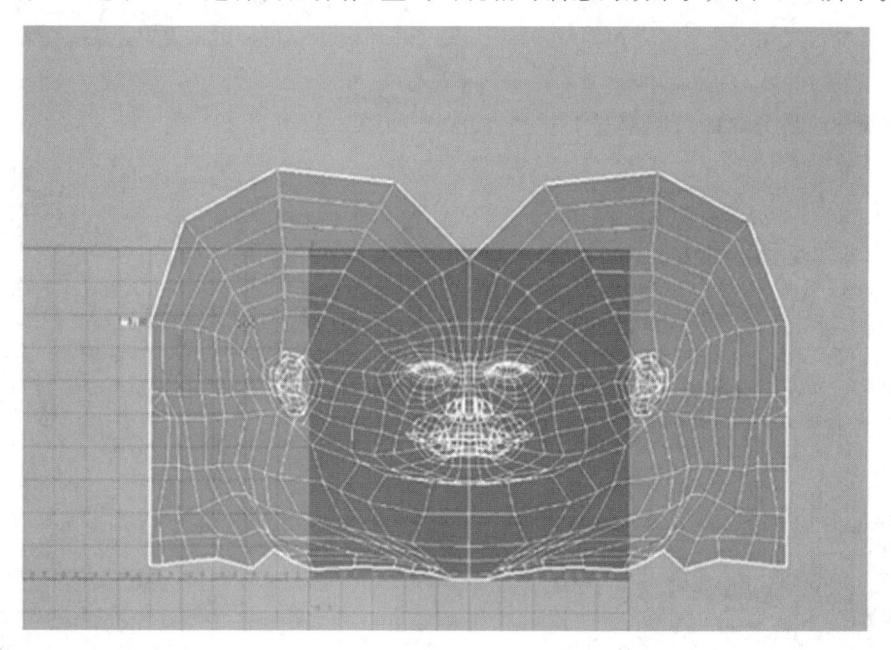

图 5-61

步骤 3 将鼻子里面和嘴巴里面给切开,如图 5-62 所示。

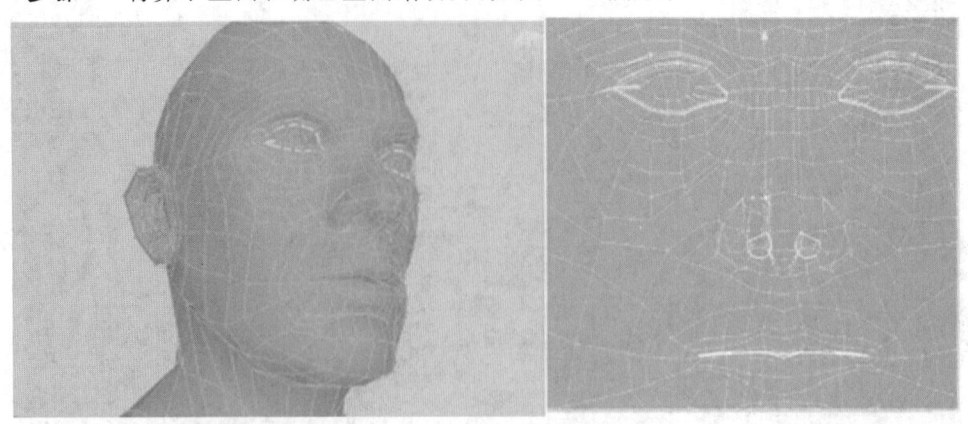

图 5-62

步骤 4 对眼睛和嘴部进行松弛,如图 5-63 所示。

图 5-63

步骤 5 将分离的口腔部分 UV 独立出来,如图 5-64 所示。

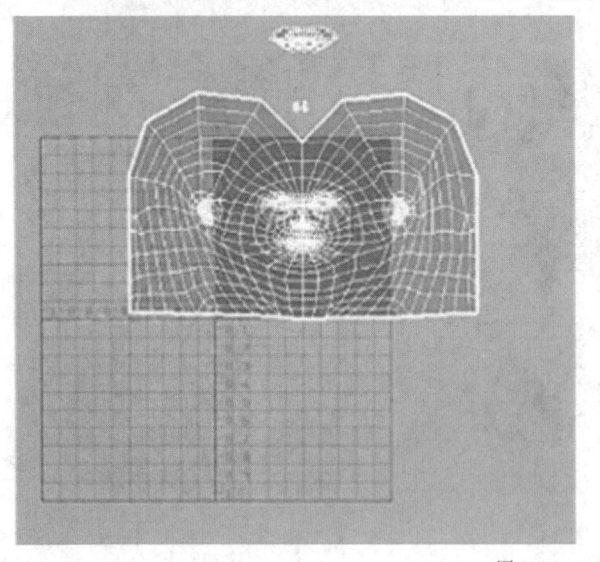

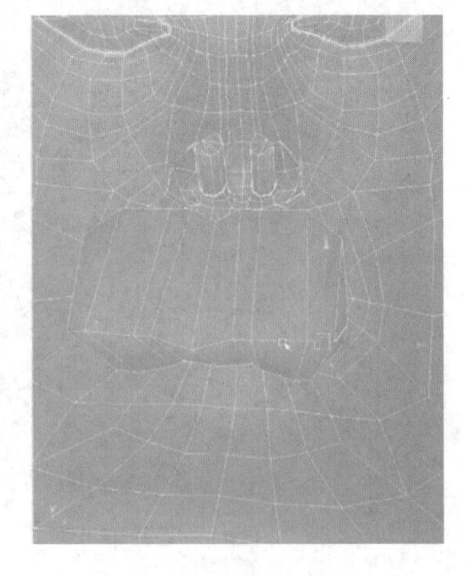

图 5-64

步骤 6 选择一张 UV 测试图（如图 5-65 所示），通过 file 材质节点赋给头部，观察 UV 拉伸情况，然后进行调整，如图 5-66 所示。

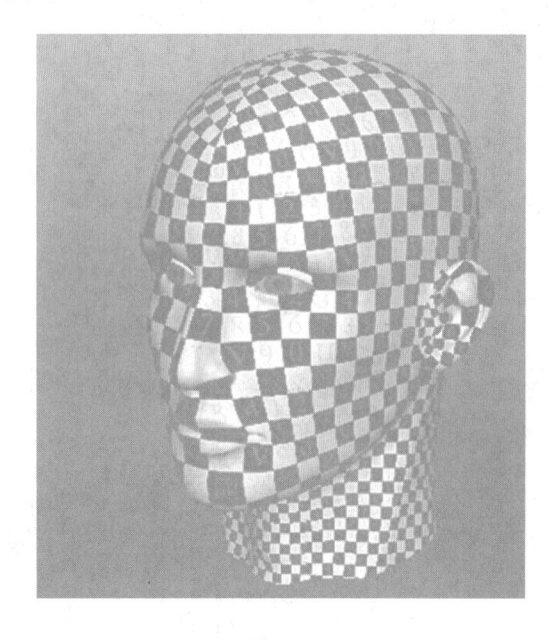

图 5-65

图 5-66

任务 2　绘制人物头部贴图

任务说明

头部贴图有两种处理办法，第一种是将真实的照片用 Photoshop 软件处理，然后赋予模型，第二种可以根据 UV 图直接手绘（软件不限），当然第二种方法对绘画的技巧要求是比较高的，绘画水平的高低也能直接决定一个作品的好坏。

操作步骤提示

步骤 1 将编辑好的人物头部 UV 布线图导出。在 UV 编辑器窗口，选择"多边形"→"UV 快照"，一般导出 1024×1024 分辨率的 TGA 图片，如图 5-67 所示。

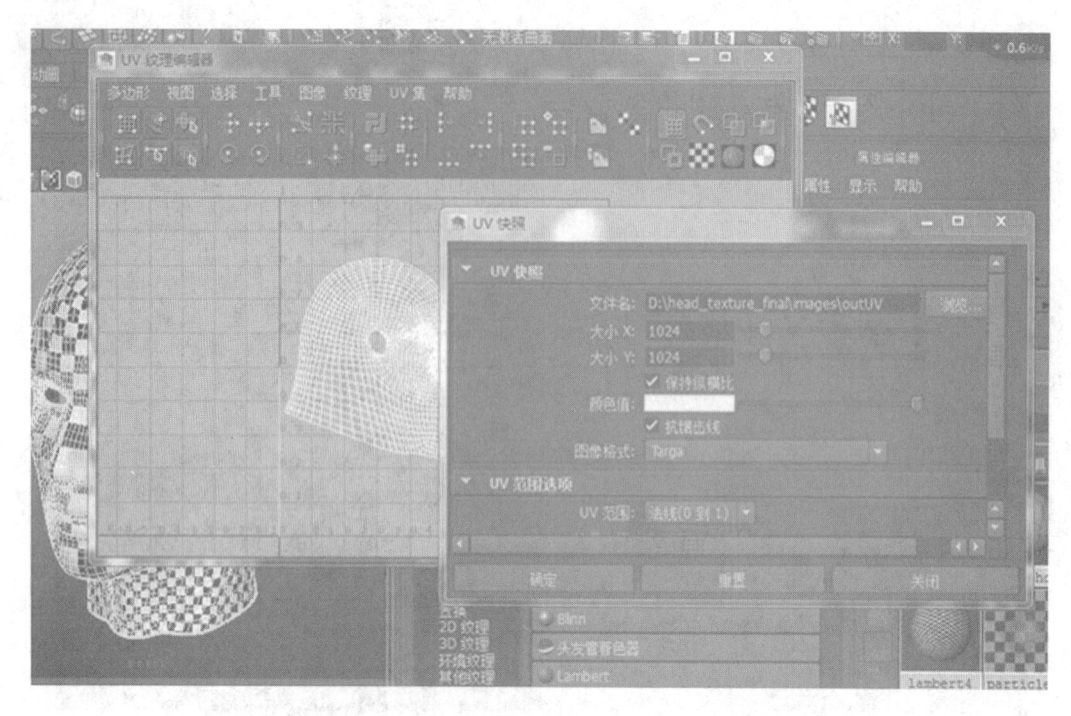

图 5-67

步骤 2 利用 Photoshop 软件,将图片按 UV 布线图进行贴图绘制,如图 5-68 所示。

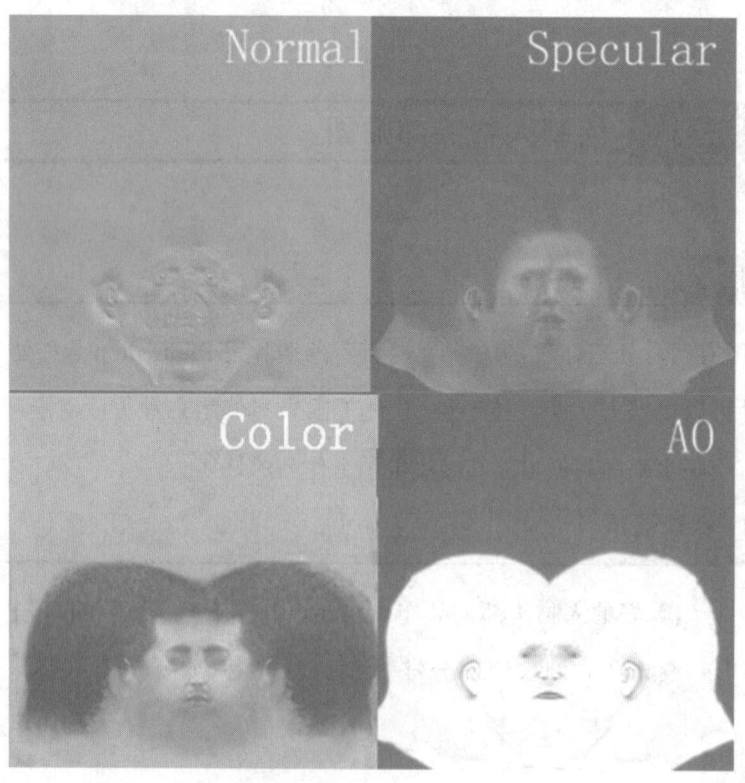

图 5-68

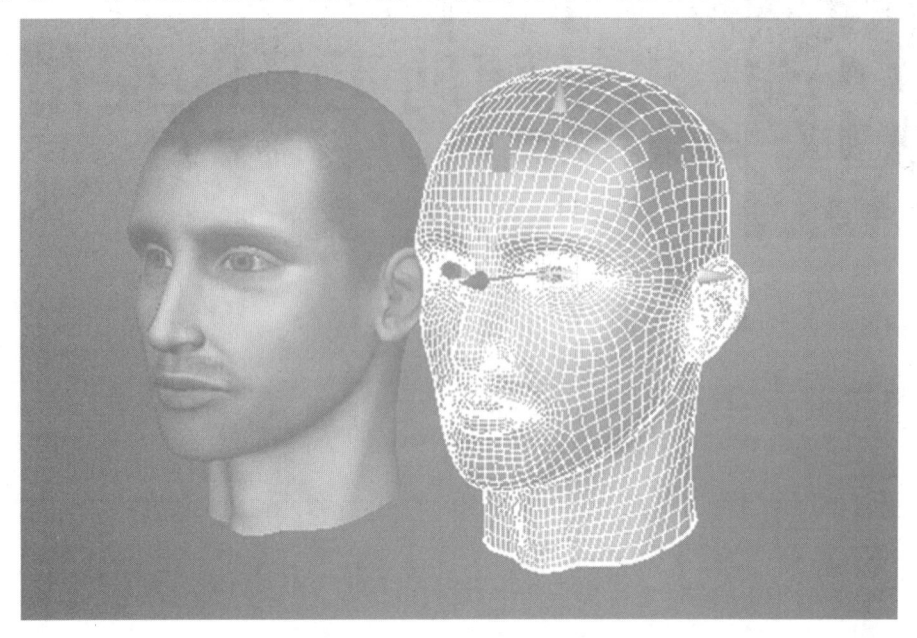

步骤 3　将绘制好的贴图赋给人物头部模型，得到最终效果，如图 5-69 所示。

图 5-69

项目小结

　　头部贴图的好坏直接影响到后期的渲染效果。本项目主要介绍了头部模型 UV 贴图的展开过程，而贴图部分的绘制主要利用 Photoshop 等软件精心绘制，这需要学习者有一定的美术功底和抽象思维，不是一朝一夕可以熟练掌握的，只有不断地学习与练习，才能制作出理想的艺术作品。

模块 6 建模辅助工具的使用

教学目标

通过"Zbrush 基础知识"的讲解和蛋糕模型、木头模型、T 恤案例的学习,了解 Zbrush 的界面功能,了解高模的创建方法,了解法线贴图的制作方法。

教学要求

知识要点	能力要求	关联知识
Zbrush 软件基础操作	了解	模型导入、导出 雕刻笔刷
法线贴图	了解	法线贴图烘焙
Maya 与 Zbrush 的模型关系	了解	Maya 创建低模 Zbrush 雕刻高模

基本知识必备

一、高低模基础知识

1 什么叫"高模"？

高模是在游戏美术开发过程中，通过 3DS MAX 软件制作出的点、线、面数量较多，细节丰富的模型，它不仅能很好地表现出原物的结构，更能表现出原物的细节部分。其实高模是为低模服务的，为了法线贴图而存在的。

2 什么叫"低模"？

低模是在游戏美术开发过程中，通过 3DS MAX 软件制作的一个低面多边形，它能很好地概括出原物的结构。一般在游戏中使用的都是低模。

3 什么叫"中模"？

中模是在模型开发过程中，通向高模的中转站模型。在中模基础上进行细化，可生成一个面数极高并且细节精致的"高模"，而在中模的基础上削减面数，可得到一个游戏引擎中正式用到的渲染模型"低模"。

在一个简洁的界面中，Zbrush 为当代数字艺术家提供了世界上最先进的工具。以实用的思路开发出的功能组合，在激发艺术家创作力的同时，更产生了一种用户感受，在操作时会感到非常顺畅。

图 6-1～图 6-4 是用 Zbrush 软件雕刻出来的。

图 6-1

图 6-2

图 6-3

图 6-4

在本教材中增加这一部分内容，目的是为学习者起一个抛砖引玉的作用，希望能对提高建模水平有所帮助，但要想达到大师级别的水平，还需要时间和努力才行。

Zbrush 能够雕刻出高精度的模型，但是在项目制作中有文件大小和系统资源限制时，就不能直接使用这么多面的模型。通常的解决方案是使用 Zbrush 导出 Displacement 和 NormalMap，这两种贴图可以在制作后输出给动画制作模型或是游戏引擎，实现将低精度的模型计算成高精度的品质。

Zbrush 提供的 Displacement 和 NormalMap 功能非常完善和成熟，如图 6-5、图 6-6 所示模型是使用贴图的质量对比。

图 6-5 所示模型 Polys 面数是 2886 个三角面。

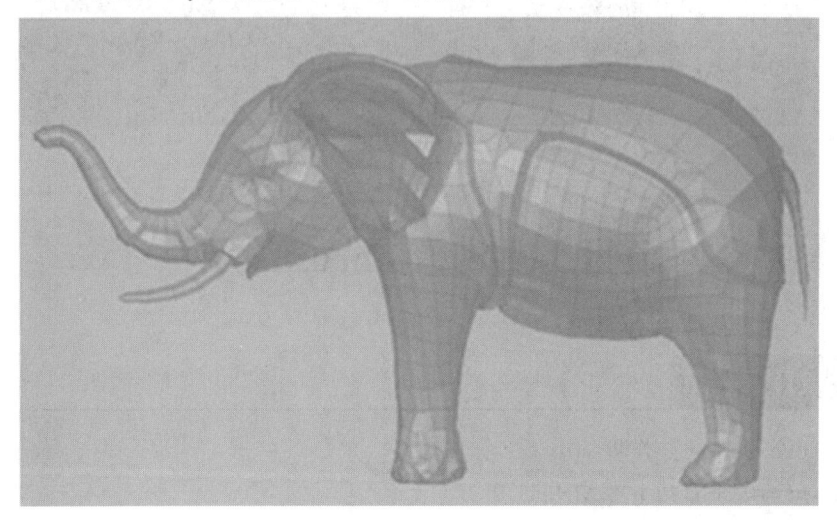

图 6-5

图 6-6 所示模型是雕刻细节后，Polys 面数为 730880 个三角面的效果。

图 6-6

应用贴图渲染效果，如图 6-7 所示。

图 6-7

项目 1　熟悉 Zbrush 软件

项目目标

1. Zbrush 软件的操作界面。
2. Zbrush 软件的基本雕刻工具。

项目说明

Zbrush 软件是一个 2.5D 的软件,能在很高的面数下进行雕刻操作,这一点是 Maya 或 3DS MAX 等三维软件所无法企及的,目前是高模的一个首选软件。初学者首先要学习打开软件,了解基本的界面操作方法,对于经常使用 Maya 的操作者来说,熟悉这个软件还是需要一点时间的。

具体内容分析

1 软件介绍

Zbrush 是一个数字雕刻和绘画软件,它以强大的功能和直观的工作流程彻底改变了整个三维模型制作技术,在 Zbrush 中操作拥有高达 10 亿多边形的模型时,仍然会非常顺畅,这就给 3D 造型带来了一场质的革命,在此之前,很多不能实现的细节现在可以轻易地在 Zbrush 中雕刻出来。当然,它和现实中的雕刻有所不同,在计算机上使用数字雕刻技术制作三维模型不会存在材料和修改方面的问题,但数字雕刻的模型是用手触摸不到的,雕刻者只能通过视觉对模型进行感知,还有,计算机对数据的处理能力也会限制模型的精细度,为此在后面的雕刻中一定要多角度地对模型进行观察和定位。

Zbrush 保存时是一个画面,要保持三维物体的可编辑性必须保存为笔刷。如图 6-8 所示为 Zbrush 的初始界面。

图 6-8

② 物体的变换

创建物体后按 T 键进入编辑模式。

(1)旋转视图:鼠标在空白处拖动,Shift+左键拖动可以将角度锁定为 90°。

(2)平移视图:Alt+左键拖动。

(3)缩放视图:Alt+左键单击,按下鼠标左键时松开 Alt 键,然后上下拖动鼠标左键。

(4)Alt+双击:物体适中。

(5)移动(W 键):在空白处拖动鼠标。在垂直于画布方向移动,往上即向里移动。在交叉点上拖动锁定方向,在圈内移动则使物体在画布上移动。

(6)旋转(E 键):圈内随意转。

(7)缩放(R 键):圈内等比缩放。

③ 画布

(1)平移(Scroll):按住空格键拖动鼠标。

(2)缩放(Zoom):+键、-键。

(3)适中(Actual):0 键。

(4)半大(AAHalf):Ctrl+0 键。

(5)清空画布:Ctrl+N 键。

④ 物体编辑

创建新物体后,原物体不能再编辑,而是作为画面中的一个元素。

(1)导入模型(作为笔刷编辑):"Tool"→"Import"。
(2)保存笔刷(可在 Zbrush 中继续编辑):"Tool"→"Save as"。
(3)导出物体:"Tool"→"Export"。
注:在从 3DS MAX 导入物体之前,在"Preferen"→"Import/Export"里选择 iFlipY、iFlipZ,导入的物体就是正的了。

⑤ 界面

隐藏工具面板:Tab 键。

下拉菜单可以拖动到两边的空白处,具体操作如下:

常用按钮可以按 Ctrl 键+鼠标拖动,拖动到画布边的空白处,Ctrl 键+鼠标单击可以取消快捷按钮。

鼠标放在工具上按 Ctrl 键可以显示说明。

⑥ 模型细分

"Tool"→"Divide"(或 Ctrl+D 键)可以对模型细分。

可以改变细分级别,或者使用 Lower Res(Shift+D 键)、Higher Res(D 键)进行切换。一般先在低精度下调整大体形态,描绘越细致精度越高,不要一开始就在最高精度下工作,那样交互速度和工作效率都不会很高。

⑦ 多边形的隐藏、显示

隐藏多边形可以加快操作速度,也可以避免对不需要编辑的部分误操作。

方法:

(1)Ctrl+Shift 键+左键拖动框选,出现绿框,松开鼠标,框外的就被隐藏。
(2)Ctrl+Shift 键+左键拖动框选,出现绿框,先放开 Shift 键(变红框)再松开鼠标,框内的就被隐藏。
(3)Ctrl+Shift 键同时单击模型,原来被隐藏的被显示,原来显示的被隐藏。
(4)Ctrl+Shift 键同时单击空白处,显示所有部分。
(5)模型显示部分多边形的状态下,单击"Tool"→"Polygroups"→"Group Visible",会将当前显示的多边形作为一个显示的组。以后只要按 Ctrl+Shift 键的同时单击这个组的任何一个部分就会隐藏其他组。
(6)默认情况下,选择框要包含整个多边形才能起作用,如果单击 AAHalf 下面的 PtSel 按钮(或按下 Ctrl+Shift+P 键),只要选择框和多边形相交即可。

⑧ 蒙版

Ctrl 键+鼠标左键拖动出蒙版区域,蒙版内变深灰色,不能再被编辑。

Ctrl 键+鼠标左键拖动出蒙版区域,蒙版内变深灰色,再按下 Alt 键,区域变白,可以减少蒙版区域。

Ctrl+左键单击画布空白处,蒙版反转。

Ctrl+按住鼠标左键在画布空白处拖动,选择框不接触物体,可以取消蒙版。

Ctrl+左键单击,在模型上可绘制蒙版,在 Alpha 菜单里可以改变蒙版的类型。

⑨ 上色和造型

物体原来是浅灰色,如果在调色板里改变颜色,物体的颜色同时改变。选择"Color"

→"FillObject",可以对物体填充当前色。

画布上方按钮说明:

Mrgb:赋予当前材质和颜色。

Rgb:赋予颜色。

M:赋予当前材质。

Rgb Intensity:透明度。

Zadd:增加厚度。

Zsub:降低厚度。

Z Intensity:笔刷强度。

Focal Shift:柔化值。

Draw Size:笔刷大小。

以上按钮在画布上单击鼠标右键或按空格键均可出现。

⑩ 规尺

选择"Ttencil"→"Stencil on"可以显示规尺,浅色区域不能编辑。在规尺上单击鼠标右键或按空格键出现操纵工具,然后可以选择相应的按钮。

Invr:反相。

Stretch:扩大到画布大小。

Actual:实际大小。

Horiz:宽度匹配画布。

Vert:高度匹配画布。

Wrap mode:包裹模式,规尺贴在模型表面。

在 Alpha 菜单下选择一个 Alpha 图案,单击 Make ST 可以将当前图案定义为规尺。我们可以制作黑白图像,保存成 psd、jpg、bmp、tif 等格式作为规尺使用。

⚠ **注意**:jpg 格式的文件要 24 位才能使用。

⑪ 对称

在 Trans 菜单中,单击>x<、>y<、>z<即可进行相应轴向上的镜像操作,如果>M<按钮没按下,所进行的操作将在同一个方向上。

快捷键:X 键、Y 键、Z 键。

⑫ Trans 菜单

前五个略。

照相机(Snapshot):在原地复制物体。

M+箭头:Mark Object Position(标记物体位置),可以在清空画布后让物体在原位置再次出现。快捷键:M 键。

std:标准,在物体表面加高,笔画连续。

stdDot:松开鼠标后笔刷才起作用,适用于点状。

Inflat:膨胀,笔画连续。

InflatDot:点状膨胀。

layer:一笔连续画出等高的突起,笔画相交不会叠加。

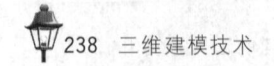

Pinch：收缩，便于表现较剧烈的转折处。
Nudge：类似涂抹。
Smooth：平滑并放松网格。
Edit curve：编辑笔刷强度曲线。
在曲线上单击可创建新控制点。

提示：拖动控制点到窗格外再拖回来，点的属性变为转角模式，再次操作则变回光滑模式。

拖动控制点到窗格外，松开鼠标，控制点会被取消。

控制点在光滑状态下有一个光圈，鼠标在光圈上拖动可以改变光圈大小，能影响曲线的张力。

Focal Shift：改变曲线衰减速度。
Noise：产生随机噪波曲线，可以用来画细微的凹凸。

13 使用 Projection Master

可以应用各种 Alpha 图形和 Stroke 笔画类型进行绘图。

按 G 键，选择 Colors，可以选择 Deformation，然后回车，进入绘图状态后模型角度就不能改变了。必须再按 G 键切换回来。

14 使用 MultiMarkers

在编辑物体后，没有更换工具之前按下 M 键，可以对物体当前的位置进行记录，然后创建新物体，进行编辑和对位。然后清空画布，选择 MultiMarkers 工具，在画布中拖出所有标记过的物体，可以分别再改变位置，这样就可以在画面中加进多个物体。要编辑这些物体的形状，必须先选择"Tool"→"Make Polymesh"，转化为可编辑多变形物体。然后清空画布，选择新生成的物体作为工具进行创建。

15 使用 Z 球

在"Tool"菜单中选择 Z 球，在画布中拖出大小，用 Draw 工具在球上添加新球。

在 Draw 工具被激活时，Alt 键＋单击控制球会删除该球，Alt 键＋单击控制球间的连接球，会将子球变虚，变成影响球，不产生实体，但会影响实体的形状。

子控制球被移进父控制球时会产生凹陷效果，可以用来制作眼眶布线。

在"Tool"→"Adaptive Skin"下选择"Preview"或按 A 键可以预览生成的网格模型。

Density：细分密度
Make Adaptive Skin：生成网格模型。

16 在 3DS MAX 中渲染最终结果

无论是用 Zbrush 画纹理还是凹凸，画之前最好给一个贴图，然后绘制色彩和起伏。绘制完成后，到"Tool"菜单下的"Texture"栏找到"Fix Seam"按钮，单击一下，可以调整贴图的接缝，如果没有给贴图，这个按钮是没有的。接下来是导出 obj 模型和贴图。

zb 导出 obj：将模型精度降到最低，在"Tool"菜单里选择"Export"，选择路径和 obj 格式，确定。

zb 导出置换贴图：把模型细分降到 2，在"Tool"菜单里找到"Displacement"栏，调整 DPRes 即生成置换贴图的大小，然后单击白色按钮"Create DispMap"就生成了贴图，到

"Alpha"栏里选择最后的贴图,再单击"Export",选择导出路径和格式,注意选择 Tiff 格式,完成。

zb 导出法线贴图:步骤同上,注意要按下 Tangent 按钮,导出贴图是在 Texture 栏里。

在 3DS MAX 里导入模型:"File"→"Import",找到 obj 物体,确定。在弹出的对话框里选择 Single,勾选前五项,Center Pivot 和 Use Materials 不要勾选,确定。导出来的物体可能是翻转的,用户可以在 X 轴方向旋转 180°。

对模型应用法线贴图:赋予物体材质,在 Bump 贴图通道添加 Normal Bump 贴图类型,在 Normal 通道选择 Bitmap,然后选择生成的法线贴图,确定。把 V 的 Tiling 改为－1,回到 Normal Bump 层级,勾选 flip Green(Y),选择 Tangent 模式,完成。

应用置换贴图:由于 Vray 置换效果既好又快,所以只介绍这个方法,使用其他渲染器的请自行学习。

对物体添加光滑 1 级处理,增加 VrayDisplacementMOD 修改器,选择 2D Mapping,单击 Texmap,选择置换贴图。然后用鼠标左键将它拖到一个空闲的材质球上,把贴图 V 方向的 Tiling 改为－1,Blur 改为最小,在 Output 栏里把 RGB Offset 改为－0.5。然后渲染看效果。如果发现置换厚度不合适,可以调整 VrayDisplacementMOD 修改器里面的 Amount,再进行渲染。

项目 2　Zbrush 案例制作

项目目标

1. Zbrush 的基本操作方法。
2. Zbrush 的笔刷工具。
3. 模型的导入、导出操作。

项目说明

本项目是利用 Maya 创建基础模型,然后导出为 obj 格式的文件,再导入到 Zbrush 软件中进行雕刻,达到练习的目的。

任务 1　蛋糕模型的制作

任务说明

利用 Maya 和 Zbrush 软件制作一个三层蛋糕模型,可以通过这个方法举一反三,创建出其他更精美的模型。

操作步骤提示

步骤1 利用 Maya 软件创建基础模型,如图 6-9 所示。

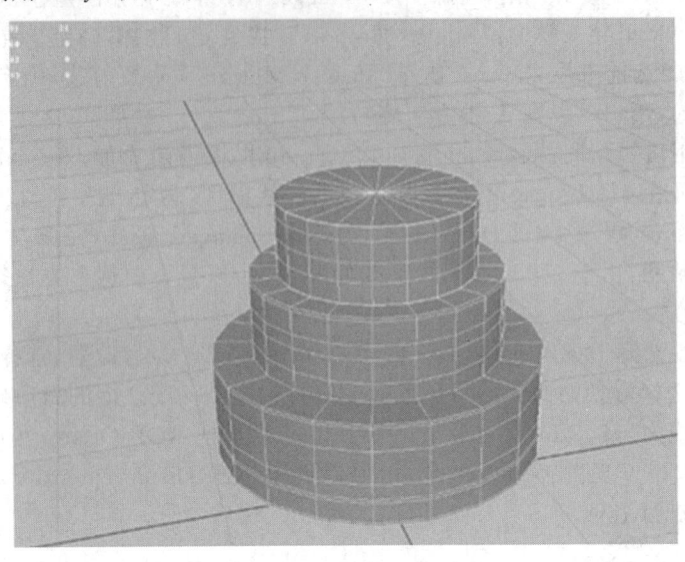

图 6-9

步骤2 将模型导出为 obj 格式,如果没有 obj 格式的文件提示,可以通过加载插件来加载,如图 6-10 所示。

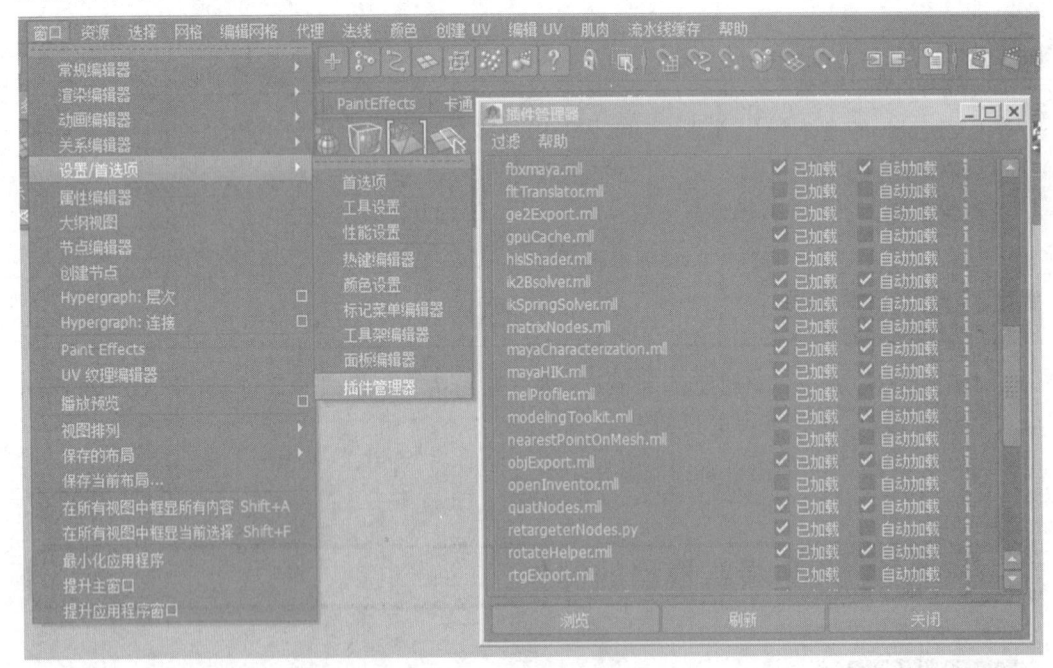

图 6-10

步骤3 打开 Zbrush 软件导入模型,利用对称绘制的方式绘制蛋糕上的图案,如图 6-11 所示。本例是用 dot2 和 dot3 笔刷绘制的,读者也可以发挥自己的想象力进行绘制。

图 6-11

任务 2　木头模型的制作

任务说明

利用 Maya 和 Zbrush 软件制作一个破旧木头的模型，在 Zbrush 绘制的过程中，要注意造型，可以通过这个方法举一反三，创建出其他更精美的模型。

操作步骤提示

步骤 1　在 Maya 软件中建立模型，注意加线，否则圆滑后边就没有了，如图 6-12 所示，保存，导出为 obj 格式。

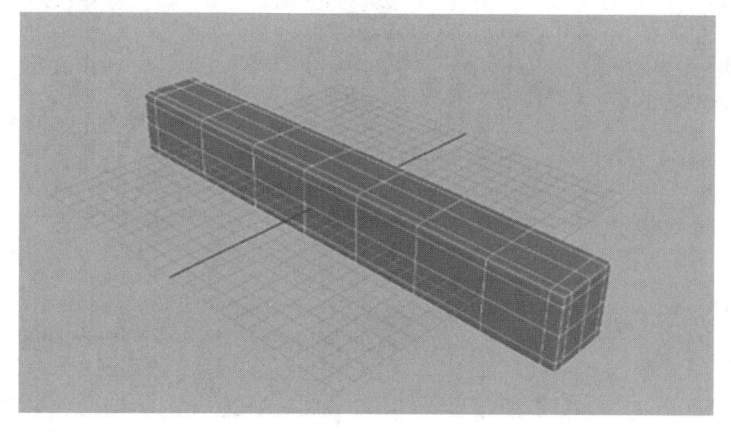

图 6-12

步骤 2 导入到 Zbrush 软件中,细分为 6 级,如图 6-13 所示。

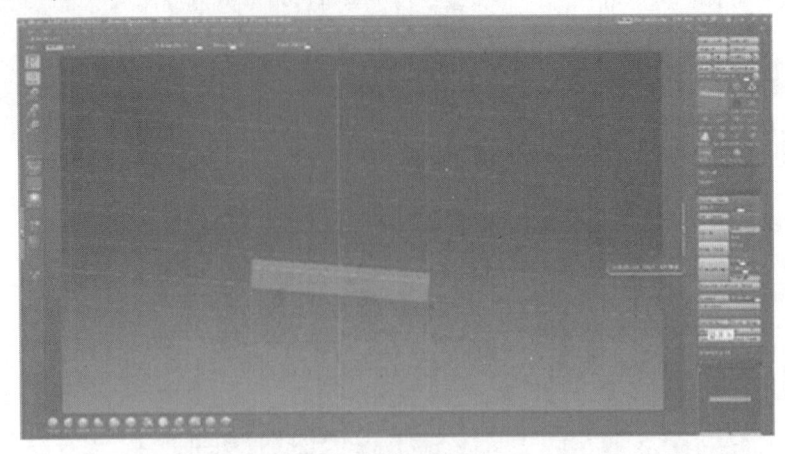

图 6-13

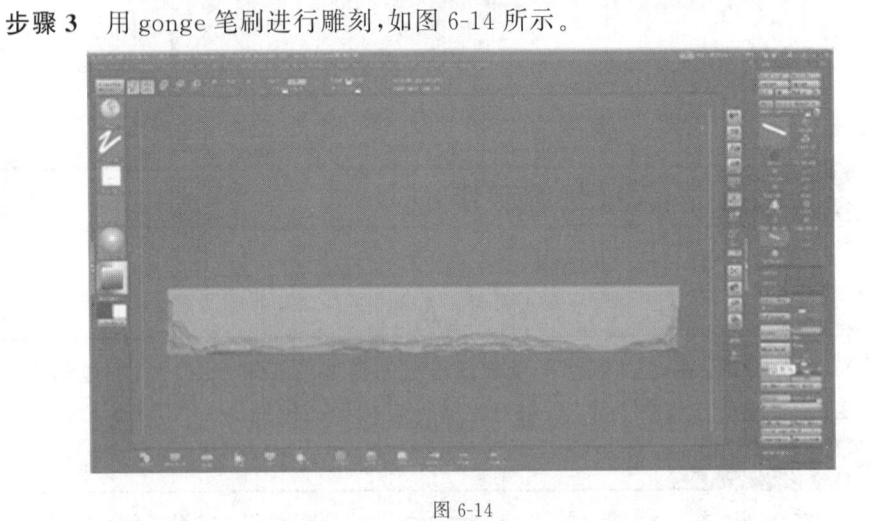

步骤 3 用 gonge 笔刷进行雕刻,如图 6-14 所示。

图 6-14

步骤 4 用 slash1 笔刷进行绘制,效果如图 6-15 所示。

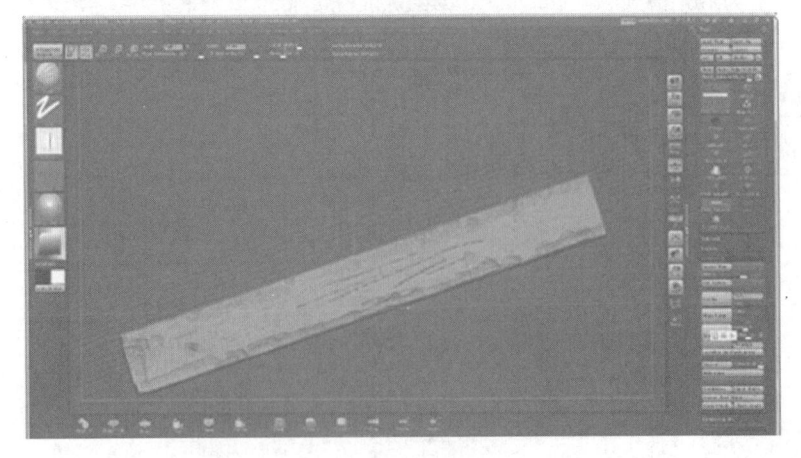

图 6-15

任务 3　T 恤模型的制作

任务说明

本例利用 Maya 和 Zbrush 软件制作一件 T 恤模型,重点强调了法线贴图的烘焙技术。

操作步骤提示

步骤 1　打开 Maya 的场景文件,准备导出模型文件。如图 6-16 所示。

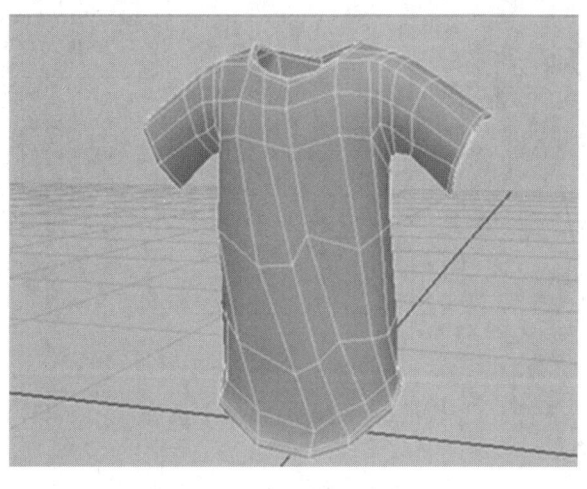

图 6-16

步骤 2　导出之前为了保持模型 UV 的一致,应先在 Maya 中分好 UV。如图 6-17 所示。

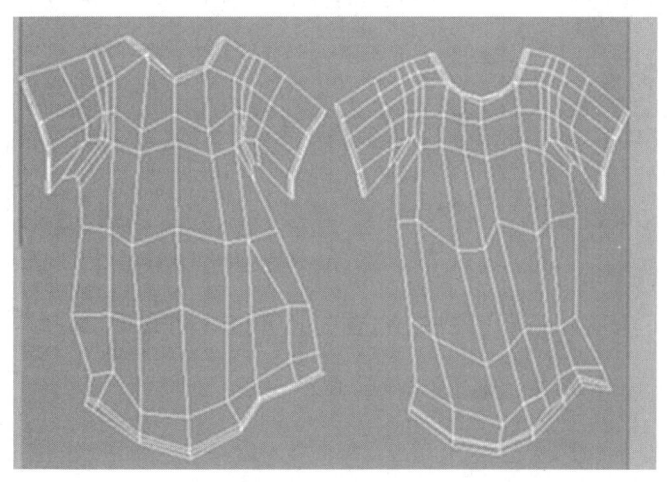

图 6-17

步骤 3　UV 完成后在场景中选择模型,打开"文件"菜单,单击"导出当前选择",导出选择的模型为 obj 格式。如图 6-18 所示。

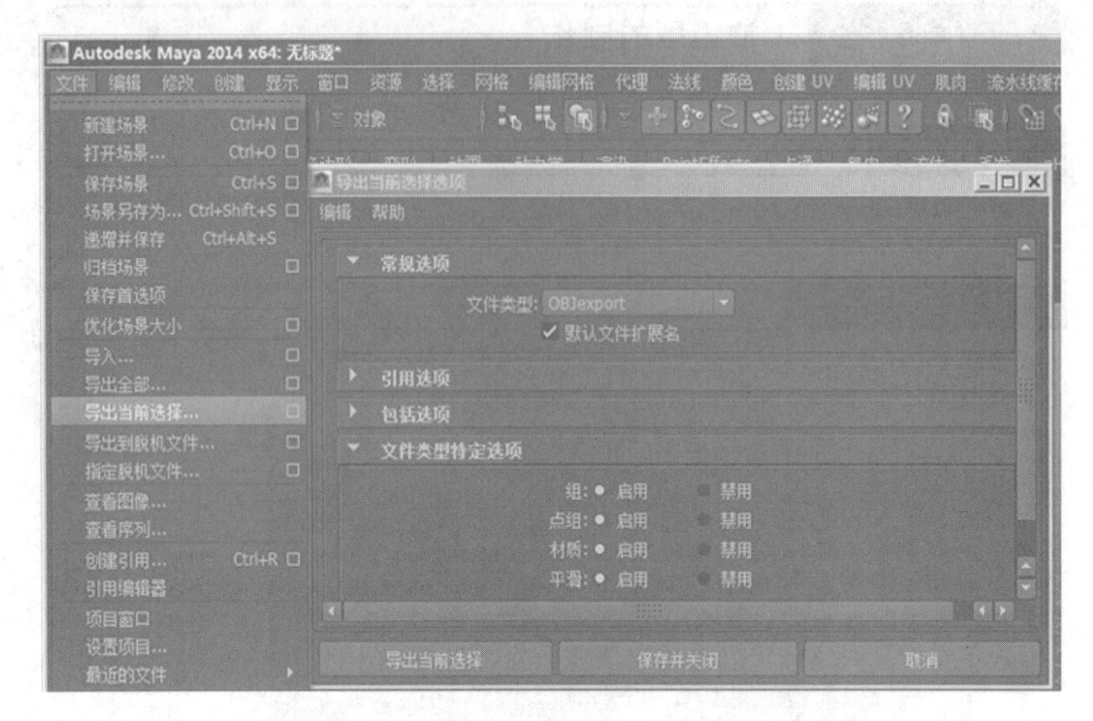

图 6-18

步骤 4　然后打开 Zbrush 软件,在"Tool"菜单中选择"Import",导入刚保存的 obj 文件。如图 6-19 所示。

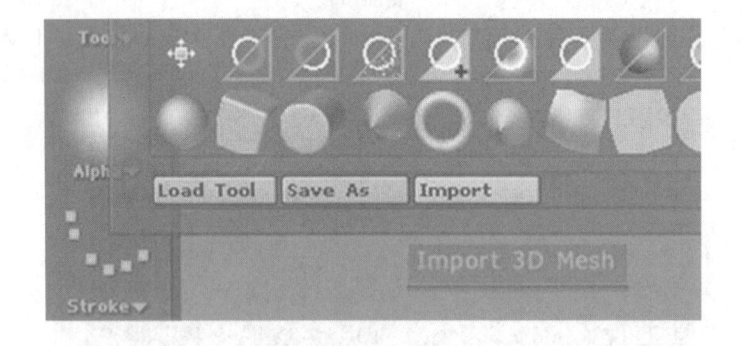

图 6-19

步骤 5　接下来要制作模型的细节,首先打开"Tool"菜单,选择"Geometry",单击 Divide 对模型进行 6 级细分。如图 6-20 所示。

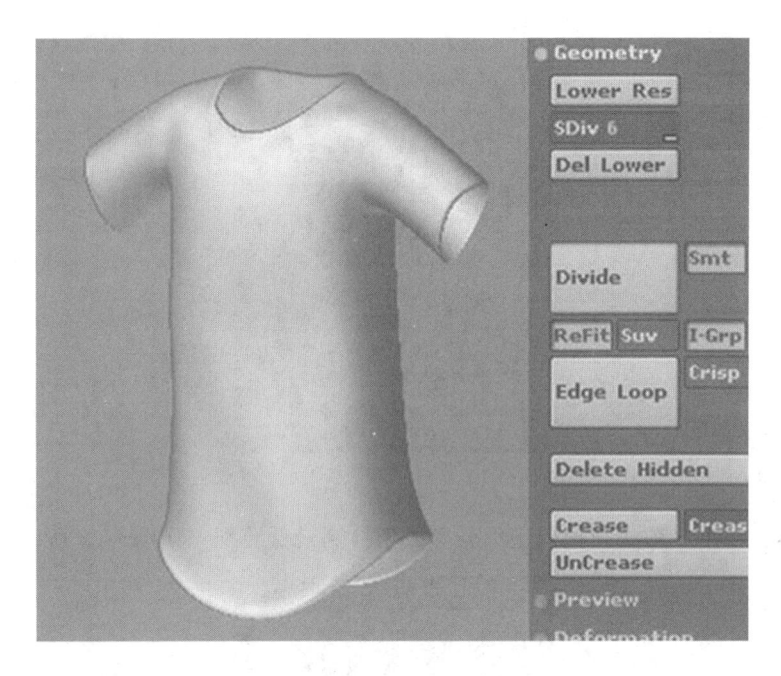

图 6-20

步骤 6 雕刻模型细节。如图 6-21 所示。

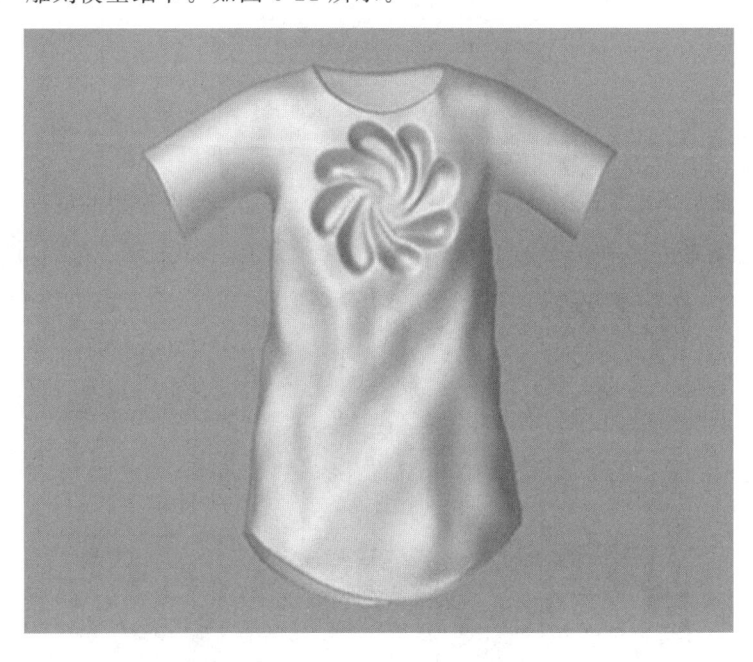

图 6-21

步骤 7 完成后开始输出贴图，在"Tool"菜单中同时打开"Displacement"和"NormalMap"调控板进行设置；在"Displacement"调控板中打开"Adaptive"选项和"Mode"选项，在"NormalMap"调控板中打开"Tangent"选项和"Adaptive"选项。如图 6-22 所示。

246　三维建模技术

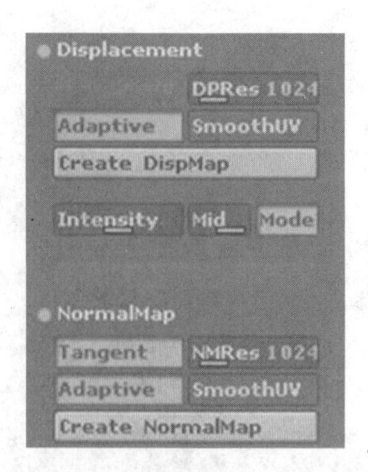

图 6-22

步骤 8　输出之前必须把模型细分等级切换到最低级别。如图 6-23 所示。

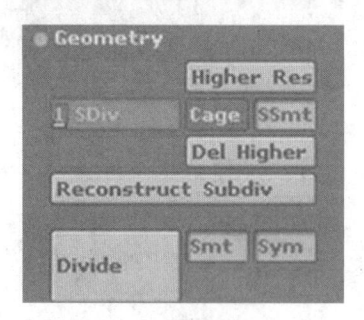

图 6-23

步骤 9　然后单击 Create NormalMap 扫描法线贴图，如果模型的精度比较高，计算需要的时间会比较长。如图 6-24 所示。

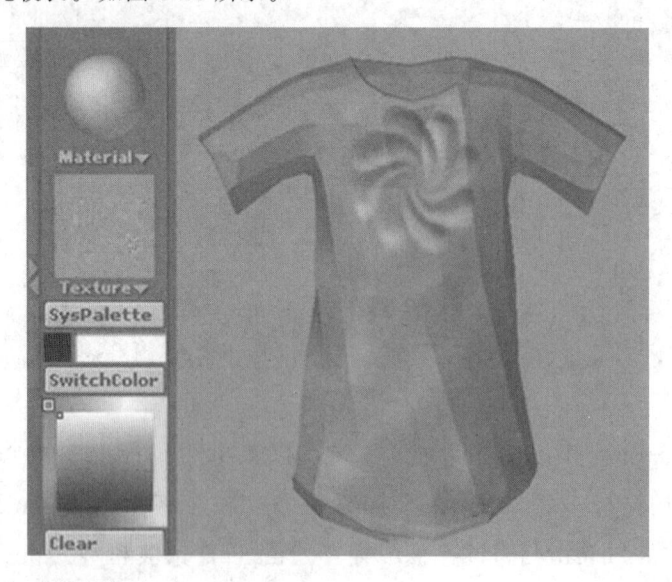

图 6-24

步骤 10　打开 Texture（纹理）调控板保存贴图，首先单击 Flip V 垂直翻转贴图坐标，在 Zbrush 中产生的贴图坐标同 Maya 中的贴图坐标 Y 轴向是相反的，因此要统一贴图坐标。如图 6-25 所示。

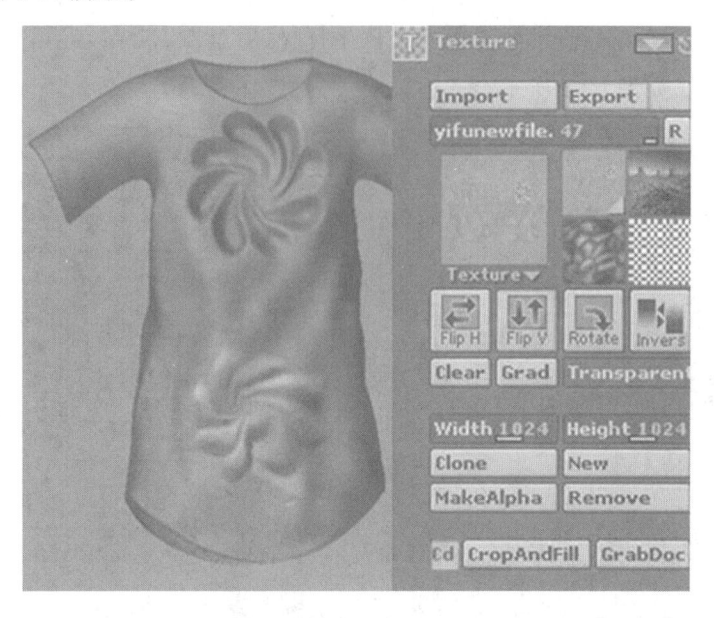

图 6-25

步骤 11　然后单击 Export 导出贴图，导出格式一定要是 Maya 纹理贴图可支持的格式，我们选择 BMP 图像格式；导出后打开 Texture 调控板，单击 TXTR OFF 关闭纹理。如图 6-26 所示。

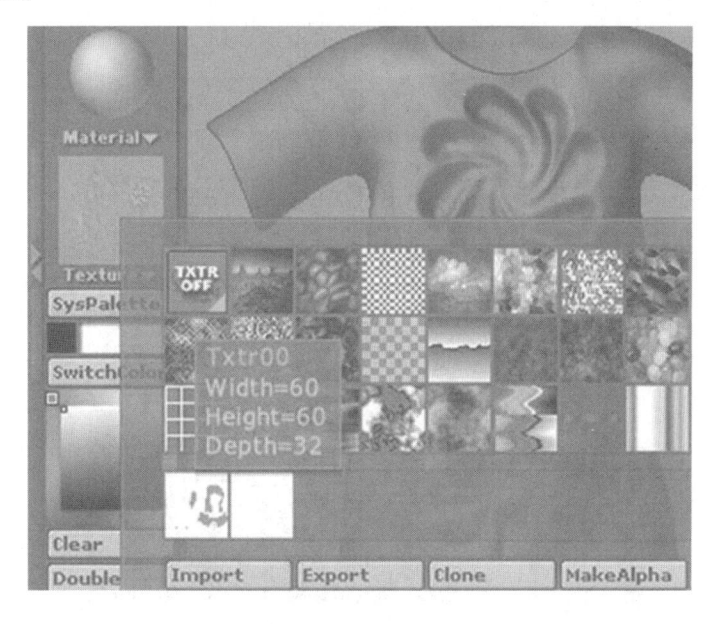

图 6-26

步骤 12 制作置换贴图方法同制作法线贴图类似。同样，单击 Create DispMap 扫描置换贴图，置换贴图计算时间相对于计算法线贴图要快。

置换贴图完成后，它会生成一个灰度模式的图片，保存在 Alpha 里，打开 Alpha 调控板保存贴图，首先单击 Flip V 垂直翻转贴图坐标，然后单击 Export 导出贴图，文件选择 BMP 图像格式。如图 6-27 所示。

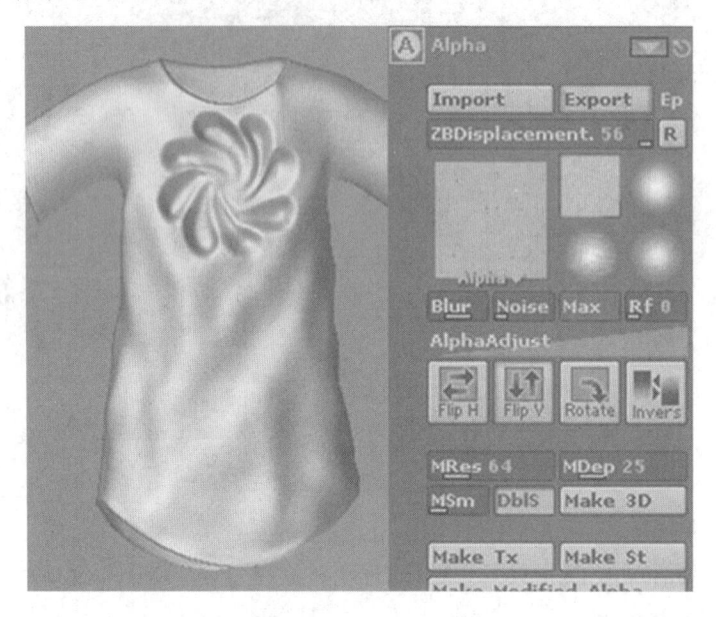

图 6-27

步骤 13 运行 Maya，打开之前的场景模型。打开 Hypershade 菜单指定给模型一个 Lambert 材质球，再创建一个 File 纹理节点。如图 6-28 所示。

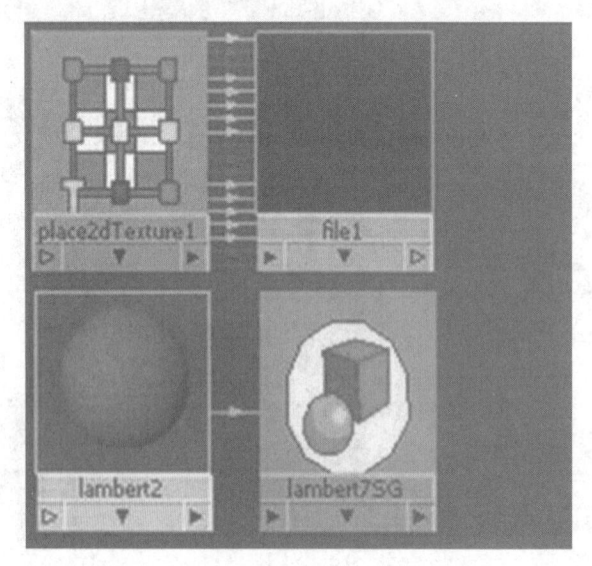

图 6-28

步骤 14　双击 File 节点打开属性编辑器，在 File Attributes 文件属性菜单中导入 Zbrush 导出的法线贴图。

步骤 15　打开 File 节点和 Lambert 材质球的连接编辑器，连接材质属性。

步骤 16　在透视图中勾选 High Quality Rendering 选项设置高质量显示模式。

步骤 17　可以在 Maya 场景中预览到模型使用法线贴图的最终效果。如图 6-29 所示。

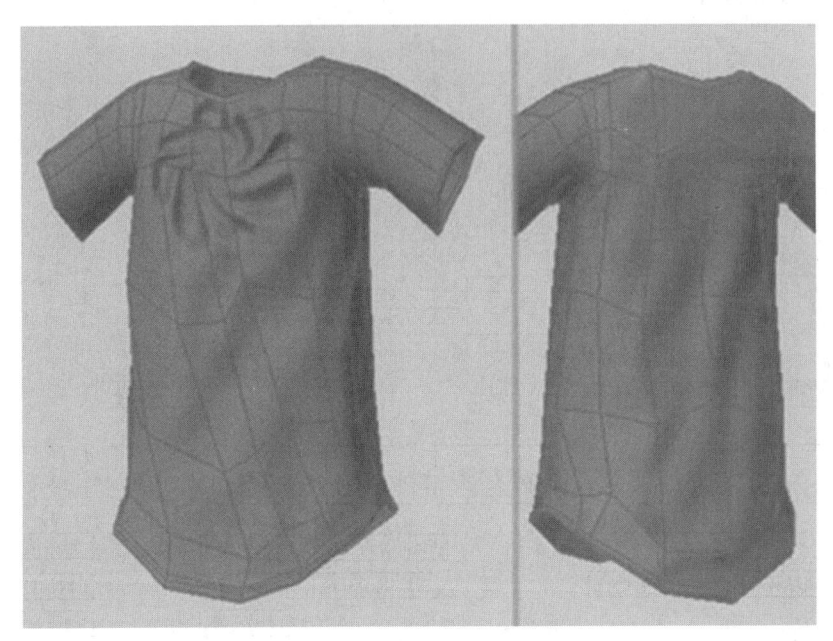

图 6-29

附录 三维建模标准

一、模型组的工作流程

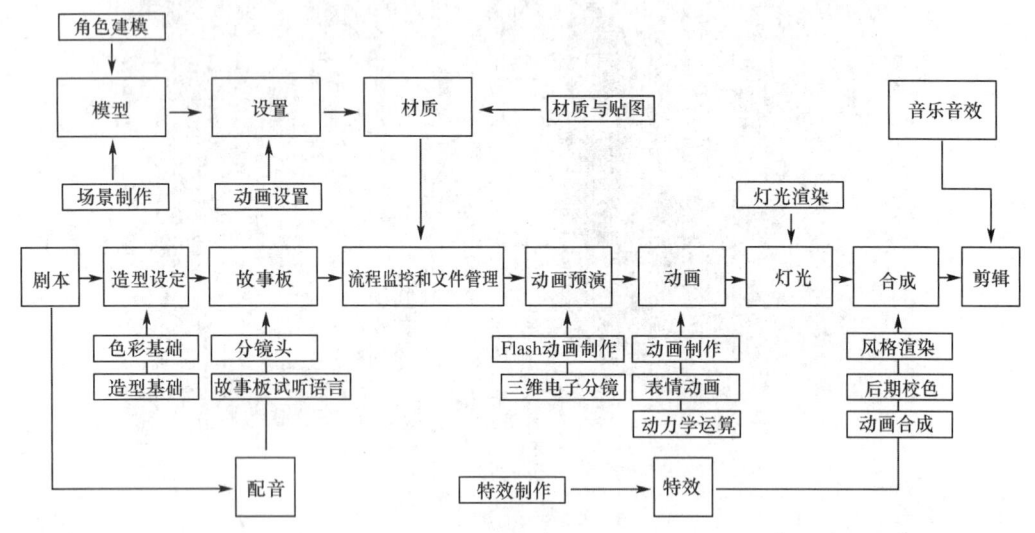

```
                    角色建模
                       ↓
            模型  →  设置  →  材质  ←  材质与贴图              音乐音效
             ↑        ↑                                          ↓
          场景制作  动画设置                        灯光渲染
                                                      ↓
   剧本 → 造型设定 → 故事板 → 流程监控和文件管理 → 动画预演 → 动画 → 灯光 → 合成 → 剪辑
            ↓         ↓                            ↓          ↓              ↓
         色彩基础   分镜头                      Flash动画制作  动画制作      风格渲染
         造型基础  故事板试听语言                 三维电子分镜  表情动画      后期校色
                     ↓                                        动力学运算    动画合成
                    配音                          特效制作  →  特效
```

二、对上一环节的要求

(1)要有完整的图纸,角色三视图;场景、道具的详细图。一般情况下图纸要有彩稿。
(2)图纸上的名称要和剧中名称一致。活动的道具要标示出活动的方式、方向。
(3)模型开工之前要拿到分镜,分镜上出现的角色、场景、道具要与图纸相一致。

三、制作规范

1 模型基本质量要求

(1)造型准确度
造型准确,尺寸准确,比例准确。
(2)表现力
很好地表现出设计图的质地、纹理、凹凸关系,透视关系,空间关系等。
(3)布线合理
布线均匀合理,能很好地满足 SETUP 组、材质组的要求。
(4)精度控制
布线密度合理,精度达到渲染要求,合理添加细节,删除多余面,控制模型总体面数

(5)模型错误

没有多余点、线、面;没有多余物体;没有模型穿帮。

② 场景制作规范

(1)文件整理

①将文件里物体及组的坐标轴归零。最上面的组的坐标轴放到 0 的位置。

②清除所有物体的历史。

③打开 Outliner,将 DAG Objects Only 选项勾选掉。清除所有的多余节点、笔刷、材质球、灯光等。

④检查模型有无多余的点、线、面,有无错误的边;有无多余的重叠面。

⑤检查法线是否一致向外。

⑥如果有 NURBS 物件,检查是否已经重建过。

Nurbs 物体的 Isoparm 接缝放在不显眼处,方便材质贴图处理接缝。

⑦文件里的所有部件和组应有合理的名称。如:bedroom_mo_table3

文件名_组名_物体名＋序列号

注意:绝对不能出现物体间的父子层级关系。

房屋的场景中,将房顶、地面、柱子、门分为单个物体,不要建为一体的。

场景或角色中有大量相同、重复的物体时,Poly 要求先找材质组分好 UV 再进行摆放。

⑧检查物体的 Shape 节点名称的前缀是否和物体名一致。

⑨文件名为场景名称。

(2)根据动画或 Layout 需要完善场景

①从 Layout 组拿到已完成的镜头,导入镜头。根据镜头及 Layout 或动画的要求进行细化或简化场景。

②全部完成后将场景里的摄影机删除。除有特殊要求的节点保留外,其余清除。保持文件的整洁。

四、Maya 常用的快捷键

① 工具操作

w:移动工具。

Shift+R:存储缩放通道的关键帧。

e:旋转工具。

Shift+W:存储转换通道的关键帧。

r:缩放工具操纵杆动作。

y:非固定排布工具快捷键。

② 功能解释

Shift+Q:选择工具,(切换到)成分图标菜单。

t:显示操作杆工具。

Alt+Q:选择工具,(切换到)多边形选择图标菜单。

＝:增大操纵杆显示尺寸。

Q:选择工具,(切换到)成分图标菜单。

－:减少操纵杆显示尺寸。

③ 窗口和视图设置

Ctrl+A:弹出属性编辑窗/显示通道栏。

Alt+↑:向上移动一个像素。
A:满屏显示所有物体(在激活的视图)。
Alt+↓:向下移动一个像素。
F:满屏显示被选目标。
Alt+←:向左移动一个像素。
Shift+F:在所有视图中满屏显示被选目标。
Alt+→:向右移动一个像素。
Shift+A:在所有视图中满屏显示所有对象。
′:设置键盘的中心集中于命令行。
空格键:快速切换单一视图和多视图模式。
Alt+′:设置键盘中心于数字输入行。

④ 播放控制

Alt+.:在时间轴上前进一帧。
F8:切换物体/成分编辑模式。
Alt+,:在时间轴上后退一帧。
F9:选择多边形顶点。
.:前进到下一关键帧。
F10:选择多边形的边。
,:后退到上一关键帧。
F11:选择多边形的面。
Alt+V:播放按钮(打开/关闭)。
F12:选择多边形的UV。
Alt/Shift+V:回到最小帧。
Ctrl+I:选择下一个中间物体。
K:激活模拟时间滑块。
Ctrl+F9:选择多边形的顶点和面。

⑤ 显示设置

4:网格显示模式。
5:实体显示模式。
6:实体和材质显示模式。
Alt+M:快捷菜单显示类型(恢复初始类型)。
7:灯光显示模式混合操作。
D:设置显示质量(弹出式标记菜单)。
1:低质量显示。
]:重做视图的改变。
2:中等质量显示。
[:撤销视图的改变。
3:高质量显示。
Alt+S:旋转手柄附着状态。

⑥ 翻越层级

↑:进到当前层级的上一层级。
Ctrl+N:建立新的场景。
↓:退到当前层级的下一层级。

Ctrl+O:打开场景。
←:进到当前层级的左侧层级。
Ctrl+S:存储场景。
→:进到当前层级的右侧层级。
1:桌面文件管理(IPX版本专有)。

❼ 雕刻笔设置

Alt+F:扩张当前值。
Ctrl+M:显示(关闭)+主菜单。
Alt+R:激活双重作用(开启/关闭)。
H:转换菜单栏(标记菜单)。
Alt+A:显示激活的线框(开启/关闭)。
F2:显示动画菜单。
Alt+C:色彩反馈(开启/关闭)。
F3:显示建模菜单。
U:切换雕刻笔作用方式(弹出式标记菜单)。
F4:显示动力学菜单。
O:修改雕刻笔参考值。
F5:显示渲染菜单。
B:修改笔触影响力范围(按下/释放)吸附操作。
M:调整最大偏移量(按下/释放)快捷键功能解释。
N:修改值的大小(按下/释放)。
C:吸附到曲线(按下/释放)。
/:拾取色彩模式,用于绘制成员资格、绘制权重、属性绘制、绘制每个顶点色彩。
X:吸附到网格(按下/释放)。
V:吸附到点(按下/释放)。

❽ 编辑操作

Z:取消(刚才的操作)。
Ctrl+H:隐藏所选对象。
Shift+Z:重做(刚才的操作)。
Ctrl/Shift+H:显示上一次隐藏的对象。
G:重复(刚才的操作)三键鼠操作。
Shift+G:重复鼠标位置的命令快捷键功能解释。
Ctrl+D:复制。
Alt+鼠标右键:旋转视图。
Shift+D:复制被选对象的转换
Alt+鼠标中键:移动视图。
Ctrl+G:组成群组。
Alt+鼠标右键+鼠标中键:缩放视图。
P:制定父子关系。
Alt+Ctrl+鼠标右键:框选放大视图。
Shift+P 取消被选物体的父子关系。
Alt+Ctrl+鼠标中键:框选缩小视图。

参 考 文 献

[1] 火星时代.火星人:Maya2014超级白金手册(上)[M].北京:人民邮电出版社,2013.

[2] 火星时代.火星人:Maya2014超级白金手册(下)[M].北京:人民邮电出版社,2013.

[3] 唐春龙,曹会元.计算机二维绘图与三维建模[M].北京:机械工业出版社,2009.

[4] 刘慧远,朱恩燕.绑定的艺术:Maya高级角色骨骼绑定技法[M].2版.北京:人民邮电出版社,2014.

[5] Scott Spencer.ZBrush.数字雕刻:人体结构解析[M].3版.苏宝龙,黄湘情,译.北京:人民邮电出版社,2014.